面向 21 世纪课程教材

普通高等院校土木工程"十二五"规划教材

土木建筑工程概论

主　编　尹　晶　高　苏　王　亮

副主编　吴　微　温俊生

西南交通大学出版社

·成　都·

图书在版编目（CIP）数据

土木建筑工程概论／尹晶，高苏，王亮主编. —成都：西南交通大学出版社，2015.2（2017.8 重印）
面向 21 世纪课程教材　普通高等院校土木工程"十二五"规划教材
ISBN 978-7-5643-3734-6

Ⅰ. ①土… Ⅱ. ①尹… ②高… ③王… Ⅲ. ①土木工程－高等学校－教材 Ⅳ. ①TU

中国版本图书馆 CIP 数据核字（2015）第 028084 号

面向 21 世纪课程教材
普通高等院校土木工程"十二五"规划教材

土木建筑工程概论

主编　尹晶　高苏　王亮

责 任 编 辑	姜锡伟
封 面 设 计	墨创文化
出 版 发 行	西南交通大学出版社 （四川省成都市二环路北一段 111 号 西南交通大学创新大厦 21 楼）
发 行 部 电 话	028-87600564　028-87600533
邮 政 编 码	610031
网　　　址	http://www.xnjdcbs.com
印　　　刷	成都中铁二局永经堂印务有限责任公司
成 品 尺 寸	185 mm×260 mm
印　　　张	16.5
字　　　数	411 千
版　　　次	2015 年 2 月第 1 版
印　　　次	2017 年 8 月第 2 次
书　　　号	ISBN 978-7-5643-3734-6
定　　　价	36.00 元

前　言

　　本教材是以全国高校土建类学科专业指导委员会编写的《土木工程概论课程教学大纲》《建筑工程概论课程教学大纲》为基础，根据目前最新的标准和规范，结合编者多年的教学经验和工程实践编写而成的。

　　《土木建筑工程概论》对"土木工程概论"和"建筑工程概论"课程进行了整合，是学习土建工程知识的一本综合性教材。本书图文并茂，尤其是包含了很多工程图片，简明易懂。在内容上，本书力求构建土建学科的知识体系，体现和反映现代土建工程的新理论、新技术、新工艺、新结构、新方法和新成果，既注重知识的系统性、完整性和创新性，又有理论深度和实用性。为了帮助老师教学和学生自学，教材的每章都配有知识目标和能力目标，章末还有思考与练习题，以利于学习和应用。

　　本书共分为 9 章，第 1 章为绪论，主要介绍土木工程的概念、土木工程发展简史、土木工程的建设程序等；第 2 章为土木工程材料，主要介绍基本建筑材料、功能材料和装饰材料；第 3 章为地基与基础，介绍基础种类、地基处理等；第 4 章为建筑工程与构造，主要介绍建筑工程相关概念、墙体构造、楼板层与地坪层构造、屋顶构造、楼梯构造、台阶与坡道构造、门窗构造和变形缝构造等；第 5 章为建筑工程识图，主要介绍建筑施工图的识读和结构施工图的识读；第 6 章为土木工程施工技术，主要介绍基坑工程施工、基础工程施工、砌筑工程施工、钢筋混凝土工程施工；第 7 章为桥梁工程，主要介绍桥梁的组成及各种类型桥梁；第 8 章为其他土木工程介绍，主要介绍给水排水工程、水利工程、港口工程等；第 9 章为土木工程设计及施工组织，主要介绍土木工程设计及施工组织相关内容。

　　本书由辽宁省交通高等专科学校尹晶、南通职业大学高苏、辽宁省交通高等专科学校王亮担任主编，天津市建筑工程职工大学吴微、辽宁省交通高等专科学校温俊生担任副主编。

　　本书可作为高等院校非建筑工程技术专业的土木工程相关专业的教材，同时可作为土建施工、管理、预算等专业工程技术岗位培训用书和工程技术人员学习和工作的参考书目。

　　本书在编写过程中，参考了大量相关书籍、标准和规范、图片及其他资料，在此谨向这些文献的作者表示诚挚的谢意！

　　由于编者水平有限，加之时间仓促，书中缺点在所难免，恳请各位同学、老师和广大读者提出宝贵意见和建议！

编　者

2014 年 12 月

前　言

目　录

1　绪　论

1. 掌握土木工程的概念；
2. 掌握土木工程的分类；
3. 掌握土木工程的基本属性；
4. 了解土木工程发展简史；
5. 掌握土木工程的建设程序。

1. 熟练阐述土木工程的基本概念和属性；
2. 熟练阐述土木工程的建设程序。

对于刚刚跨入大学校门，并且选择了土木工程专业的同学来说，非常关心的问题是：什么是土木工程？土木工程涉及哪些领域？土木工程的发展历史是怎样的？土木工程的建设程序有哪些？

1.1　土木工程的基本概念

1.1.1　土木工程的基本概念

土木工程是建造各类工程设施的科学技术的总称，它既指工程建设的对象，即建设在地上、地下、水中的各类工程设施；也指所应用的材料、设备和所进行的勘测设计、施工、保养、维修等技术活动。

土木工程的范围非常广泛，它包括房屋建筑工程、公路与城市道路工程、铁道工程、桥梁工程、隧道工程、机场工程、地下工程、给水排水工程、港口码头工程等。国际上，运河、水库、大坝、水渠等水利工程也包括于土木工程之中。人民生活离不开衣、食、住、行，其中"住"是与土木工程直接相关的；而"行"则需要建造铁道、公路、机场、码头等交通土建工程，与土木工程关系也非常紧密；"食"需要打井取水，筑渠灌溉，建水库蓄水，建粮食加工厂、粮食储仓等；"衣"的纺纱、织布、制衣，也必须在工厂内进行，这些也离不开土木工程。此外，各种工业生产必须要建工业厂房，即使是航天事业也需要发射塔架和航天基地，这些都是土木工程人员可以施展才华的领域。正因为土木工程内容如此广泛，作用如此重要，所以国家将工厂、矿井、铁道、公路、桥梁、农田水利、商店、住宅、医院、学校、给水排水、煤气输送等工程建设称为基本建设，大型项目由国家统一规划建设，中小型项目也归口各级政府有关部门管理。

1.1.2　土木工程的基本属性

1. 社会性

土木工程是伴随着人类社会的发展而发展起来的。它所建造的工程设施反映出各个历史时期社会经济、文化、科学、技术发展的面貌，因而土木工程也就成为社会历史发展的见证之一。远古时代，人们就开始修筑简陋的房舍、道路、桥梁和沟渠，以满足简单的生活和生产需要。后来，人们为了适应战争、生产和生活以及宗教传播的需要，兴建了城池、运河、宫殿、寺庙以及其他各种建筑物。许多著名的工程设施显示出人类在这个历史时期的创造力，例如，中国的长城、都江堰、大运河、赵州桥、应县木塔，埃及的金字塔，希腊的帕提农神庙，罗马的给水工程、科洛西姆圆形竞技场（罗马大斗兽场），以及其他许多著名的教堂、宫殿等。

2. 综合性

建造一项工程设施一般要经过勘察、设计和施工三个阶段，需要运用工程地质勘察、水文地质勘察、工程测量、土力学、工程力学、工程设计、建筑材料、建筑设备、工程机械、建筑经济等学科和施工技术、施工组织等领域的知识以及电子计算机和力学测试等技术。因而土木工程是一门范围广阔的综合性学科。

随着科学技术的进步和工程实践的发展，土木工程这个学科也已发展成为内涵广泛、门类众多、结构复杂的综合体系。土木工程已发展出许多分支，如房屋工程、铁路工程、道路工程、飞机场工程、桥梁工程、隧道及地下工程、特种结构工程、给水和排水工程、城市供热供燃气工程、港口工程、水利工程等学科。其中有些分支，例如水利工程，由于自身工程对象的不断增多以及专门科学技术的发展，业已从土木工程中分化出来成为独立的学科体系，但是它们在很大程度上仍具有土木工程的共性。

3. 实践性

由于影响土木工程的因素错综复杂，土木工程是具有很强实践性的学科。在早期，土木工程是通过工程实践，总结成功的经验，尤其是吸取失败的教训发展起来的。从 17 世纪开始，以伽利略和牛顿为先导的近代物理学家将力学同土木工程实践结合起来，逐渐形成材料力学、结构力学、流体力学、岩体力学，作为土木工程的基础理论学科。这样土木工程才逐渐从经验发展成为科学。在土木工程的发展过程中，工程实践经验常先行于理论，工程事故常显示出未能预见的新因素，触发新理论的研究和发展。至今不少工程问题的处理，在很大程度上仍然依靠实践经验。

4. 技术上、经济上和建筑艺术上的统一性

人们力求最经济地建造一项工程设施，用以满足使用者的预定需要，其中包括审美要求。

而一项工程的经济性又是和各项技术活动密切相关的。工程的经济性首先表现在工程选址、总体规划上，其次表现在设计和施工技术上。工程建设的总投资、工程建成后的经济效益和使用期间的维修费用等，都是衡量工程经济性的重要方面。这些技术问题联系密切，需要综合考虑。

符合功能要求的土木工程设施作为一种空间艺术，首先是通过总体布局、本身的体形、各部分的尺寸比例、线条、色彩、明暗阴影与周围环境，包括它同自然景物的谐调表现出来的；其次是通过附加于工程设施的局部装饰反映出来的。工程设施的造型和装饰还能够表现出地方风格、民族风格以及时代风格。

在土木工程的长期实践中，人们不仅对房屋建筑艺术给予了很大注意，取得了卓越的成就；而且对其他工程设施，也通过选用不同的建筑材料，例如采用石料、钢材和钢筋混凝土，配合自然环境建造了许多在艺术上十分优美、功能上又良好的工程。古代中国的万里长城，现代世界上的许多电视塔和斜张桥，都是这方面的例子。

1.2　土木工程的发展历史

1.2.1　古代土木工程

古代土木工程的时间跨度较长，其经历新石器时代（公元前 5000 年起）—17 世纪中叶，前后约 7 000 年。古代土木建筑主要由砖、石头和木建造，这就是"土木"一词的来由。人类最初居无定所，原始人为避风雨、防兽害，利用山洞和森林等天然掩蔽物作为居处，如仰韶、龙山、河姆渡等文化创造的木骨泥墙、木结构榫卯、地面式建筑、干阑式建筑（见图 1-1、图 1-2）。农业出现以后需要定居，出现了原始部落，于是土木工程便开始萌芽。大规模的建筑活动是从奴隶社会开始的。随着古代文明的发展和社会进步以及生产经验的积累，古代土木建筑工程经历了它的形成期和发达期，不过因为受到社会经济条件的制约，发展不均衡，但是在房屋建筑、桥梁、水利和高塔工程等方面都取得了辉煌的成就。古代土木工程主要有木结构、石结构和砖结构。

图 1-1　原始半穴居建筑复原图

图 1-2　河姆渡遗址干阑式民居复原图

该阶段的特点是以天然材料为主，辅以混合材料和加工后形成的材料；工艺技术简单，有打桩机、桅杆起重机等简单施工机械；分工逐步专业化；以经验总结和形象描述为主，缺乏理论依据。

1. 中国古代土木工程

（1）长　城

始建于 2 000 多年前的春秋战国时期，最初用黏土和乱石建造，秦朝统一中国之后联成万里长城。汉、明两代又曾大规模修筑，堪称世界奇迹，如图 1-3 所示。

长城是防备北方游牧民族的工事。两道平行的城墙，中间用土填满、夯实，主要用砖石砌筑。

图 1-3　万里长城

（2）都江堰

公元前 256～前 251 年，秦国蜀郡太守李冰父子率众修建；是世界上最长的无坝引水枢纽；由鱼嘴、飞沙堰和宝瓶口三部分组成。鱼嘴起分流和减灾作用，将岷江分为内外江；飞沙堰起泄洪、排砂作用；宝瓶口起分流和灌溉的作用。鱼嘴是利用装满卵石的竹笼堆放在江心形成的狭长小岛，形似鱼嘴，江水流经鱼嘴，便被分为内外江，如图 1-4 所示。

图 1-4　都江堰

飞沙堰的设计利用了"回旋流"原理，溢洪道前修有弯道，江水溢洪流经这里会形成环流，从而将泥沙携裹带入外江，这样就不会淤塞内江和宝瓶口水道。

宝瓶口，宽 13.3 m、长 26.6 m、高 53.3 m，是在玉垒山凿出的山口，形似瓶口。

（2）京杭大运河

我国的京杭大运河北起北京，南到杭州，流经冀、鲁、苏、浙四省，沟通海、河、淮、长江、钱塘江五大水系，全长 1 794 km，是世界最长的人工河。长度居世界第三的苏伊士运河，只有它的 1/10。这段运河开凿至今已有 2 400 多年的历史了，是我国历史上可与万里长城媲美的伟大工程。

（4）山西应县木塔和山西佛光寺祖师塔

应县木塔位于山西省应县西街北侧，建于公元 1056 年，因塔身全部用木质构成，俗称木塔。塔为楼阁式，用优质松木建成，高 66 m，底层直径 30 m，平面呈八角形。塔刹高 10 m，结构设计精巧，具有抗震、防灾、防火和防雷能力，保存至今已近千年，是国内外现存最古老最高大的木结构塔式建筑，如图 1-5 所示。

祖师塔在山西省五台县五台山的佛光寺内，建于北魏孝文帝时期（公元 471—499 年），是创建佛光寺的初祖禅师的墓塔，塔身用青砖砌成，高约 8 m，呈六角平面，砖结构，如图 1-6 所示。

图 1-5　山西应县木塔

图 1-6　山西佛光寺祖师塔

（5）赵州桥

赵州桥位于河北省赵县，是世界桥梁史上第一座单孔弧形石拱桥，距今有 1 400 年的历史。

赵州桥全长 64 m，通体由巨大花岗岩石块组成，28 道独立石拱纵向并列砌筑组成单孔弧形。桥大拱两端之肩上又各设两个小拱，这些敞开的小拱在减轻桥身重量的同时，又起到了减少流水冲力、加速畅洪的作用，设计可谓非常科学合理，如图 1-7 所示。赵州桥是世界第 12 个土木工程里程碑（1991，ASCE）。

图 1-7 赵州桥

2. 古埃及金字塔

古埃及金字塔是古埃及法老（Pharoah，意为"宫殿"，借指国王）的巨大陵墓。其中最为著名的是胡夫、哈夫拉和曼考拉 3 代法老在开罗以南 10 多千米处的吉萨修建的 3 座金字塔。其中又以胡夫金字塔最为高大雄伟。胡夫金字塔也称大金字塔，是埃及金字塔的登峰造极之作，用花岗石砌成。大金字塔原高 146 m（经数千年风雨侵蚀，现高 137 m），原塔基每边长 230 m（现长 227 m），占地 5.29 hm^2。在世界历史上，它保持作为最高建筑物的历史达 4 500 年之久，直到 19 世纪末才被埃菲尔铁塔超过。它的庞大的体积所需用的石料之多是空前绝后的。据估计，建成此塔共用了 230 万块石料，平均每块重 2.5 t，最大的一块重达 16 t，如图 1-8 所示。

图 1-8 金字塔和狮身人面像

3. 帕提农神庙

帕提农神庙是古代希腊雅典卫城中供奉雅典护神雅典娜的神庙，建于公元前 447—前 432 年，是希腊本土最大的多立克式神庙，古代建筑艺术杰作（见图 1-9）。帕提农神庙在卫城最高处，是卫城唯一的围廊式建筑，神庙东西两端各有多立克式柱 8 根（见古典柱式），两侧各有柱 17 根，立在三级台基上，没有柱础。台基最上一级长约 69.5 m，宽约 30.9 m，长宽比约为 9：4。整个神庙用坚硬的大理石建造，结构均匀、比例合理，有丰富的韵律感和节奏感，建筑形象宏伟壮丽，神庙的装饰雕刻更为精美绝伦，被誉为"雅典的王冠"。

图 1-9　帕提农神庙

4. 古罗马竞技场

古罗马斗兽场，亦译作罗马大角斗场、罗马竞技场、罗马圆形竞技场、科洛西姆、哥罗塞姆，原名弗莱文圆形剧场（Amphitheatrum Flavium），建于公元 72—82 年间，是古罗马文明的象征。遗址位于意大利首都罗马市中心，它在威尼斯广场的南面，古罗马市场附近。从外观上看，它呈正圆形；俯瞰时，它是椭圆形的。它的占地面积约 2 hm^2，最大直径为 188 m，小直径为 156 m，圆周长 527 m，围墙高 57 m，这座庞大的建筑可以容纳近 9 万人数的观众。

围墙共分 4 层，前三层均有柱式装饰，依次为多立克柱式、爱奥尼柱式、科林斯柱式，也就是在古代雅典看到的 3 种柱式。科洛西姆斗兽场以宏伟、独特的造型闻名于世，如图 1-10 所示。

图 1-10　古罗马竞技场

5. 索菲亚大教堂

索菲亚大教堂 335 年由君士坦丁大帝首建，532 年由查士丁尼一世续建。主体建筑结构采用砖砌穹顶，中央大穹顶直径为 32.6 m，由 107 根高大的大理石柱衬着金叶装饰，支撑着高达 56 m 的拱形圆顶，巍峨宏伟。大厅长 77 m、宽 71 m（见图 1-11），通体为白色大理石，雕工精细，被誉为古代奇迹。

图 1-11　索菲亚大教堂

6. 巴黎圣母院

圣母院约建造于 1163 年到 1250 年间，属哥特式建筑形式（见图 1-12），是法兰西岛地区的哥特式教堂群里面，具有关键代表意义的一座。始建于 1163 年，是巴黎大主教莫里斯·德·苏利决定兴建的，整座教堂在 1345 年全部建成，历时 180 多年。

巴黎圣母院平面宽约 47 m、深 125 m，可容纳近万人。正面是一对高 60 余米的塔楼，中部有高达 90 m 的尖塔。

图 1-12　巴黎圣母院

1.2.2　近代土木工程

近代土木工程的时间跨度：17 世纪中叶到第二次世界大战前后。

这一时期土木工程的特点：有力学和结构理论作为土木工程的设计指导；砖、瓦、石、木等建筑材料得到广泛应用；混凝土和钢筋混凝土、钢材、预应力混凝土得到发展；施工技术、施工机械、施工规模进步很快，施工速度加快。

对推动土木工程的发展具有重大意义的几件大事：意大利物理学家和天文学家伽利略在公元 1638 年发表了《关于两门新科学的对话》，论述了建筑材料的力学性质和梁的强度，首次用公式表达了梁的设计理论；英国科学家牛顿在公元 1687 年总结出了力学三大定律，为土木工程的力学分析奠定了基础；瑞士数学家欧拉于公元 1744 年出版了《曲线的变分法》，建立了柱的压屈理论，得到柱的临界应力公式，为分析土木工程结构物的稳定问题奠定了基础；英国人阿斯普丁取得了"波特兰"水泥的专利权，公元 1850 年开始生产；法国科学家纳维建立了土木工程结构设计的"许用应力分析法"，19 世纪末，里特尔等人又提出了"极限平衡分析"的概念，他们都为土木工程结构理论打下了基础；贝塞麦转炉炼钢法的出现，使得钢材大量应用于土木工程之中，促进了土木工程的发展；法国人莫尼埃发明了钢筋混凝土，钢筋混凝土开始应用于土木工程中；公元 1886 年，美国人杰克逊应用钢筋砼制作楼板并应用预应力混凝土制作配件。

近代土木工程经典案例：

1. 美国 10 层保险公司大楼

公元 1883 年，美国芝加哥建成了世界上第一座用钢铁框架作为承重结构的保险公司大楼（见图 1-13），是真正意义上的钢结构，被誉为现代高层建筑的开端。该楼是世界上第一幢按现代钢框架结构原理建造的高层建筑，共 10 层，高 55 m，开摩天大楼建造之先河。

图 1-13　美国 10 层保险公司大楼　　　　　图 1-14　埃菲尔铁塔

2. 法国埃菲尔铁塔

公元 1889 年，法国工程师古斯塔夫·埃菲尔完成了他的惊世之作——埃菲尔铁塔。它是巴黎展览会的标志性建筑。

埃菲尔铁塔为镂空结构铁塔，高 300 m，天线高 24 m，总高 324 m。分为 3 楼，其中 1、2 楼设有餐厅，第 3 楼建有观景台（见图 1-14）。从塔座到塔顶共有 1 711 级阶梯，共用去钢铁 7 000 t、12 000 个金属部件、259 万只铆钉。

3. 铁路工程的兴起

公元 1825 年，英国人斯蒂芬森在英格兰北部斯托克顿和达灵顿之间修筑了世界上第一条长 21 km 的铁路。

4. 苏伊士运河和巴拿马运河的开凿（1869，1914）

公元 1859 年—1869 年，苏伊士运河开凿，将地中海和印度洋连接起来。

公元 1881 年—1914 年，中美洲的巴拿马共和国凿通了巴拿马地峡，使从太平洋到大西洋间的航程缩短了 1 万余千米。

5. 纽约帝国州大厦（1931）

帝国大厦 1930 年动工，1931 年落成，只用了 410 天；102 层，总高 381 m，雄踞世界最高建筑的宝座达 40 年之久，直到 1971 年才被世贸中心超过；钢筋混凝土结构，见图 1-15。

1945 年，一架 B52 轰炸机在浓雾中撞上帝国大厦，机毁人亡，帝国大厦第 79 层的边梁受到影响，电梯震落一部，但整体未受到影响。

图 1-15　纽约帝国州大厦

6. 美国旧金山金门大桥

金门大桥于 1933 年动工，1937 年 5 月竣工，历时 4 年、用去 10 万多吨钢材、耗资达 3 550 万美元建成了当时世界上最大跨度的悬索桥，见图 1-16。从海面到桥中心部的高度约 60 m，又宽又高，所以即使涨潮时，大型船只也能畅通无阻。

7. 中国的京张铁路（1905—1909）

京张铁路是中国人自己设计的第一条铁路。詹天佑在美国耶鲁大学完成铁路工程的学业，于 1888 年到中国铁路公司任工程师，1905 年主持修建北京到张家口的铁路，1909 年提前 2 年完成，在中国和世界铁路史上留下了光辉的一页。

图 1-16　美国旧金山金门大桥

8. 钱塘江大桥（1937）

钱塘江大桥是第一座由中国人自己修建的双层钢铁大桥工程（见图 1-17），1934 年 8 月 8 日开始兴建，1937 年 9 月 26 日建成，茅以升为总设计师。该桥经历了建桥、炸桥、修桥三个时期，古今中外建桥史上无先例。桥长 1 453 m，分引桥和正桥，正桥 16 孔，15 座桥墩，建成于抗日烽火之中。它不仅在中华民族抗击外来侵略者的斗争中书写了可歌可泣的一页，也是我国桥梁建筑史上的一座里程碑。

图 1-17　钱塘江大桥

9. 上海国际饭店

上海国际饭店于 1934 年由四行（金城、盐业、中南、大陆银行）储蓄会投资兴建，共 24 层，高 82 m，建筑面积 1.57 hm²，钢架结构，外观类似美国 20 世纪 30 年代的摩天大楼，是当时东亚最高的建筑。该饭店底层外壁饰黑色花岗石，上部全饰褐色面砖。直到 20 世纪 80 年代广州白云宾馆建成前，国际饭店一直是中国最高的建筑。

1.2.3　现代土木工程

现代土木工程的时间跨度为第二次世界大战后至今近 70 年的时间。第二次世界大战后，许多国家经济大发展，科学技术出现了飞跃，土木工程得到迅猛发展。

现代土木工程的特点：

（1）功能要求多样化：公共建筑和住宅建筑向智能化小区方向发展；工业建筑向花园型工厂方向发展。

（2）城市建设立体化：高层建筑和超高层建筑大量兴起；地下工程高速发展；城市高架公路立交桥大量出现。

（3）交通工程快速化：高速公路大规模建设，很大程度上已经取代了铁路的职能；高速铁路系统逐步建成。中国高速客运铁路，常被简称为"中国高铁"。作为现代社会的一种新的运输方式，中国的高铁速度代表了目前世界的高铁速度。中国是世界上高速铁路发展最快、系统技术最全、集成能力最强、运营里程最长、运营速度最高、在建规模最大的国家。

（4）施工过程工业化：装配式、自动化和信息化。在工厂中成批地生产房屋、桥梁的各种配件、组合体等，再在施工现场装配的工业化生产方式得到推广，各种现场机械化施工方法发展迅速，如高耸结构的滑升模板法、大面积平板的升板法等。

（5）工程设施大型化：为满足能源、环境、大众公共活动的需要，第二次世界大战后，科技进步使得土木工程向大型多功能方向发展。

该时期的代表性工程有日本明石海峡大桥、中国江阴长江公路大桥、加拿大多伦多电视塔、中国上海东方明珠电视塔、中国台北101大楼、中国三峡工程、中国上海环球金融中心、马来西亚吉隆坡石油双塔大厦、美国芝加哥西维斯大厦、中国上海金茂大厦、中国香港中环广场大厦、阿联酋"迪拜塔"、中国国家游泳中心"鸟巢"和体育场"水立方"、中国上海中心大厦等。

1. 中国江阴长江大桥

江阴长江大桥于1994年开工建设，1999年10月建成通车。江阴长江公路大桥是中国首座跨径超千米的特大型钢箱梁悬索桥梁，也是20世纪"中国第一、世界第四"的大钢箱梁悬索桥，是国家公路主骨架中同江至三亚国道主干线以及北京至上海国道主干线的跨江"咽喉"工程，是江苏省境内跨越长江南北的第二座大桥。该桥主跨1 385 m，使用门式钢筋混凝土塔柱，柱高193 m，中设横梁三道，见图1-18。

图1-18　中国江阴长江大桥

图1-19　加拿大多伦多电视塔

2. 加拿大多伦多电视塔

加拿大国家电视塔高 553.33 m，造型优美，是世界上最高的自立构造。该电视塔建于 1976 年，共 147 层，圆盘状的观景台远看像是飞碟，伫立在多伦多的港湾旁，见图 1-19。

3. 上海东方明珠电视塔

上海东方明珠电视塔高 468 m，居亚洲第一、世界第三。上海东方明珠电视塔（见图 1-20）由塔座、3 根直径为 9 m 的擎天大柱、下球体、中球体和太空舱组成，与毗邻的上海国际会议中心的两个巨大球体构成了"大珠小珠落玉盘"的意境。"下球体"直径为 50 m，安装在擎天柱的 68 ~ 118 m 之间；"中球体"直径为 45 m，安装在 250 ~ 295 m 之间；而"上球体"即太空舱置于 335 ~ 349 m 的高处，直径为 14 m。上海东方明珠的整个结构浑然一体，既雄伟又壮美。

图 1-20 上海东方明珠电视塔

图 1-21 台北 101 大楼

4. 台北 101 摩天大楼

台北 101 大楼在规划阶段初期，原名台北国际金融中心，楼高 509 m，地上 101 层，地下 5 层，是钢和钢筋混凝土巨型框架结构体系的建筑（见图 1-21）。该楼曾于 2004 年 12 月 31 日至 2010 年 1 月 4 日间拥有"世界第一高楼"的纪录。

5. 上海环球金融中心

上海环球金融中心是以日本的森大厦株式会社（MoriBuilding Corporation）为中心，联合日本、美国等的 40 多家企业投资兴建的项目。它是陆家嘴金融贸易区内的一栋摩天大楼，就现在而言为中国大陆第三高楼，遥看宛如一把挺拔锋利的劲剑插于浦东大地。大楼楼高 492 m，地上 101 层（见图 1-22）。

6. 上海中心大厦

上海中心大厦是上海市的一座超高层地标式摩天大楼，其设计高度超过附近的上海环球金融中心，成为中国第一高楼及世界第三高楼（见图 1-23）。地块东邻上海环球金融中心，北面为金茂大厦。上海中心大厦建筑主体为 118 层，总高为 632 m，结构高度为 580 m。大厦于

2014 年年底基本完成土建竣工，2015 年年中将投入运营。

图 1-22　上海环球金融中心

图 1-23　上海中心大厦

7. 国家游泳中心"水立方"和国家体育场"鸟巢"

　　国家游泳中心"水立方"和国家体育场"鸟巢"是 2008 年北京奥运会的标志性建筑。"水立方"基于泡沫理论的设计灵感，外形像一个蓝色方盒子，目前是世界上最大的膜结构工程（见图 1-24）。建筑外围采用最先进环保节能的 ETFE（乙烯-四氟乙烯共聚物）膜材料，覆盖面积达到 10 hm^2，上面布满了酷似水分子结构的几何形状。整个建筑由 3 000 多个气枕组成，气枕形状大小不一、形状各异，堪称世界之最。"鸟巢"外形结构主要由巨大的门式钢架组成（见图 1-25），共有 24 根桁架柱。国家体育场建筑顶面呈鞍形，长轴为 332.3 m，短轴为 296.4 m，最高点高度为 68.5 m，最低点高度为 42.8 m。

图 1-24　国家游泳中心"水立方"

图 1-25　国家体育场"鸟巢"

1.3 土木工程的发展及建设程序

1.3.1 土木工程的发展趋势

在 21 世纪，科学技术的重大变革，计算机、通信、网络等信息工业迅速发展，使人类生产、生活方式发生了重大变化。人类为了争取生存、获得更舒适的生活环境，土木工程必将有重大的发展和突破，具体表现如下：

1. 高性能、多功能材料的发展

继续加大轻质高强材料、组合材料、合成材料、环保材料等新型材料的研制、开发和应用。钢材将朝着高强，具有良好的塑性、韧性和可焊性方向发展。日本、美国、俄罗斯等国家已经把屈服点为 700 N/mm^2 以上的钢材列入了规范。高性能混凝土及其他复合材料也将向着轻质、高强、良好的韧性和工作性方面发展。

2. 全面引入信息化和智能化技术

随着计算机应用的普及和结构计算理论的日益完善，计算结果将更能反映实际情况，从而更能充分发挥材料的性能并保证结构的安全。人们将会设计出更为优化的方案进行土木工程建设，以缩短工期、提高经济效益。智能化是指房屋设备用先进的计算机系统检测和控制，对居住者进行自动服务，并可以通过自动化或人工干预来保证设备安全、可靠、高效。

3. 环境工程

环境问题特别是气候变异的影响将越来越受到重视，土木工程与环境工程应融为一体。城市综合征、海水平面上升、水污染、沙漠化等问题与人类的生存发展密切相关，又无一不与土木工程有关。较大工程建成后对环境的影响乃至建设过程中的振动、噪声等都将成为土木工程师必须考虑的问题。

4. 建筑工业化

建筑长期以来停留在以手工操作为主的小生产方式上。新中国成立后大规模的经济建设推动了建筑业机械化的进程，特别是在重点工程建设和大城市中有一定程度的发展，但是总的来说落后于其他工业部门，所以建筑业的工业化是我国建筑业发展的必然趋势。要正确理解建筑产品标准化和多样化的关系，尽量实现标准化生产；要建立适应社会化大生产方式的科学管理体制，采用专业化、联合化、区域化的施工组织形式，同时还要不断推进新材料、新工艺的使用。

5. 向高空、地下、海洋、沙漠和太空开拓

早在 1984 年，美籍华裔林铜柱博士就提出了一个大胆的设想，即在月球上利用它上面的岩石生产水泥并预制混凝土构件来组装太空试验站。这也表明土木工程的活动场所在不久的将来可能超出地球的范围。随着地上空间的减少，人类把注意力也越来越多地转移到地下空间，21 世纪的土木工程将包括海底的世界。实际上，东京地铁已达地下三层；除在青函海底隧道的中部设置了车站外，还建设了博物馆。

6. 结构形式

计算理论和计算手段的进步以及新材料新工艺的出现，为结构形式的革新提供了有利条件。空间结构将得到更广泛的应用，不同受力形式的结构融为一体，结构形式将更趋于合理和安全。

7. 新能源和能源多极化

能源问题是当前世界各国极为关注的问题，寻找新的替代能源和能源多极化的要求是 21 世纪人类必须解决的重大课题。这也对土木工程提出了新的要求，应当予以足够的重视。

此外，由于我国是一个发展中国家，经济还不发达，基础设施还远远不能满足人民生活和国民经济可持续发展的要求，所以在基本建设方面还有许多工作要做。并且在土木工程的各项专业活动中，都应考虑可持续发展。这些专业活动包括：建筑物、公路、铁路、桥梁、机场等工程的建设，海洋、水、能源的利用以及废弃物的处理等。

1.3.2　土木工程基本建设程序

我国工程基本建设程序主要有以下几个阶段：项目建议书阶段、可行性研究阶段、设计阶段、施工图设计阶段、施工建设阶段、竣工验收阶段、后评价阶段。

1. 项目建议书阶段（立项）

项目建议书是项目建设筹建单位，根据国民经济和社会发展的长远规划、行业规划、产业政策、生产力布局、市场、所在地的内外部条件等要求，经过调查、预测分析后，提出的某一具体项目的建议文件，是基本建设程序中最初阶段的工作，是对拟建项目的框架性设想，也是政府选择项目和可行研究的依据。

项目建议书的主要作用是推荐一个拟进行建设的项目的初步说明，论述它建设的必要性、重要性、条件的可行性和获利的可能性，供政府选择确定是否进行下一步工作。

2. 可行性研究阶段

可行性研究是对项目在技术上是否可行和经济上是否合理进行科学的分析和论证。通过对建设项目在技术、工程和经济上的合理性进行全面分析论证和多种方案比较，提出评价意见。由经过国家资格审定的适合本项目的等级和专业范围的规划、设计、工程咨询单位承担项目可行性研究，并编制可行性研究报告。

3. 设计阶段

设计是对拟建工程的实施在技术上和经济上所进行的全面而详尽的安排，是基本建设计划的具体化，是把先进技术和科研成果引入建设的渠道，是整个工程的决定性环节，是组织施工的依据。它直接关系着工程质量和将来的使用效果。可行性研究报告经批准的建设项目应委托或通过招标投标选定设计单位，按照批准的可行性研究报告的内容和要求进行设计，编制设计文件。根据建设项目的不同情况，设计过程一般划分为两个阶段，即初步设计和施工图设计；重大项目和技术复杂项目，可根据不同行业的特点和需要，增加技术设计阶段。

（1）初步设计阶段

项目筹建单位应根据可研报告审批意见，委托或通过招标投标择优选择有相应资质的设计单位进行初步设计。初步设计是根据批准的可行性研究报告和必要而准确的设计基础资料，对设计对象进行通盘研究，阐明在指定的地点、时间和投资控制数内，拟建工程在技术上的可能性和经济上的合理性。通过对设计对象作出的基本技术规定，编制项目的总概算。根据国家规定，如果初步设计提出的总概算超过可行性研究报告确定的总投资估算的 10% 以上或其他主要指标需要变更时，要重新报批可行性研究报告。

（2）施工图设计阶段

通过招标、比选等方式择优选择设计单位进行施工图设计。施工图设计的主要内容是根据批准的初步设计，绘制出正确、完整和尽可能详尽的建筑安装图纸。其设计深度应满足设备材料的安排和非标设备的制作、建筑工程施工的要求等。

施工图文件完成后，应将施工图报有资质的设计审查机构审查，并报行业主管部门备案。同时，聘请有预算资质的单位编制施工图预算。

4. 施工建设阶段

（1）施工建设准备阶段

① 编制项目投资计划书，并按现行的建设项目审批权限进行报批。

② 建设工程项目报建备案。省重点建设项目、省批准立项的涉外建设项目及跨市、州的大中型建设项目，由建设单位向省人民政府建设行政主管部门报建。其他建设项目按隶属关系由建设单位向县级以上人民政府建设行政主管部门报建。

③建设工程项目招标。业主自行招标或通过比选等竞争性方式择优选择招标代理机构；通过招标或比选等方式择优选定设计单位、勘察单位、施工单位、监理单位和设备供货单位，签订设计合同、勘察合同、施工合同、监理合同和设备供货合同。

（2）施工建设实施阶段

① 开工前准备。项目在开工建设之前要切实做好以下准备工作：

a. 征地、拆迁和场地平整；

b. 完成"三通一平"，即通路、通电、通水、平整场地，修建临时生产和生活设施；

c. 组织设备、材料订货，做好开工前准备，包括计划、组织、监督等管理工作的准备，以及材料、设备、运输等物质条件的准备；

d. 准备必要的施工图纸，新开工的项目必须至少有 3 个月以上的工程施工图纸。

② 办理工程质量监督手续。持施工图设计文件审查报告和批准书，中标通知书和施工、监理合同，建设单位、施工单位和监理单位工程项目的负责人和机构组成，施工组织设计和监理规划（监理实施细则）等资料在工程质量监督机构办理工程质量监督手续。

③ 办理施工许可证。向工程所在地的县级以上人民政府建设行政主管部门办理施工许可证。工程投资额在 30 万元以下或者建筑面积在 $300 \mathrm{~m}^2$ 以下的建筑工程，可以不申请办理施工许可证。

④ 项目开工前审计。审计机关在项目开工前，对项目的资金来源是否正当、落实，项目开工前的各项支出是否符合国家的有关规定，资金是否按有关规定存入银行专户等进行审计。建设单位应向审计机关提供资金来源及存入专业银行的凭证、财务计划等有关资料。

⑤ 报批开工。按规定进行了建设准备并具备了各项开工条件以后，建设单位向主管部门提出开工申请。建设项目经批准新开工建设，项目即进入了建设实施阶段。项目新开工时间，是指建设项目设计文件中规定的任何一项永久性工程（无论生产性或非生产性）第一次正式破土开槽开始施工的日期。不需要开槽的工程，以建筑物的正式打桩作为正式开工。公路、水库需要进行大量土、石方工程的，以开始进行土方、石方工程作为正式开工。

5. 竣工验收阶段

根据国家现行规定，凡新建、扩建、改建的基本建设项目和技术改造项目，按批准的设计文件所规定的内容建成，符合验收标准的，必须及时组织验收，办理固定资产移交手续。

（1）竣工验收的范围和标准

进行竣工验收必须符合以下要求：

① 项目已按设计要求完成，能满足生产使用。

② 主要工艺设备配套设施经联动负荷试车合格，形成生产能力，能够生产出设计文件所规定的产品。

③ 生产准备工作能适应投产需要。

④ 环保设施、劳动安全卫生设施、消防设施已按设计要求与主体工程同时建成使用。

（2）申报竣工验收的准备工作

竣工验收依据：批准的可行性研究报告、初步设计、施工图和设备技术说明书、现场施工技术验收规范以及主管部门的有关审批、修改、调整文件等。

建设单位应认真做好竣工验收的准备工作：

① 整理工程技术资料。各有关单位（包括设计、施工单位）将相关资料系统整理，由建设单位分类立卷，交生产单位或使用单位统一保管。

a. 工程技术资料：主要包括土建方面、安装方面及各种有关的文件、合同和试生产的情况报告等；

b. 其他资料：主要包括项目筹建单位或项目法人单位对建设情况的总结报告、施工单位对施工情况的总结报告、设计单位对设计情况的总结报告、监理单位对监理情况的总结报告、质监部门对质监评定的报告、财务部门对工程财务决算的报告、审计部门对工程审计的报告等。

② 绘制竣工图纸。它与其他工程技术资料一样，是建设单位移交生产单位或使用单位的重要资料，是生产单位或使用单位必须长期保存的工程技术档案，也是国家的重要技术档案。竣工图必须准确、完整、符合归档要求，方能交付验收。

③ 编制竣工决算。建设单位必须及时清理所有财产、物资和未用完的资金或应收回的资金，编制工程竣工决算，分析预（概）算执行情况，考核投资效益，报主管部门审查。

④ 竣工审计。审计部门进行项目竣工审计并出具审计意见。

（3）竣工验收程序

① 根据建设项目的规模大小和复杂程度，整个项目的验收可分为初步验收和竣工验收两个阶段进行。规模较大、较为复杂的建设项目，应先进行初验，然后进行全部项目的竣工验收。规模较小、较简单的项目可以一次进行全部项目的竣工验收。

② 建设项目在竣工验收之前，由建设单位组织施工、设计及使用等单位进行初验。初验前由施工单位按照国家规定，整理好文件、技术资料，向建设单位提出交工报告。建设单位

接到报告后，应及时组织初验。

③建设项目全部完成，经过各单项工程的验收，符合设计要求，并具备竣工图表、竣工决算、工程总结等必要文件资料时，由项目主管部门或建设单位向负责验收的单位提出竣工验收申请报告。

（4）竣工验收的组织

竣工验收一般由项目批准单位或委托项目主管部门组织。竣工验收组由环保、劳动、统计、消防及其他有关部门组成，建设单位、施工单位、勘查设计单位参加验收工作。验收委员会或验收组负责审查工程建设的各个环节，听取各有关单位的工作报告，审阅工程档案资料并实地察验建筑工程和设备安装情况，并对工程设计、施工和设备质量等方面做出全面的评价。不合格的工程不予验收；对遗留问题提出具体解决意见，限期落实完成。

6. 后评价阶段

为了总结项目建设成功和失败的经验教训，供以后项目决策借鉴，国家对一些重大建设项目，在竣工验收若干年后进行后评价。

建设工程的基本建设程序见表 1-1。

表 1-1 建设工程基本建设程序

阶段		内容	审批或备案部门	备注
投资决策阶段	项目建议书阶段	1. 编制项目建议书	投资主管部门	同时做好拆迁摸底调查和评估；做好资金来源及筹措准备；准备好选址建设地点的测绘地图
		2. 办理项目选址规划意见书	规划部门	
		3. 办理建设用地规划许可证和工程规划许可证	规划部门	
		4. 办理土地使用审批手续	国土部门	
		5. 办理环保审批手续	环保部门	
	可行性研究阶段	6. 编制可行性研究报告		聘请有相应资质的咨询单位
		7. 可行性研究报告论证		须聘请有相应资质的单位
		8. 可行性研究报告报批	项目审批部门	批准后的项目列入年度计划
		9. 办理土地使用证	国土部门	
		10. 办理征地、青苗补偿、拆迁安置等手续	国土、建设部门	
		11. 地勘		委托或通过招标、比选等方式选择有相应资质的单位
		12. 报审供水、供气、排水市政配套方案	规划、建设、土地、人防、消防、环保、文物、安全、劳动、卫生等部门提出审查意见	
前期准备阶段	工程设计阶段	13. 初步设计		委托或通过招标、比选等方式选择有相应设计资质的单位
		14. 办理消防手续	消防部门	
		15. 初步设计文本审查	规划部门、发改部门	

阶段		内容	审批或备案部门	备注
前期准备阶段	工程设计阶段	16.施工图设计		委托或通过招标、比选等方式选择有相应设计资质的单位
		17.施工图设计文件审查、备案	报有相应资质的设计审查机构审查，并报行业主管部门备案	
	施工准备阶段	18.编制施工图预算		聘请有预算资质的单位编制
		19.编制项目投资计划书	按建设项目审批权限报批	
		20. 建设工程项目报建备案	建设行政主管部门	
		21.建设工程项目招标	业主自行招标或通过比选等竞争性方式择优选定招标代理机构，通过招标或比选等方式择优选定设计单位、勘察单位、施工单位、监理单位和设备供货单位	
		22.开工建设前准备		包括：征地、拆迁和场地平整；三通一平；施工图纸
		23.办理工程质量监督	质监管理机构	
		24.办理施工许可证	建设行政主管部门	
		25.项目开工前审计	审计机关	
施工阶段	施工安装阶段	26.报批开工	建设行政主管部门	
竣工验收阶段	竣工验收阶段	27.竣工验收	质监管理机构	
后评价阶段	工程后评价阶段	28.工程项目后评价		评价包括效益后评价和过程后评价

思考与练习题

1-1 土木工程的基本概念是什么？

1-2 土木工程包含的领域有哪些？

1-3 叙述土木工程发展简史。

1-4 论述土木工程的建设程序。

2　土木工程材料

1. 掌握建筑材料的基本物理性质、力学性质及耐久性;
2. 了解材料基本物理性质、力学性质及耐久性对建筑材料的影响;
3. 了解水泥的品种以及适用范围,了解水泥砂浆的组成及水泥混凝土的组成成分;
4. 掌握常用水泥、水泥砂浆及水泥混凝土的技术指标;
5. 掌握钢材的基本力学性质、工艺性能;
6. 了解墙体材料的种类、规格以及适应范围。
7. 了解建筑防水、保温及隔声材料的种类、性质和特点;
8. 了解天然石材的技术性能,掌握天然石材的分类及特性;
9. 了解建筑装饰陶瓷砖的种类及应用;
10. 了解常用的建筑装饰涂料。

■ 能力目标

1. 能够熟练应用建筑材料的基本性质进行建筑材料的选择;
2. 能够根据实际工程情况合理选择水泥、水泥砂浆和水泥混凝土;
3. 能够熟练阐述水泥、水泥砂浆及水泥混凝土的技术指标;
4. 能够熟练阐述建筑钢材的力学性质及工艺性质。

■ 学前导读

　　土木工程中所使用的各种材料统称为土木工程材料,它们将直接影响建筑物或构筑物的性能、功能、使用年限和经济成本,从而影响人类生活空间的安全性和舒适性。土木工程材料的基本性质包括物理性质、力学性质和耐久性等。物理性质包括与质量有关的性质、与水有关的性质及与热工有关的性质;而材料的力学性质是指材料的强度、变形及硬度等。土木工程材料品种繁多,按照使用要求分为基本建筑材料、功能材料和装饰材料等。基本材料包括水泥、水泥砂浆、水泥混凝土、钢材、红砖、砌块等;功能材料包括防水材料、保温材料、吸声材料等;装饰材料包括石材、陶瓷、涂料等。

2.1 建筑材料的基本性质

2.1.1 建筑材料的物理性质

2.1.1.1 与质量有关的基本物理性质

1. 密　度

密度是指材料在绝对密实状态下，单位体积所具有的质量。计算公式如下：

$$\rho = \frac{m}{V}$$

（2-1）

式中　ρ——实际密度（g/cm^3）；

　　　m——材料的质量（g）；

　　　V——材料在绝对密实状态下的体积（cm^3）。

材料在绝对密实状态下的体积指不包括材料孔隙在内的固体实际体积。在建筑工程中，除了玻璃、金属等少数材料外，绝大多数材料内部都含有孔隙（见图 2-1）。为了测定材料的密度，对于有孔隙的材料（砖、混凝土、石材），将材料磨成细粉（粒径小于 0.2 mm）以排除其内部孔隙，经干燥后用密度瓶（李氏瓶）测定其实际体积，该体积即可视为绝对密实状态下的体积。材料磨得越细，所测得的体积越接近绝对体积。对于近于绝对密实的材料（金属、玻璃等）以及砂、石等散粒状材料，在测定其密度时，可以不必磨成细粉，而直接用排水法测其绝对体积的近似值，这时所求得的密度为视密度。混凝土所用砂、石等散粒材料常按此法测定其密度。

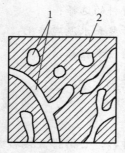 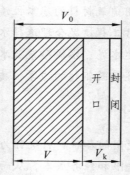

图 2-1　材料组成示意图

1—孔隙；2—固体物质

2. 表观密度

表观密度以前也称容重，是指材料在自然状态下，单位体积所具有的质量，按下式计算：

$$\rho_0 = \frac{m}{V_0}$$

（2-2）

式中　ρ_0——材料的表观密度（g/cm^3 或 kg/m^3）；

m——材料的质量（g 或 kg）；

V_0——材料在自然状态下的体积，或称表观体积（cm^3 或 m^3），是包含内部空隙在内的体积（规则几何形状、松散体积用排液法）。

表观密度的大小除取决于密度外，还与材料闭口孔隙率和孔隙的含水程度有关。材料闭口孔隙越多，表观密度越小；当孔隙中含有水分时，其质量和体积均有所变化。因此在测定表观密度时，须注明含水状况，没有特别标明时常指气干状态下的表观密度，在进行材料对比试验时，则以绝对干燥状态下测得的表观密度值（干表观密度）为准。

工程中常用的散状材料，如砂、石，其颗粒内部孔隙极少，用排水法测出的颗粒体积与其密实体积基本相同，因此，砂、石的表观密度可近似地当作其密度，故称视密度，又称颗粒表观密度。

3. 堆积密度

堆积密度是散粒材料在自然堆积状态下单位体积的质量，可用下式表示：

$$\rho_0' = \frac{m}{V_0'} \tag{2-3}$$

式中　ρ_0'——散粒材料的堆积密度（g/cm^3 或 kg/m^3）；

m——散粒材料的质量（g 或 kg）；

V_0'——材料的自然堆积体积，包括颗粒的体积和颗粒之间空隙的体积（见图 2-2），也即按一定方法装入容器的容积（m^3）。

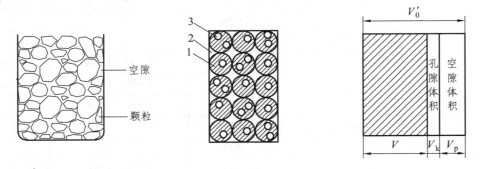

图 2-2　散粒材料堆积及体积示意图（堆积体积＝颗粒体积＋空隙体积）

1—固体物质；2—空隙；3—孔隙

4. 孔隙率与密实度

（1）孔隙率

孔隙率是指材料中孔隙体积占材料总体积的百分率，以 P 表示，可用下式计算：

$$P = \frac{V_0 - V}{V_0} \times 100\% = \left(1 - \frac{\rho_0}{\rho}\right) \times 100\% \tag{2-4}$$

式中　P——孔隙率（%）；

V——材料的绝对密实体积（cm^3 或 m^3）；

V_0——材料的自然体积（cm^3 或 m^3）。

孔隙率的大小直接反映了材料的致密程度，其大小取决于材料的组成、结构以及制造工艺。材料的许多工程性质如强度、吸水性、抗渗性、抗冻性、导热性、吸声性等都与材料的孔隙有关。这些性质不仅取决于孔隙率的大小，还与孔隙的大小、形状、分布、连通与否等构造特征密切相关。

孔隙的构造特征，主要是指孔隙的形状和大小。材料内部开口孔隙增多会使材料的吸水性、吸湿性、透水性、吸声性提高，抗冻性和抗渗性变差。材料内部闭口孔隙的增多会提高材料的保温隔热性能。根据大小，孔隙分为粗孔和微孔。一般均匀分布的密闭小孔，要比开口或相连通的孔隙好。不均匀分布的孔隙，对材料性质影响较大。

（2）密实度

密实度是指材料体积内被固体物质所充实的程度，也就是固体物质的体积占总体积的比例，以 D 表示。密实度的计算式如下：

$$D = \frac{V}{V_0} \times 100\% = \frac{\rho_0}{\rho} \times 100\% \tag{2-5}$$

式中　D——材料的密实度（％）。

材料的 ρ_0 与 ρ 愈接近，即 $\frac{\rho_0}{\rho}$ 愈接近于 1，材料就愈密实。密实度、孔隙率是从不同角度反映材料的致密程度，一般工程上常用孔隙率。密实度和孔隙率的关系为：$P + D = 1$。常用材料的一些基本物性参数如表 2-1 所示。

表 2-1　常用建筑材料的密度、表观密度、堆积密度和孔隙率

材　料	密度 ρ /（g/m³）	表观密度 ρ_0 /（kg/m³）	堆积密度 ρ_0' /（kg/m³）	孔隙率/％
石灰岩	2.60	1 800～2 600	—	—
花岗岩	2.60～2.90	2 500～2 800	—	0.5～3.0
碎石（石灰岩）	2.60	—	1 400～1 700	—
砂	2.60	—	1 450～1 650	—
黏　土	2.60	—	1 600～1 800	—
普通黏土砖	2.50～2.80	1 600～1 800	—	20～40
黏土空心砖	2.50	1 000～1 400	—	—
水　泥	3.10	—	1 200～1 300	—
普通混凝土	—	2 000～2 800	—	5～20
轻骨料混凝土	—	800～1 900	—	—
木　材	1.55	400～800	—	55～75
钢　材	7.85	7850	—	0
泡沫塑料	—	20～50	—	—
玻　璃	2.55	—	—	—

5. 空隙率与填充率

（1）空隙率

空隙率是指散粒或粉状材料颗粒之间的空隙体积占其自然堆积体积的百分率，用 P' 表示，按下式计算：

$$P' = \frac{V_0' - V_0}{V_0'} \times 100\% = \left(1 - \frac{\rho_0'}{\rho_0}\right) \times 100\% \qquad (2\text{-}6)$$

式中　　P'——材料的空隙率（%）；

　　　　V_0'——自然堆积体积（cm^3 或 m^3）；

　　　　V_0——材料在自然状态下的体积（cm^3 或 m^3）。

空隙率的大小反映了散粒材料的颗粒互相填充的紧密程度。空隙率可作为控制混凝土骨料级配与计算含砂率的依据。

（2）填充率

填充率是指散粒或粉状材料颗粒体积占其自然堆积体积的百分率，用 D' 表示。

$$D' = \frac{V_0}{V_0'} \times 100\% = \frac{\rho_0'}{\rho_0} \times 100\% \qquad (2\text{-}7)$$

空隙率与填充率的关系为 $P' + D' = 1$。由上可见，材料的填充率和空隙率是从两个不同侧面反映散粒材料的颗粒互相填充的疏密程度。空隙率可以作为控制混凝土骨料级配及计算砂率的依据。

2.1.1.2　与水有关的性质

1. 亲水性与憎水性

材料与水接触时，有些材料能被水润湿，而有些材料则不能被水润湿，对这两种现象来说，前者为亲水性，后者为憎水性。材料具有亲水性或憎水性的根本原因在于材料的分子组成。

亲水性是指材料在空气中与水接触时能被水润湿的性质（润湿角 $\theta \leqslant 90°$），如图 2-3（a）所示。具有亲水性质的材料称为亲水性材料，大多数建筑材料，如石料、砖、混凝土、木材等都属于亲水性材料。憎水性是指材料在空气中与水接触时不能被水润湿的性质（润湿角 $\theta > 90°$），如图 2-3（b）所示。具有这种性质的材料称为憎水性材料，如沥青、塑料、橡胶、石蜡和油漆等为憎水性材料，工程上多利用材料的憎水性来制造防水材料。憎水性材料不仅可用作防水材料，而且还可用于亲水性材料的表面处理，以降低其吸水性。

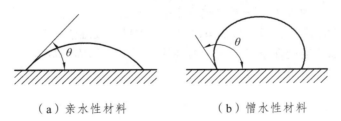

（a）亲水性材料　　　　　　　　（b）憎水性材料

图 2-3　材料润湿示意图

2. 吸水性

材料在水中吸收水分的性质，其大小用吸水率来表示。吸水率有两种表示方法：

（1）质量吸水率

材料吸水饱和时，其所吸收水分的质量占材料干燥时质量的百分率即为质量吸水率。

$$W_质 = \frac{m_湿 - m_干}{m_干} \times 100\%$$

$$（2-8）$$

式中　$W_质$——质量吸水率（%）；

　　　$m_湿$——材料在吸水饱和状态下的质量（g）；

　　　$m_干$——材料在绝对干燥状态下的质量（g）。

（2）体积吸水率

材料吸水饱和时，吸入水分的体积占干燥材料自然体积的百分率即为体积吸水率。

$$W_体 = \frac{V_水}{V_0} \times 100\% = \frac{m_湿 - m_干}{V_0} \times \frac{1}{\rho_{H_2O}} \times 100\%$$

$$（2-9）$$

式中　$W_体$——体积吸水率（%）；

　　　V_0——干燥材料在自然状态下的体积（cm^3）；

　　　ρ_{H_2O}——水的密度，常温下取 1 g/cm^3。

体积吸水率与质量吸水率的关系为：

$$W_体 = W_质 \cdot \rho_0$$

式中　ρ_0——材料在干燥状态下的表观密度。

对于轻质多孔的材料如加气混凝土、软木等，由于吸入水分的质量往往超过材料干燥时的自重，所以 $W_体$ 更能反映其吸水能力的强弱，因为 $W_体$ 不可能超过 100%。

材料吸水率的大小不仅取决于材料本身是亲水的还是憎水的，而且与材料的孔隙率的大小及孔隙特征密切相关。一般孔隙率愈大，吸水率也愈大；孔隙率相同的情况下，具有细小连通孔的材料比具有较多粗大开口孔隙或闭口孔隙的材料吸水性更强。

各种材料的吸水率相差很大，如花岗岩等致密岩石的吸水率仅为 0.5%～0.7%，普通混凝土为 2%～3%，黏土砖为 8%～20%，而木材或其他轻质材料的吸水率则常大于 100%。

3. 吸湿性

材料在潮湿的空气中吸收水分的性质称为吸湿性。材料的含水率大小，除与本身的成分、组织构造等有关外，还与周围的温度、湿度有关。气温越低，相对湿度越大，材料的含水率也就越大。

材料随着空气湿度的大小，既能在空气中吸收水分，又可向空气中扩散水分，最后与空气湿度达到平衡，此时的含水率称为平衡含水率。木材的吸湿性随着空气湿度变化特别明显。例如木门窗制作后如长期处在空气湿度小的环境中，为了与周围湿度平衡，木材便向外散发水分，于是门窗体积收缩而致干裂。

4. 耐水性

材料长期在饱和水作用下而不破坏，强度也不显著降低的性质称为耐水性。材料的耐水性用软化系数表示。

$$K_软 = \frac{f_饱}{f_干}$$

$$（2-10）$$

式中　$K_软$——材料的软化系数；

　　　$f_饱$——材料在吸水饱和状态下的抗压强度（MPa）；

　　　$f_干$——材料在干燥状态下的抗压强度（MPa）。

软化系数一般在 0 ~ 1 之间波动，软化系数越大，耐水性越好。对于经常位于水中或处于潮湿环境中的重要建筑物，所选用的材料要求其软化系数不得低于 0.85；对于受潮较轻或次要结构所用材料，软化系数允许稍有降低，但不宜小于 0.75。软化系数大于 0.80 的材料，通常可认为是耐水材料。

5. 抗渗性

材料抵抗压力水渗透的能力叫抗渗性。材料抗渗性用渗透系数 K 来表示：

$$K = \frac{Wd}{AtH} \tag{2-11}$$

式中　W——透过材料试件的水量（mL）；

d——试件的厚度（cm）；

A——透水面积（cm^2）；

t——透水时间（s）；

H——静水压力水头（cm）。

材料的渗透系数越小，说明材料的抗渗性越强。一些防水材料（如油毡）其防水性常用渗透系数表示。

对于混凝土和砂浆材料，抗渗性常用抗渗等级来表示：

$$S = 10H - 1 \tag{2-12}$$

式中　S——抗渗等级；

H——试件开始渗水时的水压力（MPa）。

6. 抗冻性

材料在饱水状态下，能经受多次冻融循环而不破坏，强度也不显著降低的性质称为抗冻性。材料抗冻性用抗冻等级表示，即以材料在吸水饱和状态（最不利状态）下所能抵抗的最多冻融循环次数来表示，符号为 Fn，其中 n 即为最大冻融循环次数，如 F25、F50 等。抗冻性与材料孔隙率、强度、含水程度及冻融次数有关。

混凝土抗冻等级是采用龄期 28 d 的试块在吸水饱和后，承受反复冻融循环，以抗压强度下降不超过 25%，而且质量损失不超过 5% 时所能承受的最大冻融循环次数来确定的。GB 50164—2011 将混凝土划分为：F10、F15、F25、F50、F100、F150、F200、F250、F300 等 9 个等级，分别表示混凝土能够承受的反复冻融循环次数为 10、15、25、50、100、150、200、250 和 300 次。抗冻等级≥F50 的混凝土称为抗冻混凝土。

2.1.1.3　与热工有关的性质

1. 导热性

当材料两侧存在温度差时，热量将由温度高的一侧通过材料传递到温度低的一侧，材料的这种传导热量的能力称为导热性。其大小用热导率 λ 表示：

$$\lambda = \frac{Qa}{At(T_2 - T_1)} \tag{2-13}$$

式中　λ——热导率[W/（m·K）]；

Q——传导的热量（J）；

a——材料厚度（m）；

A——热传导面积（m²）；

t——热传导时间（s）；

$T_2 - T_1$——材料两侧温度差（K）。

显然，热导率越小，材料的隔热性能越好。各种建筑材料的热导率差别很大，大致在 0.035 W/（m·K）（泡沫塑料）至 3.48 W/（m·K）（大理石）之间。通常将 $\lambda \leqslant 0.23$ W/（m·K）的材料称为绝热材料。

2. 热容量

材料在受热时吸收热量，冷却时放出热量的性质称为材料的热容量。热容量的大小用比热容表示。比热容为单位质量（1 g）材料温度升高或降低单位温度（1 K）所吸收或放出的热量。比热容的计算式如下所示：

$$c = \frac{Q}{m(T_2 - T_1)} \tag{2-14}$$

式中　c——材料的比热容[J/（g·K）]；

Q——材料吸收或放出的热量（J）；

m——材料的质量（g）；

$T_2 - T_1$——材料受热或冷却前后的温差（K）。

材料的热导率和比热容是设计建筑物围护结构、进行热工计算时的重要参数，选用热导率小、比热容大的材料可以节约能耗并长时间保持室内温度的稳定。常见建筑材料的热导率和比热容见表 2-2。

表 2-2　常用建筑材料的热导率和比热容指标

材料名称	热导率 /[W/（m·K）]	比热容 /[J/（g·K）]	材料名称	热导率 /[W/（m·K）]	比热容 /[J/（g·K）]
建筑钢材	58	0.46	黏土空心砖	0.64	0.92
花岗岩	2.9	0.8	松木	0.17~0.35	2.50
普通混凝土	1.8	0.88	泡沫塑料	0.03	1.30
水泥砂浆	0.93	0.84	冰	2.20	2.05
白灰砂浆	0.81	0.84	水	0.58	4.20
普通黏土砖	0.57	0.84	静止空气	0.025	1.00

2.1.2　材料的力学性质

2.1.2.1　材料的强度

材料的强度是以材料试件在静荷载作用下达到破坏时的极限应力值来表示的。当材料受到外力作用时，在材料内部相应地产生应力，外力增大，应力也随之增大，直到应力超过材料内部质点所能抵抗的极限时，材料就发生破坏，此时的极限应力值即材料强度，也称为极限强度。根据外力作用方式的不同，材料强度有抗压、抗拉、抗剪、抗弯（抗折）强度等，见图 2-4。

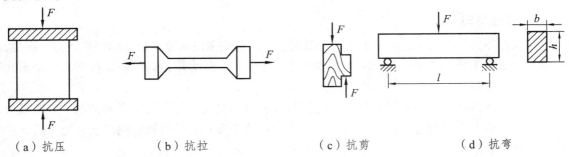

（a）抗压　　　　　（b）抗拉　　　　　（c）抗剪　　　　　（d）抗弯

图 2-4　材料承受各种外力示意图

材料的抗压、抗拉、抗剪强度的计算式如下：

$$f = \frac{F_{max}}{A} \tag{2-15}$$

式中　f——材料抗拉、抗压、抗剪强度（MPa）；

　　　F_{max}——材料破坏时的最大荷载（N）；

　　　A——试件受力面积（mm^2）。

材料的抗弯强度与受力情况有关，一般试验方法是将条形试件放在两支点上，中间作用一集中荷载，对矩形截面试件，其抗弯强度用下式计算：

$$f_w = \frac{3F_{max}L}{2bh^2} \tag{2-16}$$

式中　f_w——材料的抗弯强度（MPa）；

　　　F_{max}——材料受弯破坏时的最大荷载（N）；

　　　L——两支点的间距（mm）；

　　　b、h——试件横截面的宽度及高度（mm）。

材料强度的大小理论上取决于材料内部质点间结合力的强弱，实际上与材料的组成及结构有直接关系。材料的组成及构造是影响材料强度的主要因素，构造越密实、均匀的材料，其强度等级越高。不仅如此，材料的强度还与测试强度时的测试条件和方法、外部因素（如材料的含水状态及温度）有关。为使测试结果准确、可靠且具有可比性，对以强度为主要性质的材料，必须严格按照标准试验方法进行静力强度的测试。

此外，为了便于不同材料的强度比较，常采用比强度这一指标。所谓比强度是指按单位质量计算的材料的强度，其值等于材料的强度与其体积密度之比，即 f/ρ_0。因此，比强度是衡量材料轻质高强的一个主要指标。表 2-3 是几种常见建筑材料的比强度对比表。

表 2-3　钢材、木材、混凝土和红砖的强度比较

材　　料	体积密度 $\rho_0/$（kg/m^3）	抗压强度 $f_c/$MPa	比强度 f_c/ρ_0
低碳钢	7 860	415	0.53
松　木	500	34.3（顺纹）	0.69
普通混凝土	2 400	29.4	0.012
红　砖	1 700	10	0.006

2.1.2.2　材料的变形

1. 弹性与塑性

材料在外力的作用下产生变形，外力取消后，能够完全恢复原来形状的性质，称为弹性，相应的变形称为弹性变形。材料在外力作用下产生变形，外力取消后，仍保持变形后的形状和尺寸，并且不产生裂纹的性质称为塑性。

完全的弹性材料或塑性材料是没有的，有的材料如钢材，在受力不大的情况下，表现为弹性变形，而在受力超过一定限度后，就表现为塑性变形；有的材料如混凝土，受力后弹性变形和塑性变形几乎同时产生。

2. 脆性和韧性

材料受外力达到一定程度后突然破坏，破坏时无明显的塑性变形的性质称为脆性。大部分无机非金属材料均属脆性材料，如天然石材、烧结普通砖、陶瓷、玻璃、普通混凝土、砂浆等。脆性材料的另一特点是抗压强度高而抗拉、抗折强度低。

材料在冲击外力和振动荷载作用下，材料能吸收大量的能量，产生一定变形而不致破坏的性质称为韧性，如木材、建筑钢材等属于韧性材料。韧性材料的特点是塑性变形大，受力时产生的抗拉强度接近或高于抗压强度。

2.1.2.3　材料的硬度和耐磨性

1. 硬　度

材料的硬度是材料表面的坚硬程度，是抵抗其他硬物刻画、压入其表面的能力。不同材料的硬度测定方法不同。刻画法用于天然矿物硬度的划分，按滑石、石膏、方解石、萤石、磷灰石、正长石、石英、黄玉、刚玉、金刚石的顺序，分为 10 个硬度等级，如表 2-4 所示。

表 2-4 莫氏硬度等级表

标准矿物	滑石	石膏	方解石	萤石	磷灰石	正长石	石英	黄玉	刚玉	金刚石
硬度等级	1	2	3	4	5	6	7	8	9	10

硬度大的材料其强度也高，工程上常用材料的硬度来推算其强度，如用回弹法测定混凝土强度，即是用回弹仪测得混凝土表面硬度，再间接推算出混凝土的强度。回弹法也用于测定陶瓷、砖、砂浆、塑料、橡胶、金属等的表面硬度并间接推算其强度。一般，硬度大的材料耐磨性较强，但不易加工。

2. 耐磨性

耐磨性是材料表面抵抗磨损的能力。材料的耐磨性用磨耗率表示，计算公式如下：

$$G = \frac{m_1 - m_2}{A} \tag{2-17}$$

式中　G ——材料的磨耗率（g/cm^2）；

　　　m_1 ——材料磨损前的质量（g）；

m_2——材料磨损后的质量（g）；

A——材料试件的受磨面积（cm^2）。

土木建筑工程中，用于道路、地面、踏步、台阶等部位的材料，均应考虑其硬度和耐磨性。一般来说，强度较高且密实的材料，其硬度较大，耐磨性较好。

2.1.3 材料的耐久性

耐久性是指材料在使用过程中，抵抗各种自然因素及其他有害物质长期作用，能长久保持其原有性质的能力。耐久性是衡量材料在长期使用条件下的安全性能的一项综合指标，包括抗冻性、抗风化性、抗老化性、耐化学腐蚀性等。

1. 材料的耐久性降低的机理

材料在使用过程中，会与周围环境和各种自然因素发生作用，这些作用包括物理，化学和生物的作用。

（1）物理作用

物理作用一般是指干湿变化、温度变化、冻融循环等。这些作用会使材料发生体积变化或引起内部裂纹的扩展，而使材料逐渐破坏，如混凝土、岩石、外装修材料的热胀冷缩等。

（2）化学作用

化学作用包括酸、碱、盐等物质的水溶液及有害气体的侵蚀作用。这些侵蚀作用会使材料逐渐变质而破坏，如水泥石的腐蚀、钢筋的锈蚀、混凝土在海水中的腐蚀、石膏在水中的溶解作用等。

（3）生物作用

生物作用是指菌类、昆虫等的侵害作用，包括使材料因虫蛀、腐朽而破坏，如木材的腐蚀等。因而，材料的耐久性实际上是衡量材料在上述多种作用下，能长久保持原有性质而保证安全正常使用的性质。

2. 材料的耐久性指标

金属材料往往受和电化学作用而引起腐蚀、破坏，其耐久性指标主要是耐蚀性；无机非金属材料（如石材、砖、混凝土等）常因化学作用、溶解、冻融、风蚀、温差、摩擦等因素综合作用，其耐久性指标更多地包括抗冻性、抗风化性、抗渗性、耐磨性等方面的要求；有机材料常由生物作用，光、热、电作用而引起破坏，其耐久性包括抗老化性和耐蚀性指标。

3. 提高材料耐久性的措施

① 首先应根据工程的重要性、所处的环境合理选择材料。

② 增强自身对外界作用的抵抗能力，如提高材料的密实度等；或采取保护措施，使主体材料与腐蚀环境相隔。

③ 可以从改善环境条件入手减轻对材料的破坏，如降低温度、排除侵蚀性物质等。

2.2　基本建筑材料

2.2.1　水泥、水泥砂浆、水泥混凝土

2.2.1.1　水　泥

1. 水泥的品种

水泥为无机水硬性材料，是最重要的建筑材料之一，它大量应用于各类土木工程，如工业与民用建筑、公路、铁路、水利、海港和国防等中（见图 2-5）。水泥品种非常多，按其用途及性能可分为通用水泥、专用水泥及特性水泥。我国建筑工程中常用水泥是通用硅酸盐水泥，它是以硅酸盐水泥熟料和适量的石膏及规定的混合材料制成的水硬性胶凝材料。按混合材料的品种和掺量，通用硅酸盐水泥可分为硅酸盐水泥（P.Ⅰ、P.Ⅱ）、普通硅酸盐水泥（P.O）、矿渣硅酸盐水泥（P.S）、火山灰质硅酸盐水泥（P.P）、粉煤灰硅酸盐水泥（P.F）和复合硅酸盐水泥（P.C）。

图 2-5　水泥

2. 常用水泥的技术指标

（1）细　度

水泥细度是表示水泥被磨细的程度或水泥分散度的指标。通常，水泥是由诸多级配的水泥颗粒组成的。水泥愈细，水化愈快，早期强度高，但早期放热量和硬化收缩较大，且成本较高，因此，水泥的细度应适中。

水泥的细度可用筛析法和比表面积法（较为合理的方法）检验。国家规定，硅酸盐水泥的细度用比表面积法检验；其他 5 类常用水泥的细度用筛析法检验。硅酸盐水泥、普通硅酸盐水泥细度用比表面积表示。比表面积是水泥单位质量的总表面积（m^2/kg）。国家标准《通用硅酸盐水泥》（GB 175—2007）规定，硅酸盐水泥比表面积应大于 300 m^2/kg；矿渣硅酸盐水泥、火山灰质硅酸盐水泥、粉煤灰硅酸盐水泥和复合硅酸盐水泥以筛余表示，80 μm 方孔筛筛余不大于 10%或 45 μm 方孔筛筛余不大于 30%。凡细度不符合规定者为不合格品。

（2）凝结时间

凝结时间是指水泥从加水开始到失去流动性所需的时间，分为初凝和终凝。初凝时间为水泥从开始加水拌合起至水泥浆失去可塑性所需的时间；终凝时间为水泥从开始加水拌合起

至水泥浆完全失去可塑性并开始产生强度所需的时间。凝结时间的规定对工程有着重要的意义。为使混凝土、砂浆有足够的时间进行搅拌、运输、浇筑、砌筑，顺利完成混凝土和砂浆的制备，并确保制备的质量，初凝不能过短，否则在施工中即已失去流动性和可塑性而无法使用；当浇筑完毕，为了使混凝土尽快凝结、硬化，产生强度，顺利地进入下一道工序，规定终凝时间不能太长，否则将减缓施工进度，降低模板周转率。国家标准规定：硅酸盐水泥初凝时间不得早于 45 min，终凝时间不得大于 6.5 h，其他常用水泥的终凝时间不得长于 10 h。标准中规定，凡初凝时间不符合规定者为废品；终凝时间不符合规定者为不合格品。

（3）体积安定性

水泥的体积安定性指水泥在凝结硬化过程中，体积变化的均匀性。如果水泥硬化后会产生膨胀性裂缝，产生不均匀的体积变化，即体积安定性不良。水泥体积安定性不良会降低建筑工程质量，甚至引起严重事故。因此，国家标准规定水泥体积安定性必须合格，否则水泥作为废品处理，严禁用于工程中。

（4）强度及强度等级

水泥强度是评价和选用水泥的重要技术指标，也是划分水泥强度等级的重要依据。水泥的强度除受水泥熟料的矿物组成、混合料的掺量、石膏掺量、细度、龄期和养护条件等因素影响外，还与试验方法有关。国家规定，采用胶砂法来测定水泥的强度。将水泥和标准砂按 1∶3 混合，制成试件，分别测定其 3 d 和 28 d 的抗压强度和抗折强度，如表 2-5 所示。

表 2-5　硅酸盐水泥、普通硅酸盐水泥各等级、各龄期的强度值

品种	强度等级	抗压强度/MPa		抗折强度/MPa	
		3 d	28 d	3 d	28 d
硅酸盐水泥	42.5	≥17.0	≥42.5	≥3.5	≥6.5
	42.5R	≥22.0		≥4.0	
	52.5	≥23.0	≥52.5	≥4.0	≥7.0
	52.5R	≥27.0		≥5.0	
	62.5	≥28.0	≥62.5	≥5.0	≥8.0
	62.5R	≥32.0		≥5.5	
普通硅酸盐水泥	42.5	≥17.0	≥42.5	≥3.5	≥6.5
	42.5R	≥22.0		≥4.0	
	52.5	≥23.0	≥52.5	≥4.0	≥7.0
	52.5R	≥27.0		≥5.0	
矿渣硅酸盐水泥、火山灰硅酸盐水泥、粉煤灰硅酸盐水泥、复合硅酸盐水泥	32.5	≥10.0	≥32.5	≥2.5	≥5.5
	32.5R	≥15.0		≥3.5	
	42.5	≥15.0	≥42.5	≥3.5	≥6.5
	42.5R	≥19.0		≥4.0	
	52.5	≥21.0	≥52.5	≥4.0	≥7.0
	52.5R	≥23.0		≥4.5	

（5）碱含量

碱含量指水泥中碱金属氧化物的含量，以 $Na_2O+0.658K_2O$ 计算值来表示。碱含量高，如

果骨料具有碱活性，可能产生碱骨料反应，导致混凝土不均匀膨胀而破坏。水泥中的碱含量应小于水泥用量的 0.6% 或由供需双方商定。

3. 水泥的选用、验收、储存及保管

（1）水泥的选用

水泥的选用包括水泥品种的选择和强度等级的选择两方面。强度等级应与所配制的混凝土或砂浆的强度等级相适应。在此重点考虑水泥品种的选择。可以按环境条件选择水泥品种和按工程特点选择水泥品种。

（2）水泥的验收

水泥可以散装或袋装，袋装水泥每袋净含量为 50 kg，且应不少于标志质量的 99%；随机抽取 20 袋，总质量（含包装袋）应不少于 1 000 kg。其他包装形式由供需双方协商确定，但有关袋装质量要求，应符合上述规定。水泥包装袋上应清楚标明：执行标准、水泥品种、代号、强度等级、生产者名称、生产许可证标志（QS）及编号、出厂编号、包装日期、净含量。包装袋两侧应根据水泥的品种采用不同的颜色印刷水泥名称和强度等级，硅酸盐水泥和普通硅酸盐水泥采用红色，矿渣硅酸盐水泥采用绿色，火山灰质硅酸盐水泥、粉煤灰硅酸盐水泥和复合硅酸盐水泥采用黑色或蓝色。

（3）结 论

出厂水泥应保证出厂强度等级，其余技术要求应符合国标规定。

废品：凡氧化镁、三氧化硫、初凝时间、安定性中的任何一项不符合标准规定者均为废品。

不合格品：硅酸盐水泥、普通水泥凡是细度、终凝时间、不溶物和烧失量中的任何一项不符合标准规定者；矿渣水泥、火山灰水泥、粉煤灰水泥和复合水泥凡是细度、终凝时间中的任何一项不符合规定者或混合材料掺加量超过最大限量和强度低于商品强度等级的指标时；水泥包装标志中水泥品种、强度等级、生产者名称和出厂编号不全的水泥。

（4）水泥的储存与保管

水泥在保管时，应按不同生产厂、不同品种、强度等级和出厂日期分开堆放，严禁混杂；在运输及保管时要注意防潮和防止空气流动，先存先用，不可储存过久。若水泥保管不当会使水泥因风化而影响水泥正常使用，甚至会导致工程质量事故。

因此规定，常用水泥储存期为 3 个月，铝酸盐水泥为 2 个月，双快水泥不宜超过 1 个月，过期水泥在使用时应重新检测，按实际强度使用。

2.2.1.2 水泥砂浆

砂浆是由无机胶凝材料、细骨料和水，有时也加入某些外掺材料，按一定比例配合调制而成的。与混凝土相比，砂浆可看作无粗骨料的混凝土，或砂率为 100% 的混凝土。砂浆按所用胶凝材料的不同可分为水泥砂浆、石灰砂浆及混合砂浆；按砂浆在建筑工程中的主要作用可分为砌筑砂浆、抹面砂浆及特种砂浆。

1. 水泥砂浆的组成材料

（1）水 泥

水泥是水泥砂浆中最主要的胶凝材料，常用的水泥有普通水泥、矿渣水泥、火山灰水泥、粉煤灰水泥、砌筑水泥和无熟料水泥等。

在选用时应根据工程所在的环境条件选择适合的水泥品种。在配制砌筑砂浆时，选择水泥强度的等级一般为砂浆强度等级的 4~5 倍。水泥宜采用通用硅酸盐水泥或砌筑水泥，且应符合现行国家标准《通用硅酸盐水泥》(GB 175—2007)和《砌筑水泥》(GB/T 3183—2003)的规定。水泥强度等级应根据砂浆品种及强度等级的要求进行选择。M15 及以下强度等级的砌筑砂浆宜选用 32.5 级的通用硅酸盐水泥或砌筑水泥；M15 以上强度等级的砌筑砂浆宜选用 42.5 级通用硅酸盐水泥。

（2）细骨料

配制砂浆的细骨料最常用的是天然砂。砂应符合混凝土用砂的技术性质要求。由于砂浆层较薄，砂的最大粒径应有所限制，理论上不应超过砂浆层厚度的 1/4 ~ 1/5，例如砖砌体用砂浆宜选用中砂，最大粒径以不大于 2.5 mm 为宜；石砌体用砂浆宜选用粗砂，砂的最大粒径以不大于 5.0 mm 为宜；光滑的抹面及勾缝的砂浆宜采用细砂，其最大粒径以不大于 1.2 mm 为宜。为保证砂浆质量，尤其在配制高强度砂浆时，应选用洁净的中砂，并应符合现行行业标准《普通混凝土用砂、石质量及检验方法标准》(JGJ 52—2006)的规定，且应全部通过 4.75 mm 的筛孔。

（3）掺合料及外加剂

当采用高强度等级水泥配制低强度等级砂浆时，因水泥用量较少，砂浆易产生分层、离析及泌水。为了改善砂浆的和易性、节约胶凝材料用量、降低砂浆成本，在配制砂浆时可掺入一定的掺合料，如磨细生石灰、石灰膏、石膏、粉煤灰、黏土膏、电石膏等。为改善新拌砂浆的和易性与硬化后砂浆的各种性能或赋予砂浆某些特殊性能，可在砂浆中掺入适量外加剂（如减水剂、引气剂、微沫剂、防水剂等）。

（4）水

拌制砂浆应使用饮用水，未经试验鉴定的非洁净水、生活污水、工业废水均不能拌制砂浆及养护砂浆。冬期施工采用热水搅拌时，水温不得超过 80 ℃。

2. 水泥砂浆的技术性能

（1）新拌砂浆的和易性

新拌砂浆的和易性是指新拌砂浆是否易于施工并能保证质量的综合性质。砂浆的和易性又称砂浆的工作性，是指砂浆在搅拌、运输、砌筑及抹灰等过程中易于操作，并能获得质量均匀、成型密实的砂浆性能。砂浆和易性是砂浆拌合物施工操作时所表现的综合性能。它包括流动性、保水性两个方面。

① 流动性（稠度）。

砂浆的流动性是指在自重和外力作用下流动的性能，又称砂浆的稠度。流动性用砂浆稠度仪来测定，并用沉入度表示。沉入度值愈大，砂浆流动性愈大，愈容易流动。

砂浆的稠度，应根据砌体材料的品种、具体的施工方法及施工时的气候条件等进行选择。当砌体材料为粗糙多孔且吸水率较大的块料时，应采用较大稠度值的砂浆；反之，若是密实、吸水率小的材料，则宜选用稠度值偏小的砂浆。

现行标准《砌筑砂浆配合比设计规程》(JGJ/T 98—2010)中提出了砌筑砂浆的适宜稠度，如表 2-6 所示。

表 2-6 砌筑砂浆的稠度适宜值

砌体种类	砂浆稠度/mm
烧结普通砖砌体、粉煤灰砖砌体	70～90
混凝土砖砌体、普通混凝土小型空心砌块砌体、灰砂砖砌体	50～70
烧结多孔砖砌体、烧结空心砖砌体、轻骨料混凝土小型空心砌块砌体、蒸压加气混凝土砌块砌体	60～80
石砌体	30～50

② 保水性。

砂浆的保水性是指砂浆能够保持水分的性能。保水性好的砂浆无论是运输，还是静置铺设在底面上，水都不会很快从砂浆中分离出来，仍保持着必要的稠度。在砂浆中保持一定数量的水分，不但易于操作，而且还可以使水泥正常水化，保证了砌体强度。

为了使砂浆具有良好的保水性，可掺入一些细微颗粒材（石灰膏、磨细粉煤灰）或微沫剂等。现行标准《砌筑砂浆配合比设计规程》（JGJ/T 98—2010）中提出，水泥砌筑砂浆的保水率要求大于等于 80%。

（2）硬化后砂浆的性质

硬化后的砂浆应具有一定的抗压强度。抗压强度是划分砂浆等级的主要依据。

砂浆的强度等级是以边长为 70.7 mm 的立方体试件，在标准养护条件下，用标准实验方法测得 28 d 龄期的抗压强度值（MPa）来确定的，水泥砂浆及预拌砂浆的强度等级可分为 M5、M7.5、M10、M15、M20、M25、M30。

砌筑砂浆的强度与表面材料吸水性有关。铺砌在密实表面（如砌筑毛石）的砂浆，影响强度的因素与混凝土相同。

（3）黏结力

黏结力的大小，将影响砌体的抗剪强度、耐久性、稳定性及抗震能力等，因此对砂浆的黏结力应有足够重视。砂浆的黏结力与砂浆强度有关。通常，砂浆的强度越高，其黏结力越大；低强度砂浆，因加入的掺合料过多，其内部易收缩，使砂浆与底层材料的黏结力减弱。

（4）抗冻性

按设计要求的冻融循环次数试验，其结果必须满足：设计试件的质量损失率不大于 5%，抗压强度的损失率不大于 25%。

2.2.1.3 水泥混凝土

混凝土是由胶凝材料、骨料、水及其他材料按适当比例配制并经硬化而成的具有所需的形体、强度和耐久性的人造石材。通常使用最普遍的是以水泥为胶凝材料的水泥混凝土。

1. 混凝土组成材料的技术要求

（1）水泥

配制混凝土一般可采用硅酸盐水泥、普通硅酸盐水泥、矿渣硅酸盐水泥、火山灰质硅酸盐水泥和粉煤灰硅酸盐水泥，必要时也可采用快硬硅酸盐水泥或其他水泥。水泥的性能指标必须符合现行国家有关标准的规定。

水泥强度等级的选择应与混凝土的设计强度等级相适应。经验证明，一般以水泥强度等级为混凝土强度等级的 1.5～2.0 倍为宜。用低强度等级水泥配制高强度等级混凝土时，会使水泥用量过多，不经济，而且要影响混凝土的其他技术性质。用高强度等级水泥配制低强度等级混凝土时，会使水泥用量偏少，影响和易性及密实度，所以应掺入一定数量的混合材料。

（2）细骨料

粒径在 0.16～5 mm 之间的骨料为细骨料，普通混凝土中指的是砂。一般采用天然砂，它是岩石风化后所形成的大小不等、由不同矿物散粒组成的混合物，一般有河砂、海砂及山砂。

（3）粗骨料

普通混凝土常用的粗骨料有碎石和卵石。由天然岩石或卵石经破碎、筛分而得的，粒径大于 5 mm 的岩石颗粒，称为碎石或碎卵石。岩石由于自然条件作用而形成的，粒径大于 5 mm 的颗粒，称为卵石。

（4）水

混凝土拌合用水按水源可分为饮用水、地表水、地下水、海水以及经适当处理或处置后的工业废水。对混凝土拌合及养护用水的质量要求是：不得影响混凝土的和易性及凝结；不得有损于混凝土强度的发展；不得降低混凝土的耐久性、加快钢筋腐蚀及导致预应力钢筋脆断；不得污染混凝土表面。

（5）外加剂

混凝土外加剂包括改善混凝土拌合物流变性能的外加剂（减水剂、引气剂和泵送剂）；调节混凝土凝结时间、硬化性能的外加剂（缓凝剂、早强剂和速凝剂）；改善混凝土耐久性能的外加剂（引气剂、防水剂和阻锈剂）；改善混凝土其他性能的外加剂（膨胀剂、防冻剂和着色剂）等。

2. 混凝土的技术性能

（1）和易性

① 和易性的概念。

新拌混凝土的和易性，也称工作性，是指拌合物易于搅拌、运输、浇捣成型，并获得质量均匀密实的混凝土的一项综合技术性能。通常用流动性、黏聚性和保水性三项内容表示。

流动性是指拌合物在自重或外力作用下产生流动的难易程度；黏聚性是指拌合物各组成材料之间不产生分层离析现象；保水性是指拌合物不产生严重的泌水现象。

② 和易性的测试和评定。

混凝土拌合物的和易性是一项极其复杂的综合指标，到目前为止全世界尚无能够全面反映混凝土和易性的测定方法，通常通过测定流动性，再辅以其他直观观察或经验综合评定。流动性的测定方法，对普通混凝土而言，最常用的是坍落度法和维勃稠度法。

坍落度法：坍落度试验是用标准坍落圆锥筒（见图 2-6）测定，该筒为钢皮制成，高度 $H=300$ mm，上口直径 $d=100$ mm，下底直径 $D=200$ mm，试验时，将圆锥置于平台上，然后将混凝土拌合物分三层装入标准圆锥筒内，每层用弹头型捣棒均匀地捣插 25 次。多余试样用镘刀刮平，然后垂直提取圆锥筒，将圆锥筒与混合料排放于平板上，测量筒高与坍落后混凝土试体最高点之间的高差，即为新拌混凝土的坍落度，以 mm 为单位（精确至 5 mm）。

黏聚性：用捣棒在已坍落的拌合物锥体侧面轻轻敲打，如果锥体逐步下沉，表示黏聚性良好；如果突然倒塌，部分崩裂或石子离析，则为黏聚性不好的表现。

保水性：当提起坍落度筒后如有较多的稀浆从底部析出，锥体部分的拌合物也因失浆而骨料外露，则表明保水性不好。如无这种现象，则表明保水性良好。坍落度在 10 ~ 220 mm 对混凝土拌合物的稠度具有良好的反映能力；当坍落度大于 220 mm 时，由于粗集料堆积的偶然性，坍落度就不能很好地代表拌合物的稠度，需做坍落扩展实验。

③ 影响混凝土拌合物和易性的主要因素。

影响混凝土拌合物和易性的主要因素包括单位体积用水量、砂率、组成材料的性质、拌合物存放时间及环境温度。单位体积用水量决定水泥浆的数量和稠度，它是影响混凝土拌合物和易性的最主要因素。砂率指混凝土中砂的质量占砂、石总质量的百分率，砂率过大，孔隙率及总表面积大，拌合物干稠，流动性小；砂率过小，砂浆数量不足，流动性降低，且影响黏聚性和保水性。故砂率大小影响拌合物的工作性及水泥用量。合理砂率是指在用水量及水泥用量一定的情况下，能使砼拌合物获得最大的流动性，且能保持黏聚性及保水性良好时的砂率值或指混凝土拌合物获得所要求的流动性及良好的黏聚性及保水性，而水泥用量为最少时的砂率值，如图 2-7 所示。组成材料的性质包括水泥品种、骨料的特性、外加剂和掺合料的特性等。

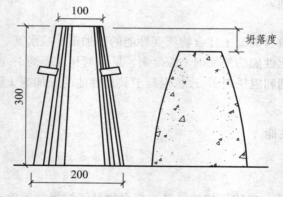

图 2-6　坍落度筒及混凝土拌合物的坍落度（单位：mm）

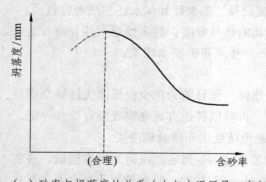
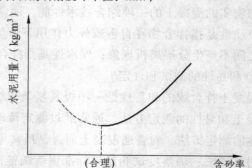

（a）砂率与坍落度的关系（水与水泥用量一定）　　（b）砂率与水泥用量的关系（达到相同的坍落度）

图 2-7　砂率与坍落度、水泥用量的关系

（2）抗压强度与强度等级

① 混凝土立方体抗压强度（f_{cu}）。

按照标准的制作方法制成边长为 150 mm 的正立方体试件，在标准养护条件（温度 20℃±2℃，相对湿度 90%以上）下，养护至 28 d 龄期，按照标准的测定方法测定，所得的抗压强度值，称为"混凝土立方体试件抗压强度"（简称"立方抗压强度"以 f_{cu} 表示），以 MPa 计。

② 混凝土立方体抗压强度标准值（$f_{cu,k}$）。

按照标准方法制作和养护的边长为 150 mm 的立方体试件，在 28 d 龄期，用标准试验测定的抗压强度总体分布中的一个值，强度低于该值的百分率不超过 5%（即具有 95%保证率的抗压强度），此值即为混凝土立方体抗压强度标准值，以 N/mm² 即 MPa 计。

混凝土强度等级是根据立方体抗压强度标准值来确定的。它的表示方法是用"C"和"立方体抗压强度标准值"两项内容表示，如："C30"即表示混凝土立方体抗压强度标准值 30 MPa $\leqslant f_{cu,k} \leqslant 35$ MPa。按照《混凝土结构设计规范》（GB 50010—2010）的规定，普通混凝土划分为 14 个等级，即：C15，C20，C25，C30，C35，C40，C45，C50，C55，C60，C65，C70，C75，C80。

③ 砼的轴心抗压强度（f_{cp}）。

轴心抗压强度采用 150 mm×150 mm×300 mm 的棱柱体作为标准试件，如有必要，也可采用非标准尺寸的棱柱体试件，但其高宽比（h/a）应在 2～3 的范围。在钢筋混凝土结构计算中，计算轴心受压构件时，都采用混凝土的轴心抗压强度 f_{cp} 作为设计依据。f_{cp} 比同截面的 f_{cu} 小，且 h/a 越大，f_{cp} 越小。在立方体抗压强度为 10～55 MPa 范围内时，$f_{cp} \approx (0.70～0.80) f_{cu}$。

④ 砼的抗拉强度。

混凝土的抗拉强度只有抗压强度的 1/20～1/10，故在结构设计中，不考虑混凝土承受拉力，而是在混凝土中配以钢筋，由钢筋来承受拉力。但确定抗裂度时，须考虑抗拉强度，它是结构设计中确定混凝土抗裂度的主要指标。

（3）变形性能

1）非荷载作用下的变形

① 化学收缩。

在混凝土硬化过程中，由于水泥水化物的固体体积比反应前物质的总体积小，从而引起混凝土的收缩，称为化学收缩。其特点是不能恢复，收缩值较小，对混凝土结构没有破坏作用，但在混凝土内部可能产生微细裂缝而影响承载状态和耐久性。

② 干湿变形。

干湿变形是指由于混凝土周围环境湿度的变化，会引起混凝土的干湿变形，表现为干缩湿胀。混凝土在干燥过程中，由于毛细孔水的蒸发，使毛细孔中形成负压，随着空气湿度的降低，负压逐渐增大，产生收缩力，导致混凝土收缩。干缩后的混凝土再遇到水，部分收缩变形是可恢复的，但 30%～50%是不可恢复的。混凝土的干湿变形量很小，一般无破坏作用。但干缩变形对混凝土危害较大，干缩能使砼表面产生较大的拉应力而导致开裂，降低混凝土的抗渗、抗冻、抗侵蚀等耐久性能。

2）温度变形

温度变形是指混凝土随着温度的变化而产生热胀冷缩的变形。混凝土的温度变形系数 α 为（1～1.5）×10⁻⁵/℃，即温度每升高 1℃，每 1 m 胀缩 0.01～0.015 mm。温度变形对大体积混凝土、纵长的砼结构、大面积砼工程极为不利，易使这些混凝土造成温度裂缝。可采取的措施为：采用低热水泥、减少水泥用量、掺加缓凝剂、采用人工降温、设温度伸缩以及在结构内配置温度钢筋等，以减少因温度变形而引起的混凝土质量问题。

3）荷载作用下的变形

① 混凝土在短期作用下的变形。

混凝土是一种由水泥石、砂、石、游离水、气泡等组成的不匀质的多组分三相复合材料，为弹塑性体。受力时既产生弹性变形，又产生塑性变形，其应力-应变关系呈曲线。卸荷后能恢复的应变 $\varepsilon_{弹}$ 是由混凝土的弹性引起的，称为弹性应变；剩余的不能恢复的应变 $\varepsilon_{塑}$，则是由混凝土的塑性引起的，称为塑性应变。混凝土的弹性模量：在应力-应变曲线上任一点的应力 σ 与其应变 ε 的比值，称为混凝土在该应力下的变形模量。影响混凝土弹性模量的主要因素有混凝土的强度、骨料的含量及其弹性模量以及养护条件等。图 2-8 为混凝土在压力作用下的应力-应变曲线。

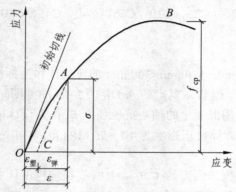

图 2-8　混凝土在压力作用下的应力-应变曲线

② 混凝土在长期荷载作用下的变形——徐变。

混凝土在长期不变荷载作用下，除产生瞬间的弹性变形和塑性变形外，还会产生随时间增长的变形，称为徐变，如图 2-9 所示。

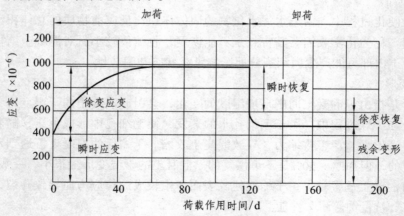

图 2-9　徐变变形与徐变恢复

在加荷瞬间产生瞬时变形，随着时间的延长，又产生徐变变形。荷载初期，徐变变形增长较快，然后逐渐减慢，一般 2～3 年才趋于稳定。当混凝土卸荷后，一部分变形瞬时恢复，其值小于在加荷瞬间产生的瞬时变形。在卸荷后的一段时间内变形还会继续恢复，称为徐变恢复。最后残存的不能恢复的变形，称为残余变形。

　　徐变对钢筋混凝土及大体积混凝土结构物有利，可消除钢筋混凝土内的应力集中，使应力重新分配，从而使混凝土构件中局部应力得到缓和，并能消除和减少大体积混凝土由于温度变形所产生的破坏应力；对预应力钢筋混凝土不利，使钢筋的预加应力受到损失（预应力减小），使构件强度减小。

　　影响混凝土徐变的因素主要有水灰比、水泥用量、骨料种类、应力、养护龄期以及养护湿度等。混凝土内毛细孔数量越多，徐变越大；加荷龄期越长，徐变越小；水泥用量和水灰比越小，徐变越小；所用骨料弹性模量越大，徐变越小；所受应力越大，徐变越大。

2.2.2　建筑钢材

2.2.2.1　建筑钢材的分类

1. 建筑钢材的主要钢种

　　建筑钢材是主要的建筑材料之一，它包括钢结构用钢材（如钢板、型钢、钢管等）和钢筋混凝土用钢材（如钢筋、钢丝等）。钢材是在严格的技术控制条件下生产的材料，与非金属材料相比，具有品质均匀稳定、强度高、塑性韧性好、可焊接和铆接等优异性能。钢材主要的缺点是易锈蚀、维护费用大、耐火性差、生产能耗大。钢的品种繁多，分类方法很多，通常有按化学成分、质量、用途等几种分类方法。钢的分类见表 2-7。

表 2-7　钢的分类

分类方法	类别		特性
按化学成分分类	碳素钢	低碳钢	含碳量＜0.25%
		中碳钢	含碳量 0.25%～0.60%
		高碳钢	含碳量＞0.60%
	合金钢	低合金钢	合金元素总含量＜5%
		中合金钢	合金元素总含量 5%～10%
		高合金钢	合金元素总含量＞10%
按脱氧程度分类		沸腾钢	脱氧不完全，硫、磷等杂质偏析较严重，代号为"F"
		镇静钢	脱氧完全，同时去硫，代号为"Z"
		半镇静钢	脱氧程度介于沸腾钢和镇静钢之间，代号为"B"
		特殊镇静钢	比镇静钢脱氧程度还要充分彻底，代号为"TZ"
按质量分类		普通钢	含硫量≤0.055%～0.065%，含磷量≤0.045%～0.085%
		优质钢	含硫量≤0.03%～0.045%，含磷量≤0.035%～0.045%
		高级优质钢	含硫量≤0.02%～0.03%，含磷量≤0.027%～0.035%
按用途分类		结构钢	工程结构构件用钢、机械制造用钢
		工具钢	各种刀具、量具及模具用钢
		特殊钢	具有特殊物理、化学或机械性能的钢，如不锈钢、耐热钢、耐酸钢、耐磨钢、磁性钢等

目前，在建筑工程中常用的钢种是普通碳素结构钢和普通低合金结构钢。

2. 常用的建筑钢材

（1）钢结构用钢

钢结构用钢主要是热轧成型的钢板和型钢等。薄壁轻型钢结构中主要采用薄壁型钢、圆钢和小角钢。钢材所用的母材主要是普通碳素结构钢及低合金高强度结构钢。钢结构常用的热轧型钢有：工字钢、H型钢、T型钢、槽钢、等边角钢、不等边角钢等。型钢是钢结构中采用的主要钢材，见图2-10。

（a）钢筋　　　　　　　　　　　　（b）钢筋

（c）H型钢　　　　　　　　　　　（d）角钢

（e）槽钢　　　　　　　　　　　　（f）钢管

图2-10　建筑钢材

（2）钢管混凝土用钢

钢管混凝土是指在钢管中填充混凝土而形成且钢管及其核心混凝土能共同承受外荷载作用的结构构件，按截面形式不同，可分为圆钢管混凝土，方、矩形钢管混凝土和多边形钢管混凝土等。

钢管混凝土在结构上能够将二者的优点结合在一起，可使混凝土处于侧向受压状态，其抗压强度可成倍提高，同时由于混凝土的存在，提高了钢管的刚度，两者共同发挥作用，从而大大地提高了承载能力。钢管混凝土作为一种新兴的组合结构，主要以轴心受压和作用力偏心较小的受压构件为主，目前主要使用范围限于柱、桥墩、拱架等。

（3）钢筋混凝土结构用钢

钢筋混凝土结构用的钢筋和钢丝，主要由碳素结构钢或低合金结构钢轧制而成。目前，我国钢筋混凝土和预应力钢筋混凝土中使用的钢筋按生产加工工艺的不同，可分为热轧钢筋、钢丝、钢绞线和热处理钢筋四大类。新规范实施后，普通钢筋淘汰低强度的 235 MPa 钢筋，以 300 MPa 光圆钢筋替代；增加高强 500 MPa 钢筋；限制并准备淘汰 335 MPa 钢筋；最终形成 300 MPa、400 MPa、500 MPa 的强度梯次，与国际接轨。新规范实施后的钢筋牌号及标志如表 2-8 所示。

表 2-8 普通钢筋强度标准值

牌号	符号	公称直径 d/mm	屈服强度标准值 f_{yk}/（N/mm²）	极限强度标准值 f_{stk}/（N/mm²）
HPB300	Φ	6～22	300	420
HRB335 HRBF335	Φ ΦF	6～50	335	455
HRB400 HRBF400 RRB400	Φ ΦF ΦR	6～50	400	540
HRB500 HRBF 500	Φ ΦF	6～50	500	630

注：H、P、R、B、F 分别为热轧（Hotrolled）、光圆（Plain）、带肋（Ribbed）、钢筋（Bars）、细粒（Fine）5 个词的英文首位字母。

热轧光圆钢筋强度低，与混凝土的黏结强度也较低，主要用于板的受力筋、箍筋以及构造钢筋。热轧带肋钢筋与混凝土之间握裹力大，共同工作性能较好，其中的 HRB335 级和 HRB400 级钢筋的强度较高，塑性和焊接性能也较好，广泛用作大中型钢筋混凝土结构的受力钢筋。HRB400 又常称为新Ⅲ级钢，是我国规范提倡使用的钢筋品种。

2.2.2.2 建筑钢材的力学性能

1. 抗拉性能

由低碳钢在拉伸过程中形成的应力（σ）-应变（ε）关系图（见图 2-11）可知，低碳钢受拉过程可划分为以下 4 个阶段：

（1）弹性阶段（$O—A$）

在 OA 范围内应力与应变成正比例关系，如果卸去外力，试件则恢复原来的形状，这个阶段称为弹性阶段。

弹性阶段的最高点 A 所对应的应力值称为弹性极限 σ_p。当应力稍低于 A 点时，应力与应变呈线性正比例关系，其斜率称为弹性模量，用 E 表示，$E=\sigma/\varepsilon=\tan\alpha$。

（2）屈服阶段（A—B）

当应力超过弹性极限 σ_p 后，应力和应变不再成正比关系，应力在 $B_上$ 至 $B_下$ 小范围内波动，而应变迅速增长。在 σ-ε 关系图上出现了一个接近水平的线段。如果卸去外力，则出现塑性变形，AB 称为屈服阶段。$B_下$ 所对应的应力值称为屈服极限 σ_s。

（3）强化阶段（B—C）

当应力超过屈服强度后，由于钢材内部组织产生晶格扭曲、晶粒破碎等原因，阻止了塑性变形的进一步发展，钢材抵抗外力的能力重新提高。在 σ-ε 关系图上形成 BC 段的上升曲线，这一过程称为强化阶段。对应于最高点 C 的应力称为抗拉强度，用 σ_b 表示，它是钢材所能承受的最大应力。

（4）颈缩阶段（C—D）

当应力达到抗拉强度 σ_b 后，在试件薄弱处的断面将显著缩小，塑性变形急剧增加，产生"颈缩"现象并很快断裂。

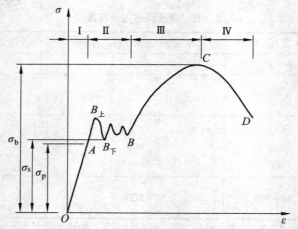

图 2-11　低碳钢受拉应力-应变关系图

2. 塑　性

钢材的塑性通常用伸长率和断面收缩率表示。将拉断后的试件拼合起来，测定出标距范围内的长度 L_1（mm），其与试件原标距 L_0（mm）之差为塑性变形值，塑性变形值与 L_0 之比称为伸长率（δ），如图 2-12 所示。伸长率（δ）计算如下：

$$\delta = \frac{L_1 - L_0}{L_0} \times 100\%$$

（2-18）

式中　　δ——试件的伸长率（%）；

　　　　L_0——拉伸前的标距长度（mm）；

　　　　L_1——拉伸后的标距长度（mm）。

伸长率是评价钢材塑性的指标，其值越高，说明钢材的塑性越好。而一定的塑性变形能力，可保证应力重新分布，避免应力集中，从而钢材用于结构的安全性越大。

在测定伸长率时，标距的大小对结果影响严重，因此规定长试件的标距为 10 倍直径，短试件为 5 倍直径。测得的伸长率，分别以 δ_{10} 和 δ_5 表示。线材的伸长率，多采用定标距 100 mm，结果应以 δ_{100} 表示。

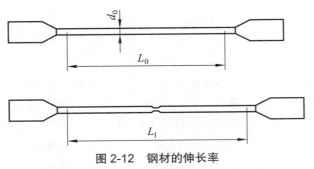

图 2-12　钢材的伸长率

3. 冲击韧性

冲击韧性是指钢材抵抗冲击荷载而不被破坏的能力。钢材的冲击韧性是用有刻槽的标准试件，在冲击试验机的一次摆锤冲击下，以破坏后缺口处单位面积上所消耗的功（J/cm²）来表示的，其符号为 α_k。试验时将试件放置在固定支座上，然后以摆锤冲击试件刻槽的背面，使试件承受冲击弯曲而断裂。α_k 值越大，冲击韧性越好。对于经常受较大冲击荷载作用的结构，要选用 α_k 值大的钢材。

影响钢材冲击韧性的因素很多，如化学成分、组织状态、冶炼质量、冷作及时效、环境温度等。钢材的冲击韧性，会随温度的降低而明显减小，当降低至一定负温范围时，能呈现脆性，即所谓冷脆性。在负温下使用的钢材，不仅要保证常温下的冲击韧性，通常还要规定测 0 ℃、-20 ℃、-40 ℃的冲击韧性。用于重要结构的钢材，特别是承受冲击荷载结构的钢材，必须保证冲击韧性。

4. 耐疲劳性

在受交变荷载的反复作用下，钢材在应力远小于其抗拉强度的情况下突然发生脆性断裂破坏的现象，称为钢材的疲劳性。

研究证明，钢材的疲劳破坏是拉应力引起的，首先在局部开始形成微细裂纹，其后由于裂纹尖端处产生应力集中而使裂纹迅速扩展直至钢材断裂。因此，钢材内部成分的偏析、夹杂物的多少以及最大应力处的表面光洁程度、加工损伤等，都是影响钢材疲劳强度的因素。疲劳破坏是在低应力状态下突然发生的，因而危害极大，往往造成灾难性事故。

5. 硬　度

硬度是指金属材料在表面局部体积内，抵抗硬物压入表面的能力，亦即材料表面抵抗塑性变形的能力。测定钢材硬度采用压入法，即以一定的静荷载（压力），把一定的压头压在金属表面，然后测定压痕的面积或深度来确定硬度。按压头或压力不同，有布氏法、洛氏法等，相应的硬度试验指标称布氏硬度（HB）和洛氏硬度（HR）。较常用的方法是布氏法，其硬度指标是布氏硬度值。

各类钢材的 HB 值与抗拉强度之间有一定的相关关系。材料的强度越高，塑性变形抵抗力越强，硬度值也就越大。由试验得出，其抗拉强度与布氏硬度的经验关系式如下：

当 HB＜175 时，$\sigma_b \approx 0.36HB$；

当 HB＞175 时，$\sigma_b \approx 0.35HB$。

根据这一关系，可以直接在钢结构上测出钢材的 HB 值，并估算该钢材的 σ_b。

2.2.2.3　建筑钢材的工艺性能

1. 冷弯性能

冷弯性能是指钢材在常温下承受弯曲变形的能力。钢材的冷弯性能指标是以试件弯曲的角度 α 和弯心直径对试件厚度（或直径）的比值（d/a）表示的。钢材的冷弯试验是通过直径（或厚度）为 a 的试件，采用标准规定的弯心直径 d（$d=na$），弯曲到规定的弯曲角（180°或90°）时，试件的弯曲处不发生裂缝、裂断或起层，即认为冷弯性能合格。钢材弯曲时的弯曲角越大，弯心直径越小，则表示其冷弯性能越好。图 2-13 为弯曲时不同弯心直径的钢材冷弯试验。

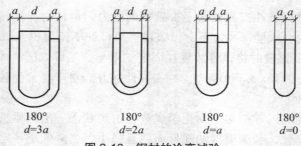

| 180° | 180° | 180° | 180° |
| $d=3a$ | $d=2a$ | $d=a$ | $d=0$ |

图 2-13　钢材的冷弯试验

伸长率和冷弯性能都能反映钢材的塑性，但冷弯试验是对钢材塑性更严格的检验。它能揭示钢材是否存在内部组织不均匀、内应力和夹杂物等缺陷，通过冷弯试验更有助于暴露钢材的某些内在缺陷。冷弯试验对焊接质量也是一种严格的检验，能揭示焊件在受弯表面存在未熔合、微裂纹及夹杂物等缺陷。

2. 冷加工性能及时效处理

（1）冷加工强化处理

钢材在常温下，以超过其屈服强度但不超过抗拉强度的应力进行加工，产生一定塑性变形，从而提高屈服强度，但钢材的塑性、韧性及弹性模量则会降低，这个过程称为冷加工强化处理。

建筑工地或预制构件厂常用的方法是冷拉和冷拔。冷拉是将轧钢筋用冷拉设备加力进行张拉，使之伸长。钢材经冷拉后屈服强度可提高 20%～30%，可节约钢材 10%～20%，钢材经冷拉后屈服阶段短，伸长率降低，材质变硬。冷拔是将光面圆钢筋通过硬质合金拔丝模孔强行拉拔，每次拉拔断面缩小应在 10% 以下。钢筋在冷拔过程中，不仅受拉，同时还受到挤压作用，因而冷拔的作用比纯冷拉作用强烈。经过一次或多次冷拔后的钢筋，表面光洁度高，屈服强度提高 40%～60%，但塑性大大降低，具有硬钢的性质。

（2）时效

钢材经冷加工后，时效可迅速发展。时效处理的方法有两种，自然时效和人工时效。在常温下存放 15～20 d，称为自然时效；加热至 100～200 ℃，保持 2 h 左右，称为人工时效。

钢材经冷加工及时效处理后，其性质变化的规律，可明显地在应力-应变图上得到反映，如图 2-14 所示。图中 OABCD 为未经冷拉和时效试件的应力-应变曲线。当试件冷拉至塑性变形时，如立即再拉伸，则应力-应变曲线将成为 O'KCD（虚线），屈服强度由 B 点提高到 K 点。但如在 K 点卸荷后进行时效处理，然后再拉伸，则应力-应变曲线将成为 $O'KK_1C_1D_1$。这表明冷拉时效以后，屈服强度和抗拉强度均得到提高，但塑性和韧性则相应降低。钢材经过冷加工后，一般进行时效处理，通常强度较低的钢材宜采用自然时效，强度较高的钢材则采用人工时效。

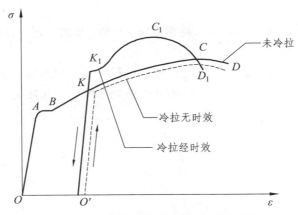

图 2-14 钢筋冷拉时效后应力—应变图

3. 焊接性能

焊接是钢材重要的连接方式。焊接的质量取决于焊接工艺、焊接材料及钢铁焊接性能。钢材的可焊性是指钢材是否适应通常的焊接方法与工艺的性能。可焊性好的钢材指用一般焊接方法和工艺施焊，焊口处不易形成裂纹、气孔、夹渣等缺陷；焊接后钢材的力学性能，特别是强度不低于原有钢材，硬脆倾向小。钢材可焊性能的好坏，主要取决于钢化学成分。含碳量高将增加焊接接头的硬脆性，含碳量小于 0.25% 的碳素钢具有良好的可焊性。

钢筋焊接应注意的问题是：冷拉钢筋的焊接应在冷拉之前进行；钢筋焊接之前，焊接部位应清除铁锈、熔渣、油污等；应尽量避免不同国家的进口钢筋之间或进口钢与国产钢筋之间的焊接。

2.2.2.4 钢材化学成分及其对钢材性能的影响

钢材的主要成分，是以铁为基体，除含碳外，还含有少量的硅、锰、硫、磷等，这些元素虽含量很少，但对钢材性能的影响很大。碳素钢中各主要成分对钢质的影响是：

（1）碳（C）

碳是决定钢材性能的最重要的元素。对于含碳量低于 0.8% 的钢，含碳量越多，钢的强度越高，塑性、冲击韧性和耐腐蚀稳定性下降，焊接性能和冷弯性越差。当碳的含量超过 0.3% 时，强度会随含碳量增大开始下降。

（2）硅（Si）

硅的含量在 1% 以下时，可使钢的抗拉强度和屈服点提高，而塑性和冲击韧性的下降并不显著，工艺性能也不显著变化。硅是我国钢筋用钢材中的主加合金元素。

（3）锰（Mn）

含锰量在 0.8%～1.0%时，可在保持钢材原有塑性和冲击韧性的条件下，较显著地提高屈服点和抗拉强度，消除热脆性，降低冷脆性。锰的不利作用是使伸长率略低，在含量过高时，焊接性变差。

（4）磷（P）

磷是碳素钢中很有害的元素之一。碳素钢中残存的磷，可使钢的强度提高，但塑性及韧度显著下降，焊接性变差，特别是加剧冷脆性。

（5）硫（S）

硫对碳素钢的绝大部分性能都有害，特别是当钢材热加工时，可导致发生热裂和热脆现象。

（6）氧（O）、氮（N）

氧、氮是钢材中的有害元素，它们是在炼钢过程中进入钢液的，这些原始的存在降低了钢材的强度、冷弯性能和焊接性能。氧使钢材的热脆性增加，氮使钢材的冷脆性及时效敏感性增加。

2.2.3　墙体材料

2.2.3.1　砌墙砖

砖的种类很多，按其使用材料分为黏土砖、灰砂砖、炉渣砖等，按形状特点分为实心砖、空心砖、多孔砖等，按制作工艺可分为烧结和蒸压成型等方式。

1. 烧结普通砖

黏土砖（见图 2-15）是我国传统的墙体材料，它以黏土为主要材料，经成型、干燥、烧结而成。我国标准砖的规格为 240 mm×115 mm×53 mm，加上砌筑时所需灰缝尺寸，正好形成 4：2：1 的尺度关系，便于砌筑组合。

烧结砖一般分为优等品、合格品两个产品等级。产品中不允许有欠火砖、酥砖和螺旋纹砖。优等品应无泛霜，合格品不得严重泛霜。

图 2-15　黏土砖

烧结普通砖根据 10 块砖样的抗压强度平均值、强度标准值和单块最小抗压强度值（按其抗压强度平均值分）分为：MU30、MU25、MU20、MU15、MU10 五个级别，应不小于表 2-9 规定的值。

表 2-9　烧结普通砖强度等级划分规定

强度等级	抗压强度平均值 R/MPa	强度标准值 $f_k \geqslant$/MPa
MU30	30.0	23.0
MU25	25.0	19.0
MU20	20.0	14.0
MU15	15.0	10.0
MU10	10.0	6.5

泛霜是砖使用过程中的一种盐析现象。砖内过量的可溶盐受潮吸水而溶解，随水分蒸发迁移至砖表面，在过饱和状态下结晶析出，形成白色粉状附着物，影响建筑物的美观。

石灰爆裂是指砖坯中夹杂有石灰块，砖吸水后，由于石灰逐渐熟化而膨胀产生的爆裂现象。这种现象影响砖的质量，并降低砌体强度。

抗风化性能是指砖在长期受风、雨、冻融等作用下，抵抗破坏的能力，通常以其抗冻性、吸水率及饱和系数（此处的饱和系数是指砖在常温下浸水 24 h 后的吸水率与 5 h 沸煮吸水率之比）等指标来判别。自然条件不同，对烧结普通砖的风化作用的程度也不同。国家标准规定，严重风化区中的东北三省以及内蒙古、新疆等地用砖必须进行冻融试验（经 15 次冻融试验后每块砖样不允许出现裂纹、分层、掉皮、缺棱、掉角等冻坏现象，质量损失不得大于 2%）。

烧结普通砖是传统的墙体材料，其特点是强度较高，又有较好的隔热、隔声性能，价格低廉，因而主要用于砌筑建筑物的内墙、外墙、柱、拱、烟囱、沟道及其他构筑物，用于清水墙和墙体装饰，一等品、合格品用于混水墙，中等泛霜的砖不能用于潮湿部位。需要指出的是，由于黏土材料占用农田，国家已在主要大、中城市及地区禁止使用。重视烧结多孔砖、烧结空心砖的推广使用，因地制宜地发展新型墙体材料。利用工业废渣制砖是墙体改革的有效途径，如粉煤灰砖、蒸压灰砂砖、烧结空心砖和烧结多孔砖等。

2. 烧结多孔砖和烧结空心砖

烧结多孔砖与烧结空心砖是以黏土、页岩、煤矸石等为主要原料，经成型、焙烧而成。多孔砖孔洞率在 15% ~ 30% 之间，孔洞尺寸小而数量多。空心砖孔洞率 ≥35%，孔洞为水平孔。与烧结普通砖相比，烧结多孔砖与烧结空心砖具有以下优点：节省黏土 20% ~ 30%；节约燃料 10% ~ 20%；提高工效 40%；节约砂浆，降低造价 20%；减轻墙体自重 30% ~ 35%；改善墙体的绝热和吸声性能。

（1）烧结多孔砖

砖的主要规格：P 型为 240 mm×115 mm×53 mm，M 型为 190 mm×190 mm×90 mm，其形状如图 2-16 所示。

烧结多孔砖按抗压强度分为 MU30、MU25、MU20、MU15 和 MU10 五个强度等级；强度和抗风化性能合格的砖，根据尺寸偏差、外观质量、孔型及空洞排列、泛霜、石灰爆裂等分为优等品（A）、一等品（B）和合格品（C）三个质量等级。

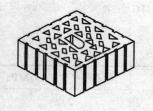 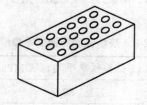 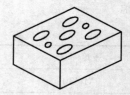

（a）M 型　　　　　　　　　　　　　（b）P 型

图 2-16　烧结多孔砖

（2）烧结空心砖

烧结空心砖为顶面有孔洞的直角六面体，孔洞尺寸大而数量少，孔洞方向平行于大面和条面，在与砂浆的接合面上设有增加结合力的深度在 1 mm 以上的凹槽，如图 2-17 所示。空心砖有两个规格：290 mm×190 mm×90 mm，240 mm×180 mm（175 mm）×115 mm；砖的壁厚应≥10 mm；肋厚应≥7 mm。

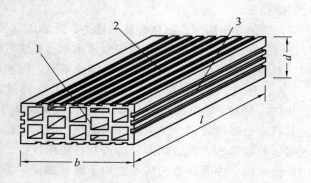 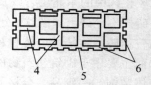

图 2-17　烧结空心砖

1—顶面；2—大面；3—条面；4—肋；5—凹线槽；6—外壁；l—长度；b—宽度；d—高度

烧结空心砖根据其大面和条面的抗压强度分为 MU10、MU7.5、MU5 和 MU3.5 四个强度等级；按体积密度分为 800、900、1 100 三个密度级别，每个密度级别根据空洞及其排数、尺寸偏差、外观质量、强度等级和物理性能分为优等品（A）、一等品（B）和合格品。

烧结多孔砖因其强度较高，绝热性能优于普通砖，一般用于砌筑 6 层以下建筑物的承重墙；烧结空心砖主要用于非承重的填充墙和隔墙。

3. 蒸压（养）砖

蒸压灰砂砖是以石灰和砂子为主要原料，成型后经蒸压养护而成的（见图 2-18），是一种比烧结砖质量好的承重砖，隔声能力和蓄热能力较好，根据所用原材料不同有灰砂砖、粉煤灰砖、煤渣砖等。

炉渣砖可用于工业与民用建筑的内墙和非承重外墙。

图 2-18 蒸压灰砂砖

2.2.3.2 墙用砌块

1. 粉煤灰砌块

粉煤灰砌块又称粉煤灰硅酸盐砌块，是以粉煤灰、石灰、石膏和骨料（煤渣、硬矿渣等）等原料，按照一定比例加水搅拌、振动成型，再经蒸汽养护而制成的密实块体。

粉煤灰砌块的外形尺寸为 880 mm×380 mm×240 mm 和 880 mm×430 mm×240 mm 两种。砌块的端面应加灌浆槽，坐浆面（又叫铺浆面）宜设抗切槽。

砌块按其立方体试件的抗压强度分为 10 级和 13 级。砌块按外观质量、尺寸偏差和干缩性能分为一等品（B）和合格品（C），并按其产品名称、规格、强度等级、产品等级和标准编号顺序进行标记。

粉煤灰砌块适用于工业与民用建筑的墙体和基础，但不宜用于具有酸性侵蚀介质的建筑部位，也不宜用于经常处于高温（如炼钢车间）环境下的建筑物。

2. 混凝土小型空心砌块

混凝土小型空心砌块（见图 2-19）主规格尺寸为 390 mm×190 mm×190 mm。其他规格尺寸可由供需双方协商。混凝土小型空心砌块按抗压强度分为 MU20、MU15、MU10、MU7.5 和 MU5 五个强度等级，按其尺寸偏差和外观质量分为优等品（A）、一等品（B）和合格品（C）三个质量等级。

混凝土小型空心砌块适用于建造地震设计烈度为 8 度及 8 度以下地区的各种建筑墙体，包括高层与大跨度的建筑，也可以用于围墙、挡土墙、桥梁、花坛等市政设施；对用于承重墙和外墙的砌块要求其干缩率小于 0.5 mm/m，非承重或内墙用的砌块其干缩率应小于 0.6 mm/m。

3. 蒸压加气混凝土砌块

蒸压加气混凝土砌块（简称加气混凝土砌块）是以钙质材料（水泥、石灰等）和硅质材料（矿渣、砂、粉煤灰等）以及加气剂（铝粉），经配料、搅拌、浇筑、发气、切割和蒸压养护等工艺制成的一种轻质、多孔墙体材料。

砌块的公称尺寸有：长度 600 mm；高度 200 mm、250 mm、300 mm；宽度 100 mm、125 mm、

160 mm、200 mm、250 mm、300 mm 或者 120 mm、180 mm、240 mm。

图 2-19　混凝土小型空心砌块

加气混凝土砌块按抗压强度分为 A1.0、A2.0、A2.5、A3.5、A5.0、A7.5、A10.0 七个等级，按外观质量、尺寸偏差、体积密度、抗压强度分为优等品（A）、一等品（B）和合格品（C）。

蒸压加气混凝土砌块可用于低层建筑的承重墙、多层建筑的间隔墙和高层框架结构的填充墙，也可用于一般工业建筑的围护墙，作为保温隔热材料也可用于复合墙板和屋面结构中；不能用于基础和潮湿环境中。

2.3　建筑功能材料

2.3.1　建筑防水材料

2.3.1.1　石油沥青

1. 石油沥青的组分

石油沥青是建筑工程中最常用的沥青品种，是一种有机胶凝材料，在常温下呈固体、半固体或黏性液体状态，颜色为褐色或黑褐色。

通常将沥青分为油分、树脂质和沥青质三组分，此外，沥青中常含有一定量的固体石蜡。

2. 石油沥青的技术性质

（1）黏滞性（或称黏性）

黏滞性是反映沥青材料在外力作用下抵抗变形的能力。石油沥青的黏滞性与其组分及所处环境的温度有关。液态石油沥青的黏滞性用黏度表示。

（2）塑　性

塑性是指沥青在外力作用下产生变形而不破坏，除去外力后仍能保持变形后的形状不变的性质。石油沥青的塑性与其组分、温度及拉伸速度等因素有关。树脂含量较多，塑性较大；

温度升高，塑性增大；拉伸速度越快，塑性越大。

（3）温度敏感性

温度敏感性是指石油沥青的黏滞性和塑性随温度升降而变化的性能。温度敏感性较小的石油沥青，其黏滞性、塑性随温度的变化较小。

温度敏感性常用软化点来表示，软化点是沥青材料由固体状态转变为具有一定流动性的膏体时的温度。软化点可通过"环球法"试验测定。石油沥青的软化点不能太低，否则夏季易产生变形，甚至流淌；但也不能太高，否则品质太硬，不易施工，冬季易产生脆裂现象。在实际应用中希望得到高软化点和低软化点的沥青，提高沥青的耐热性和耐寒性。

（4）大气稳定性

大气稳定性是指石油沥青在热、阳光、氧气和潮湿等因素的长期综合作用下抵抗老化的性能，它反映沥青的耐久性。

2.3.1.2　防水卷材

防水卷材是建筑工程防水材料的重要品种之一，目前常用的有沥青类防水卷材、改性沥青防水卷材、合成高分子防水卷材。由于环保的原因，沥青纸胎油毡的使用在我国很多城市受限制，生产量逐步下降，而性能相对优越的高聚物改性沥青防水卷材开始逐渐替代纸胎油毡成为市场的主导。改性沥青防水卷材最突出的特点是耐高温性能好，特别适合高温地区或太阳辐射强烈的地区。

高聚物改性沥青防水卷材是指以合成高分子聚合物改性沥青为涂盖层，纤维织物或纤维毡为胎体，粉状、粒状、片状或薄膜材料为防黏隔离层制成的可卷曲的片状防水材料。高聚物改性沥青防水卷材主要有弹性体改性沥青防水卷材（SBS）、塑性体（APP）、改性沥青防水卷材、沥青复合胎柔性防水卷材、自黏橡胶改性沥青防水卷材、改性沥青聚乙烯胎防水卷材以及道桥用改性沥青防水卷材等。

弹性体改性沥青防水卷材（SBS）是以玻纤毡或聚酯毡为胎基，以苯乙烯-丁二烯-苯乙烯（SBS）热塑性弹性体作改性剂，两面覆以隔离材料所制成的建筑防水卷材，简称 SBS 卷材，适用于工业与民用建筑的屋顶及地下防水工程，尤其适合用于较低气温环境的建筑防水。

塑性体改性沥青防水卷材，是以聚酯毡或玻纤毡为胎基、无规聚丙烯（APP）或聚烯烃类聚合物（APAO、APO）作改性剂，两面覆以隔离材料所制成的建筑防水卷材，统称 APP 卷材，适用于工业与民用建筑的屋面和地下防水工程，以及道路、桥梁等建筑物的防水，尤其适用于较高气温环境的建筑防水。

2.3.1.3　建筑防水涂料

涂膜防水是在自身有一定防水能力的结构层表面涂刷一定厚度的防水涂料，经过常温固化后，形成一层具有一定坚韧性的防水涂膜的防水方法。

防水涂料包括：乳化沥青类防水涂料、改性沥青类防水涂料、合成高分子类防水涂料、水泥基类防水涂料。

防水涂料特别适合各种复杂、不规则部位的防水，能形成无接缝的完整防水膜。防水涂料广泛应用于屋面防水工程、地下室防水工程和地面防潮、防渗等。

2.3.1.4　刚性防水材料

依靠结构构件自身的密实性或采用刚性材料作防水层以达到建筑物防水目的的结构称为刚性防水。

刚性防水材料包括：防水混凝土、防水砂浆、外加剂（防水剂、减水剂、膨胀剂等）、灌浆堵漏材料。近来还发展了粉状憎水材料、水泥密封防水剂等品种。

水泥基渗透结晶型防水材料，在建筑防水工程中受到青睐。其原理是活性化学物质在水的渗透作用下，通过毛细管、微裂缝，从混凝土的表面进入内部，与水泥的水化产物反应，生成不溶性的枝蔓状结晶，使混凝土致密、防水。其产品有赛柏斯（XYPEX）（粉状材料）、M1500 水性水泥密封剂（水剂）。

2.3.1.5　沥青胶、冷底子油以及防水嵌缝、防水堵漏材料

沥青胶又名玛琋脂，是在沥青中加入填充料如滑石粉、云母粉、石棉粉、粉煤灰等加工而成的，分为冷、热两种，前者称为冷沥青胶或冷玛琋脂，后者称热沥青胶或热玛琋脂，两者又均有石油沥青胶及煤沥青胶两类。石油沥青胶适用于黏结石油沥青类卷材，煤沥青胶适用于粘贴煤沥青类卷材。

冷底子油属溶剂型沥青涂料，其实质是一种沥青溶液。由于形成涂膜较薄，故一般不单独作防水材料使用，往往仅作某些防水材料的配套材料使用。石油沥青冷底子油是由 60 号、30 号或 10 号石油沥青，加入溶剂（如柴油、煤油、汽油、蒽油或苯等）配成的溶液。冷底子油可用于涂刷混凝土、砂浆或金属表面。

建筑防水沥青嵌缝油膏是以石油沥青为基料，再加入改性材料（废橡胶粉和硫化鱼油）、稀释剂（松焦油、松节重油和机油）及填充料（石棉纺和滑石粉）等，经混拌制成的膏状物，为最早使用的冷用嵌缝材料。沥青嵌缝油膏的主要特点是炎夏不易流淌，寒冬不易脆裂，黏结力较强，延伸性、塑性和耐候性均较好，因此广泛用于一般屋面板和墙板的接缝处，也可用作各种构筑物的伸缩缝、沉降缝等的嵌填密封材料。

以水玻璃（硅酸钠）为主要原料的防水剂，掺入水泥中可使水泥迅速凝结，是一种常见的防水堵漏材料。此外，氰凝是一种化学灌浆堵漏材料，它是由聚氨酯、异氰酸酯等制成，为低黏度液体，注入混凝土裂缝中遇水后经催化剂反应，黏度增加而生成体积膨胀又不溶于水的凝结体，达到堵漏的目的，效果很好。

2.3.2　建筑保温材料

2.3.2.1　建筑传热基础知识

热量传递的三种方式有：传导、对流和辐射。传导是物体各部分直接接触的物质质点（分子、原子、自由电子）作热运动而引起的热能传递过程。对流是较热的液体或气体因体积膨胀密度减小而上升，冷的液体或气体就补充过来，形成分子的循环流动，热量就从高温处靠分子的相对位移传向低温处。热辐射靠电磁波来传递能量，放热体将热能转化为辐射能，受热体将辐射能转化为热能。在建筑热工设计时通常主要考虑热传导。

在实际的传热过程中，往往同时存在多种传热方式。如室内热量的散失，有通过墙体材料的导热、辐射，还有通过门窗缝隙的对流。热流传递的方向，总是由高温处向低温处传递。

2.3.2.2 影响材料保温性能的因素

1. 材料的组成

材料的导热系数受自身物质的化学组成和分子结构影响。化学组成和分子结构简单的物质比结构复杂的物质导热系数大。一般金属导热系数较大，非金属次之，液体较小，气体更小。

2. 孔隙率及孔隙构造

固体材料的导热系数比空气的导热系数大得多，一般来说，材料的孔隙率越大，导热系数就越小。材料的导热系数不仅与孔隙率有关，而且还与孔隙的大小、分布、形状及连通情况有关。

3. 湿 度

因为水的导热系数比密闭空气大 20 多倍，而冰的导热系数比密闭空气大 100 多倍，所以材料受潮吸湿后，其导热系数会增大，若受冻结冰后，则导热系数会增大更多。因此，绝热材料在使用时特别注意防潮、防冻。

4. 温 度

材料的导热系数随温度的升高而增大，因为温度升高，材料固体分子的热运动增强，同时材料孔隙中空气的导热和孔壁间的辐射作用也有所增加。

5. 热流方向

对于各向异性材料，如木材等纤维质材料，当热流平行于纤维方向时，热流受到的阻力小；而热流垂直于纤维方向时，受到的阻力就大。

2.3.2.3 无机保温材料

无机保温材料的原料来源广泛、生产方便、价格便宜，因此采用较多。无机保温材料按构造不同可有纤维材料、粒状材料和多孔材料之分。

1. 纤维材料

（1）石棉及其制品

石棉是一种火成岩中的非金属矿物，通常所用的是温石棉。此种石棉纤维柔软，具有保温、耐热、耐火、防腐、隔音、绝缘等性质。建筑上常用石棉粉、石棉纸板及石棉毡等。

（2）矿棉及其制品

岩棉和矿渣棉统称矿棉，岩棉是天然岩石；矿渣棉是以工业废料矿渣为原料，经熔融后，用喷吹法或离心法制成的。矿棉质轻、导热系数小、耐腐蚀、化学稳定性好，一般用作填充保温材料。为了施工方便，可用沥青或酚醛树脂为胶结材料，制成各种规格的板、毡和管壳等制品，常用的有矿棉板、矿棉毡及套管等，可用于建筑物的墙壁、屋顶、天花板等处及热力管道的保温材料。

（3）玻璃棉及其制品

玻璃棉是将玻璃熔化，用离心法或气体喷射法制成的絮状保温材料。玻璃棉的表观密度小，为 100 ~ 150 kg/m³，导热系数低，为 0.035 ~ 0.058 W/（m·K），此外具有不燃、不腐、高化学稳定性，是一种高级隔热保温材料。玻璃棉隔热材料，常有絮状或毡状和带状制品。制品可用石棉线、玻璃线或软铁丝缝制，也可用黏结物质将玻璃棉制成所需的形状。玻璃棉可用作 450 ℃以下的重要工业设备和管道的表面隔热，也可用于运输工具、建筑中的隔热材料或吸音材料。

（4）陶瓷纤维

陶瓷纤维以氧化硅、氧化铝为原料，经高温熔融、喷吹制成，可制成毡、毯、纸、绳等制品，最高使用温度可达 1 100 ~ 1 300℃，用于高温绝热。

2. 粒状材料

（1）膨胀珍珠岩及其制品

膨胀珍珠岩是以珍珠岩、黑曜岩或松脂岩为原料，经破碎、焙烧使内部结合水及挥发性成分急剧膨胀并速冷而成的白色松散颗粒，导热系数为 0.074 ~ 0.07 W/（m·K），最高使用温度可达 800℃，最低使用温度为-200 ℃，具有质轻、绝热、吸音等特性，是一种超轻高效能保温材料。

膨胀珍珠岩广泛用于建筑工程的围护结构、低温和超低温制冷设备、热工设备等的绝热保温。膨胀珍珠岩制品是用膨胀珍珠岩配以适量胶凝材料（水泥、水玻璃等），经拌合、成型、养护而成的板、砖、管件等制品。

（2）膨胀蛭石及其制品

膨胀蛭石是以天然蛭石为原料，经破碎、焙烧，体积急剧膨胀（约 20 倍）为薄片、层状的松散颗粒。其表观密度为 80 ~ 120 kg/m³，导热系数为 0.046 ~ 0.07 W/（m·K），最高使用温度为 1 100 ℃，是一种很好的保温材料。膨胀蛭石主要用于填充墙壁、楼板及平屋顶保温等，还可用于围护结构及管道保温。

3. 多孔材料

（1）微孔硅酸钙制品

微孔硅酸钙制品是用 65% 的硅藻土、35% 的石灰，加入 5.5 ~ 6.5 倍质量的水，再加入 5% 的石棉和水玻璃，经拌合、成型、蒸压处理而制成的。微孔硅酸钙制品的表观密度小于 250 kg/m³，导热系数为 0.047 ~ 0.56 W/（m·K），最高使用温度为 650 ~ 1 000 ℃，一般用于围护结构及管道保温，其保温效果优于膨胀珍珠岩和膨胀蛭石制品。

（2）泡沫玻璃

泡沫玻璃是用碎玻璃加入发泡剂（石灰石或焦炭）经焙烧至熔融、膨胀而制成的一种高级保温材料。泡沫玻璃为多孔结构，气孔率可达 80% ~ 90%，导热系数为 0.042 ~ 0.049 W/（m·K），表观密度为 150 ~ 220 kg/m³，抗压强度高，抗冻性、耐久性良好，一般用于冷藏库的隔热材料、高层建筑框架的填充材料及加热设备的表面隔热材料等。

（3）硅藻土

硅藻土是一种被称为硅藻的水生植物的残骸。硅藻土是由微小的硅藻壳构成的，硅藻壳内又包含大量极细小的微孔。硅藻土的孔隙率为 50%～80%，因而具有很好的保温绝热能力。其导热系数为 0.060 W/（m·K），最高使用温度为 900 ℃，硅藻土常用作填充料或制作硅藻土砖等。

2.3.2.4　有机保温材料

1. 泡沫塑料

泡沫塑料是以合成树脂为基料，加入一定剂量的发泡剂、催化剂、稳定剂等辅助材料经过加热发泡而制成的新型轻质、保温、防震材料，目前我国常用的有聚苯乙烯泡沫塑料、聚氯乙烯泡沫塑料、聚氨酯泡沫塑料以及脲醛泡沫塑料等，可用于屋面、墙面保温，冷库绝热和制成夹心复合板。

2. 植物纤维类绝热板

（1）软木及软木板

软木的原料为栓皮栎或黄菠萝树皮，胶料为皮胶、沥青、合成树脂等。不加胶料的要经模压、烘焙（400 ℃）而成，加胶料的需在模压前加胶料。软木含有大量微小封闭气孔，故有良好的保温性能。其导热系数为 0.058 W/（m·K），表观密度分别小于 180 kg/m³（不加胶料的）和小于 260 kg/m³（加胶料的），最高使用温度为 120 ℃。软木只能阻燃，不起火焰。散粒软木可作填充材料，软木板可用于冷藏库隔热。

（2）水泥木丝板及水泥刨花板

将刨木丝用 5%氯化钙溶液处理后，再与强度等级为 32.5 的水泥按比例拌合（每千克木丝加 1.3～1.5 kg 水泥），经模压、养护即成木丝板。根据压实的程度可分为保温用与构造用木丝板两种。保温用木丝板的表观密度为 350～400 kg/m³，导热系数为 0.11～0.13 W/(m·K)，主要用于墙体和屋顶隔热。水泥刨花板的生产工艺及用途与木丝板相同，只是用木刨花代替木丝。

（3）软质纤维板

软质纤维板是用木材加工废料，经破碎、蒸解或用碱液浸泡、打浆、装模、压缩脱水、干燥而成的。其表观密度为 300～350 kg/m³，导热系数为 0.041～0.052 W/（m·K）。这种材料一般用于墙体和屋顶隔热。

2.3.3　建筑吸声材料与隔声材料

2.3.3.1　材料的吸声原理

声音起源于物体的振动，它迫使邻近的空气跟着振动而形成声波，并在空气介质中向四周传播。声音在传播过程中，一部分由于声能随着距离的增大而扩散，另一部分则因空气分子的吸收而减弱。当声波遇到材料表面时，被吸收声能（E）与入射声能（E_0）之比，称为吸声系数 α，即：

$$\alpha = \frac{E}{E_0} \times 100\%$$

（2-19）

式中　E_0——入射声能；

　　　E——被材料吸收的声能。

材料的吸声系数与声波的方向、声波的频率及材料中的气孔有关。为了全面反映材料的吸声特性，通常取 125 Hz、250 Hz、500 Hz、1 000 Hz、2 000 Hz、4 000 Hz 等 6 个频率的平均吸声系数表示材料的吸声性能。凡 6 个频率的平均吸声系数大于 0.2 的材料，可称为吸声材料。

材料的吸声系数越高，吸声效果越好。为达到较好的吸声效果，材料的气孔应是开放的，且应相互连通，气孔越多，吸声性能越好。大多数吸声材料强度较低，因此应设置在护壁台以上，以免撞坏。吸声材料易于吸湿，安装时应考虑到胀缩的影响，此外还应考虑防火、防腐、防蛀等问题。

2.3.3.2　影响材料吸声性能的主要因素

1. 材料的表观密度

对同一种多孔材料来说，当其表观密度增大（即孔隙率减小时），对低频的吸声效果有所提高，而对高频的吸声效果则有所降低。

2. 材料的厚度

材料的厚度对其吸声性能有关键的影响：当材料较薄时，增加厚度，材料的低频吸声性能将有较大的提高，但对于高频的吸声性能则影响较小；当厚度增加到一定程度时，再增加材料的厚度，吸声系数增加的幅度将逐步减小；多孔材料的第一共振频率近似与吸声材料的厚度成反比。

3. 材料的孔隙特征

孔隙愈多愈细小，吸声效果愈好。如果孔隙太大，则吸声效果较差。互相连通的开放的孔隙愈多，材料的吸声效果越好。当多孔材料表面涂刷油漆或材料吸湿时，由于材料的孔隙大多被水分或涂料堵塞，吸声效果将大大降低。

4. 吸声材料设置的位置

悬吊在空中的吸声材料，可以控制室内的混响时间和降低噪声。多孔材料或饰物悬吊在空中，其吸声效果比布置在墙面或顶棚上要好，而且使用和安置也较为便利。

2.3.3.3　建筑上常用的吸声材料

1. 多孔性吸声材料

多孔性吸声材料是比较常用的一种吸声材料，它具有良好的中高频吸声性能。影响材料吸声性能的主要因素有材料表观密度和构造、材料厚度、材料背后空气层厚度、材料表面特征等。多孔性吸声材料与绝热材料都是多孔性材料，但在材料孔隙特征要求上有着很大差别。绝热材料要求具有封闭的互不连通的气孔，这种气孔愈多则保温绝热效果愈好；吸声材料则要求具有开放和互相连通的气孔，这种气孔愈多，则其吸声性能愈好。常见的多孔性材料有玻璃棉、矿棉和岩棉、吸声阻燃泡沫塑料、矿棉吸声板、纤维板、阻燃化纤毯和阻燃织物、毛毡。

2. 薄板振动吸声结构

薄板振动吸声结构的特点是具有低频吸声特性，同时还有助于声波的扩散。建筑中常用的胶合板、薄木板、硬质纤维板、石膏板、石棉水泥板或金属板等，把它们的周边固定在墙或顶棚的龙骨上，并在背后留有空气层，即成薄板振动吸声结构。

建筑中常用的薄板振动吸声结构的共振频率在 80~300 Hz 之间，在此共振频率附近的吸声系数最大，为 0.2~0.5，而在其他频率附近的吸声系数则较低。

3. 共振吸声结构

共振吸声结构具有封闭的空腔和较小的开口，很像个瓶子。当瓶腔内空气受到外力激荡，会按一定的频率振动，这就是共振吸声器。为了获得较宽频带的吸声性能，常采用组合共振吸声结构或穿孔板组合共振吸声结构。

4. 穿孔板组合共振吸声结构

穿孔板组合共振吸声结构具有适合中频的吸声特性。这种吸声结构与单独的共振吸声器相似，可看作是多个单独共振器并联而成的。穿孔板厚度、穿孔率、孔径、孔距、背后空气层厚度以及是否填充多孔吸声材料等都直接影响吸声结构的吸声性能。

这种吸声结构由穿孔的胶合板、硬质纤维板、石膏板、石棉水泥板、铝合金板、薄钢板等，将周边固定在龙骨上，并在背后设置空气层而构成。这种吸声结构在建筑中使用比较普遍。

5. 柔性吸声材料

柔性吸声材料是具有密闭气孔和一定弹性的材料，如聚氯乙烯泡沫塑料。这种材料的吸声特性是在一定的频率范围内出现一个或多个吸收频率。

2.3.3.4 隔声材料

通常要隔绝的声音按照传播途径可分为空气声（由于空气的振动）和固体声（由于固体的撞击或振动）两种。应选择密实、沉重的材料（如烧结普通砖、钢筋混凝土、钢板等）作为隔声材料。

对空气声的隔绝，主要是根据声学中的"质量定律"，即材料的表观密度越大，越不易受声波作用而产生振动，其声波通过材料传递的速度迅速减弱，其隔声效果越好。所以，应选用表观密度大的材料（如钢筋混凝土、黏土砖等）作为隔绝空气声材料。

对固体声隔绝的最有效的措施是隔断其声波的连续传递，即在产生和传递固体声的结构（如梁、楼板、框架与墙以及它们的交接处等）层中加入一定的弹性材料，如毛毡、软木、橡皮、地毯或设置空气隔离层等，以阻止或减弱固体声的继续传播。

2.4 装饰材料

2.4.1 建筑装饰石材

建筑装饰石材是指在建筑上作为饰面材料的石材，包括天然装饰石材和人造装饰石材两大类。天然石材不仅具有较高的强度、耐磨性、耐久性等，而且通过表面处理可获得优良的装饰效果。天然石材的主要品种有天然大理石、天然花岗岩和石灰岩。人造装饰石材是近年来发展起来的新型建筑装饰材料，主要有水磨石、人造大理石、人造花岗岩等，人造石材主要应用于建筑室内装饰。

2.4.1.1 天然石材的主要技术性能

1. 表观密度

天然石材按其表观密度分为重石和轻石两类。表观密度大于 1 800 kg/m³ 的为重石，主要用于建筑物的基础、墙体、地面、路面、桥梁以及水上建筑物等；表观密度小于 1 800 kg/m³ 的为轻石，可用来砌筑保暖房屋的墙体。

天然石材的表观密度与其矿物组成、孔隙率、含水率等有关。致密的石材，如花岗岩、大理石等，其表观密度接近于其密度，为 2 500 ~ 3 100 kg/m³；而孔隙率大的火山灰、浮石等，其表观密度为 500 ~ 1 700 kg/m³。石材表观密度越大，结构越致密，抗压强度越高，吸水率越小，耐久性越好，导热性也越好。

2. 抗压强度

石材的抗压强度是以边长 70 mm×70 mm×70 mm 的立方体试件，用标准试验方法测得的，以 MPa 表示。石材的抗压强度是划分其强度等级的依据。根据《砌体结构设计规范》（GB 50003—2010）的规定，天然石材按抗压强度分为 MU100、MU80、MU60、MU50、MU40、MU30、MU20 七个强度等级，如 MU60 表示石材的抗压强度为 60 MPa。

天然石材抗压强度的大小，取决于岩石的矿物组成、结构特征、胶结物质的种类以及均匀性等因素。此外，试验方法对测定出的抗压强度大小也有影响。

3. 抗冻性

抗冻性是石材抵抗反复冻融破坏的能力，是石材耐久性的主要指标之一。石材的抗冻性用石材在水饱和状态下所能经受的冻融循环次数来表示。在规定的冻融循环次数内，无贯穿裂纹，质量损失不超过 5%，强度降低不大于 25%，则为抗冻性合格。一般室外工程饰面石材的抗冻性次数应大于 25 次。

4. 耐水性

石材的耐水性用软化系数 K 表示。软化系数是指石材在吸水饱和条件下的抗压强度与干燥条件下的抗压强度之比，反映了石材的耐水性能。石材的耐水性分为高、中、低三等。$K > 0.90$ 的石材称为高耐水性石材，$K = 0.70 ~ 0.90$ 的为中耐水性石材，$K = 0.60 ~ 0.70$ 的为低耐水性石材。一般 $K < 0.80$ 的石材，不允许用于重要建筑工程中。

5. 硬 度

石材的硬度取决于矿物组成与构造，石材的硬度反映了其加工的难易性和耐磨性。岩石的硬度高，其耐磨性和抗刻画性也好，其磨光后也有良好的镜面效果。但是，硬度高的岩石开采困难，加工成本高。岩石的硬度以莫氏硬度来表示。

6. 耐磨性

耐磨性是石材抵抗摩擦、撞击以及边缘剪切等联合作用的能力。一般而言，由石英、长石组成的岩石，耐磨性大，如花岗岩、石英岩等。由白云石、方解石组成的岩石，耐磨性较差。石材的强度高，则耐磨性也较好。耐磨性常用磨损率表示。

2.4.1.2 天然大理石

1. 特 性

天然大理石板材简称大理石板材，是建筑装饰中应用较为广泛的天然石饰面材料，常呈白、浅红、浅绿、黑、灰等颜色（斑纹）。白色大理石又称为汉白玉。它是用大理石荒料经锯解、研磨、抛光及切割而成的板材，主要矿物组成是方解石、白云石，其中 CaO 和 MgO 的总量占 50%以上，故大理石属于碱性石材。大理石结构致密、细腻，莫氏硬度为 3~4 级，较易于雕琢、磨光，其吸水率低、杂质少、坚固耐久，还具有纹理细密、丰富，色彩、图案多样，可抛光性强等装饰特性。

大理石在大气中受硫化物及水汽形成的酸雨长期的作用，容易发生腐蚀，造成表面强度降低、变色掉粉、失去光泽，影响其装饰性能。所以除了少数大理石如汉白玉、艾叶青等质纯、杂质少、比较稳定、耐久的品种可用于室外，绝大多数大理石品种只宜用于室内。

2. 分类、等级

（1）分 类

天然大理石板材按形状分为普型板（PX）和圆型板（HM）。普型板材，是指正方形或长方形的板材。国际和国内板材通用厚度为 20 mm，亦称为厚板。随着石材加工工艺的不断改进，厚度较小的板材也开始应用于装饰工程，常见的有 10 mm、8 mm、7 mm、5 mm 等，亦称为薄板。

（2）等 级

天然大理石按照尺寸允许偏差、平面允许极限偏差、角度允许极限公差和外观缺陷要求，分为优等品（A）、一等品（B）、合格品（C）三个等级，并要求同一批板材的花纹色调应基本一致，不可以与标准样板有明显差异。

3. 应 用

天然大理石板材一般用于宾馆、展览馆、剧院、商场、图书馆、机场、办公楼，住宅等工程的室内饰面。如建筑物的墙面、柱面、服务台面、窗台、踢脚线以及高级卫生间的洗漱台面等处，也可加工成大理石工艺品、壁画、生活用品等。由于其耐磨性相对较差，虽可以用于地面，但不宜用于人流较多场所的地面。

2.4.1.3 天然花岗岩

1. 特 性

花岗岩为全晶质结构，按结晶颗粒的大小，通常分为粗粒、中粒、细粒和斑状等多种构造。花岗岩的颜色取决于其所含长石、云母及暗色矿物的种类及数量。花岗岩的化学成分随产地不同而有所区别，各种花岗岩 SiO_2 含量均很高，一般为 67%~75%，属酸性岩石。花岗岩莫氏硬度 6 ~ 7 级，较坚硬、耐磨，但开采、加工较难，其吸水率只有 0.1% ~ 0.7%，耐酸性好，抗风化及耐久性好，使用寿命少则数十至数百年，高质量的可达上千年；但花岗岩不耐火，即高温会使其由于石英的晶形转变而产生胀裂，影响其使用寿命。

2. 分类、等级

（1）分 类

花岗岩按形状分毛光板（MG）、普型板材（PX）、圆弧形板（HM）和异型板材（YX）四类。

（2）等 级

毛光板按厚度偏差、平面度公差、外观质量等，普型板按规格尺寸偏差、平面度公差、角度公差及外观质量等，圆弧板按规格尺寸偏差、直线度公差、线轮廓度公差及外观质量等分为优等品（A）、一等品（B）、合格品（C）三个等级，同一批板材的色调花纹应基本调和。

3. 应 用

花岗岩属于高级建筑装饰材料，但由于开采、加工较难而使其造价较高，因此，花岗岩主要用于大型、重要的或装饰要求高的建筑装饰。粗面板与细面板多用于室外墙面、地面、柱面、台阶等部位；镜面板主要用于室内外墙面、地面、柱面、台面及台阶等部位，特别适宜做大型公共建筑大厅的地面。

2.4.1.4 人造饰面石材

人造饰面石材是采用无机或有机胶凝材料作为胶黏剂，以天然砂、碎石、石粉或工业渣等为粗、细填充料，经成型、固化、表面处理而成的一种人造石材。它一般具有质量轻、强度大、厚度薄、色泽鲜艳、花色繁多、装饰性好、耐腐蚀、耐污染、便于施工、价格较低的特点。按照用材和制造工艺不同，可把人造饰面石分为水泥型人造石材、聚酯型人造石材、复合型人造石材、烧结型人造石材和微晶玻璃型人造石材几类，其中，聚酯型人造石材和微晶玻璃型人造石材目前应用较多。

1. 聚酯型人造石材

聚酯型人造大理石、人造花岗岩是以不饱和聚酯树脂为黏结剂，以天然石渣和石粉为填料，加入适量的固化剂、稳定剂、颜料等，经磨制、固化成型、加工制成的一种人造石材，统称为聚酯型人造石。聚酯型人造石的特点是：装饰性好、强度高、耐磨性好。

人造大理石和人造花岗岩可用作室内墙面、柱面、壁画、建筑浮雕等处的装饰，也可用于制作卫生洁具，如浴缸、洗面盆、坐便器等。人造玛瑙石和人造玉石可用于制作工艺壁画、浮雕装饰、立体雕塑等各种工艺品。

2. 微晶玻璃型人造石材

微晶玻璃又称微晶石材，它是以石英砂、石灰石、萤石、工业废渣为原料，在助剂的作用下高温熔融形成微小的玻璃结晶体，再按要求高温晶化处理后磨制而成的仿石材料。微晶玻璃可以是晶莹剔透、类似无色水晶的外观，也可以是五彩斑斓的色彩。后者经切割和表面加工后，表面可呈现出大理石或花岗岩的表面花纹，具有良好的装饰性，适用于室内外墙面、地面、柱面和台面等。

2.4.2　建筑装饰陶瓷砖

2.4.2.1　釉面砖

釉面砖是指用于建筑室内墙、柱等表面的薄片状精陶制品，也称内墙面砖，它是由精陶坯体与表面釉层两部分构成的。

釉面砖常按表面装饰效果分为单色釉面砖、花色釉面砖、装饰釉面砖、图案砖与字画砖。釉面砖还可按表面光泽效果分有光釉面砖和无光釉面砖两种。釉面砖按表面形状分为正方形、长方形和异型制品。其主要长、宽规格为 75～350 mm，厚度为 4～5 mm，如常用产品长、宽尺寸有 300 mm×200 mm，200 mm×150 mm，150 mm×75 mm 等，还可根据具体需要定尺寸加工。

釉面砖表面平整、光亮，色彩、图案丰富，防潮、防腐、耐热性好，易清洗，不易污染，但抗干湿交替能力及抗冻性差。由于其属于多孔的陶质坯体，在潮湿与干燥交替作用的环境中会产生明显的坯体胀缩，而表面致密的釉层却不会与之同幅度胀缩，如用于室外，就会产生开裂、破损甚至脱落，因此，釉面砖不适用于建筑室外装饰。

釉面砖底坯吸水率应≥10%，但应≤21%，热震性、抗龟裂性合格，抗弯强度应≥16 MPa（当砖厚≥7.5 mm 时，抗弯强度应≥13 MPa），外观应满足标准规定。釉面砖表面都施釉，背面设置浅槽，其根据色差、白度、表面缺陷等外观质量分为优等品、一等品、合格品三个等级。

釉面砖主要适用于厨房、卫生间、实验室等建筑室内的墙面、柱面、台面等部位的表面装饰，还可镶拼成大型陶瓷壁画，用于大型公共建筑室内的墙面装饰。

2.4.2.2　陶瓷墙地砖

墙地砖主要是指用于建筑室外墙面、柱面及室内、外地面的陶瓷面砖，其坯体多为炻质。墙地砖根据其表面是否施釉分彩色釉面墙地砖（简称彩釉砖）和无釉墙地砖；其根据生产工艺不同分为干压、半干压、劈离砖等墙地砖；根据表面花纹、质感不同分为彩胎砖、麻面砖、渗花砖、玻化砖等。

墙地砖按表面形状分为正方形、长方形和异型制品。其主要长、宽规格为 60～600 mm，厚度为 8～12 mm，如常用产品长、宽尺寸有 300 mm×150 mm，150 mm×75 mm，600 mm×600 mm，100 mm×100 mm 等，还可根据具体需要定尺寸加工。

墙地砖底坯吸水率应≤10%（寒冷地区用于室外的面砖，其吸水率应<3%）；能经受 3 次热震性检验；抗冻融循环次数不低于 20 次；彩釉砖抗弯强度≥24.5 MPa，无釉墙地砖抗弯强度≥25 MPa；耐酸、碱腐蚀性分有 AA、A、B、C、D 五个等级，其中 AA 级最好，D 级最差；用于地面的彩釉砖耐磨性应满足 Ⅰ类 <150 r，Ⅱ类 300～600 r，Ⅲ类 750～1 500 r，Ⅳ类 >1 500 r 的耐磨损转数要求，无釉墙地砖应满足磨损量≤345 mm^3 的耐磨性要求。

墙地砖表面可施釉，可不施釉，背面设置肋纹，以利于铺贴时的黏结。墙地砖按外观质量要求分为优等品、一等品、合格品三个等级。

墙地砖具有色彩丰富，图案、花纹、质感多样，抗冻、耐腐蚀、防火、防水、耐磨、易清洗等特点。因此，主要用于装饰等级要求较高的公用与民用建筑室外墙面、柱面及室内、外地面等处。

2.4.2.3 陶瓷锦砖

陶瓷锦砖，也称陶瓷马赛克，是用优质瓷土烧制的形状各异的小片陶瓷材料，多属于细炻或瓷质坯体，由于其具有尺寸小、色彩多、图案与质感丰富等特点而被称为锦砖。陶瓷锦砖按砖块表面质感分光滑和稍毛两种；按是否施釉分有釉和无釉两种；按其拼成的图案分为单色和拼花两种。

陶瓷锦砖按单块砖形状分为正方形、长方形、六角形等多种，其单块砖边长为 15～40 mm，厚度有 4 mm，4.5 mm 和 ≥4.5 mm 三种，正方形纸皮边长规格有 284 mm，295 mm，305 mm 和 325 mm 四种。陶瓷锦砖按外观质量要求分为优等品、合格品两个等级。

陶瓷锦砖体积密度为 2 300～2 400 kg/m³，抗压强度为 150～200 MPa，莫氏硬度为 6～7 级，无釉锦砖坯体吸水率≤0.2%，有釉锦砖坯体吸水率≥1.0%，热震性合格，应能用于-40～100 ℃的温度环境。

陶瓷锦砖具有耐磨、耐火、吸水率小、抗压强度高、易清洗以及色泽稳定等特点，因此，广泛适用于建筑物的门厅、走廊、卫生间、厨房、化验室等内墙和地面，并可作为建筑物外墙饰面予以保护。施工时，可以将不同花纹、色彩和形状的小瓷片拼成多种美丽的图案。

2.4.3 建筑装饰涂料

按建筑物使用部位，可将涂料分为内墙建筑涂料、外墙建筑涂料、地面建筑涂料、顶棚涂料和屋面防水涂料等。

2.4.3.1 内墙建筑涂料

内墙建筑涂料就是一般装修用的乳胶漆。乳胶漆即是乳液性涂料，按照基材的不同，分为聚醋酸乙烯乳液和丙烯酸乳液两大类。以下为常见的几种内墙建筑涂料。

1. 聚乙烯醇水玻璃内墙涂料（106 涂料）

聚乙烯醇水玻璃涂料是以聚乙烯醇树脂水溶液和钠水玻璃为基料，掺加颜料、填料及少量外加剂经研磨加工而成的一种水溶性涂料。这种涂料成本低、无毒、无臭味，能在稍潮湿的水泥和新、老石灰墙面上施工，黏结性好，干燥快，涂层表面光洁，能配制成多种色彩（如奶白、奶黄、淡青、玉绿、粉红等色），装饰效果好。该涂料是国内用量最大的一种内墙涂料，主要用于住宅及一般公共建筑的内墙与顶棚。

2. 聚醋酸乙烯乳液内墙涂料（聚醋酸乙烯乳胶漆）

这种涂料无毒、无味，可喷可刷，涂层干燥快，施工方便，与新、老石灰墙面及水泥墙面黏结良好。涂料色彩多样，装饰效果良好，尚具有耐水、耐洗刷等特点，适用于一般民用住宅及一般公共建筑的内墙与顶棚。

3. 醋酸乙烯-丙烯酸酯有光乳液涂料（乙-丙有光乳液涂料）

醋酸乙烯-丙烯酸酯有光乳液涂料是以乙-丙乳液为基料的乳液型内墙涂料。其耐水性、耐候性、耐碱性优于聚醋酸乙烯乳液内墙涂料，并具有光泽，是一种中高档内墙涂料，主要用于住宅、办公室、会议室等内墙及顶棚。

4. 多彩内墙涂料

多彩内墙涂料是以合成树脂及颜料等为分散相，以含乳化剂和稳定剂的水为分散介质制成的，经一次喷涂即可获得具有多种色彩立体图膜的乳液型内墙涂料。其是目前国内、外较流行的高档内墙涂料之一。多彩内墙涂料色彩丰富，图案多样，并具有良好的耐水性、耐碱性、耐油性、耐化学腐蚀性及透气性，适用于建筑物内墙和顶棚水泥、混凝土、砂浆、石膏板、木材、钢、铝等多种基面的装饰。

2.4.3.2 外墙建筑涂料

1. 苯乙烯-丙烯酸酯乳液涂料（苯-丙乳液涂料）

苯乙烯-丙烯酸酯乳液涂料是以苯-丙乳液为基料制成的乳液型涂料，是目前质量较好的外墙乳液涂料之一。苯乙烯-丙烯酸酯乳液涂料分有光、半光、无光三类。其具有优良的耐水性、耐碱性、耐光性、抗污染性、耐擦洗性（耐洗刷次数在 2 000 次以上），还可具有丰富的色彩与质感，适用于公共建筑的外墙等。

2. 丙烯酸酯系外墙涂料

丙烯酸酯系外墙涂料是以热塑性丙烯酸酯树脂为基料制成的外墙涂料，其分溶剂型和乳液型两种。丙烯酸酯系外墙涂料具有优良的耐水性、耐碱性、耐高低温性、耐候性，良好的黏结性、抗污染性、耐洗刷性（耐洗刷次数在 2 000 次以上），装饰性好，使用寿命在 10 年以上，属高档涂料，是目前国内外主要使用的外墙涂料之一。丙烯酸酯系外墙涂料主要用于商店、办公楼等公共建筑的外墙。

3. 聚氨酯系外墙涂料

聚氨酯系外墙涂料是以聚氨酯树脂或聚氨酯树脂与其他树脂的混合物为基料制成的溶剂型外墙涂料。聚氨酯系外墙涂料具有一定的弹性和抗伸缩疲劳性，能适应基层材料在一定范围内的变形而不开裂，其表面光泽度高、呈瓷质感，还具有优良的黏聚性、耐水性、耐酸碱腐蚀性、耐高低温性、耐洗刷性（耐洗刷次数在 2 000 次以上）、耐候性，使用寿命在 15 年以上，属高档外墙涂料。聚氨酯系外墙涂料主要用于商店、办公楼等公共建筑的外墙。

4. 合成树脂乳液砂壁状建筑涂料（彩砂涂料）

合成树脂乳液砂壁状建筑涂料是以合成树脂乳液为基料，加入彩色小颗粒骨料或石粉等配制成的粗面厚质涂料。其一般采用喷涂法施工，涂层具有丰富的色彩与质感，且保色性、耐水性、耐候性良好，涂膜坚实，骨料不易脱落，使用寿命在 10 年以上。合成树脂乳液砂壁状建筑涂料主要用于办公楼、商店等公共建筑的外墙。

2.4.3.3 地面建筑涂料

地面涂料的主要功能是装饰与保护室内地面，使地面清洁美观，与其他装饰材料一同创造良好的室内环境。为了获得良好的装饰效果，地面涂料应具有以下特点：耐碱性好、黏结力强、耐水性好、耐磨性好、抗冲击力强、涂刷施工方便及价格合理等。

1. 聚氨酯厚质弹性地面涂料

聚氨酯厚质弹性地面涂料是以聚氨酯为基料的双组分溶剂型涂料。其具有整体性好，色彩多样的优良装饰性，且耐水性、耐油性、耐酸碱性、耐磨性好，还具有一定的弹性，脚感舒适，但也存在价格较高、原材料有毒等缺点。聚氨酯厚质弹性地面涂料主要用于高级住宅、会议室、手术室、影剧院等建筑的地面，也可用于地下室、卫生间等防水或工业厂房的耐磨、耐油、耐腐蚀地面。

2. 环氧树脂厚质地面涂料

环氧树脂厚质地面涂料是以环氧树脂为基料制成的双组分溶剂型涂料。其具有良好的耐化学腐蚀性、耐水性、耐油性、耐久性，且涂膜与基层材料的黏结力强，坚硬、耐磨，有一定的韧性，色彩多样，装饰性好，但其也具有价格高、原材料有毒等缺点，主要用于高级住宅、手术室、实验室及工厂车间等建筑的地面。

思考与练习题

2-1 何谓材料的密度、表观密度、体积密度和堆积密度？如何计算？

2-2 材料的孔隙率和孔隙特征对材料的体积密度、吸水性、吸湿性、抗渗性、抗冻性、强度及保温隔热性能有何影响？

2-3 何谓材料的吸水性、吸湿性、耐水性、抗渗性和抗冻性？各用什么指标表示？

2-4 何谓材料的强度？根据外力作用方式不同，各种强度如何计算？其单位如何表示？

2-5 硅酸盐水泥熟料是由哪几种矿物组成的？它们的水化产物是什么？

2-6 水泥有哪些主要技术性质？如何测试与判别？

2-7 试分析硅酸盐水泥、普通水泥、矿渣水泥、火山灰水泥及粉煤灰水泥性质的异同点，并说明产生差异的原因。

2-8 砌筑砂浆的主要技术性质包括哪几个方面？

2-9 新拌砂浆的和易性如何测定？和易性不良的砂浆对工程质量会有哪些影响？

2-10 普通混凝土的组成材料有哪几种？各有什么技术要求？

2-11 什么是混凝土徐变？影响混凝土徐变的因素有哪些？

2-12 低碳钢受拉时的应力-应变图中，分为哪几个阶段？各阶段的特征及指标如何？

2-13 墙体材料有哪些？新型墙用砌块与烧结普通砖相比有哪些优越性？

2-14 刚性防水常用的材料有哪些？

2-15 建筑上常用的吸声材料有哪些？

2-16 常用的天然石材有哪些？大理石的特性以及适用范围是什么？花岗石的特性及适用范围是什么？

3 地基与基础

1. 了解地基与基础的区别与联系；
2. 掌握基础的种类及构造；
3. 了解地基处理的方法。

1. 能够熟练阐述常见基础的类型与构造；
2. 能够熟练识读基础构造图。

我们所能看到的土木工程有楼房、工厂、公路、铁路、桥梁、大坝等，它们的重量都是传给地基，人们总是首先选择在地质条件良好的场地上进行建设，但有时也不得不在地质条件不良的地基上进行建设，地质条件不良时就要进行地基处理。

3.1 地基与基础的区别与联系

3.1.1 地基与基础的概念

在建筑工程中，基础是建筑物地面以下的承重构件，它承受着建筑物的上部传递下来的全部荷载，并将这些荷载和自身重量一起传递给地基。地基则是承受建筑物荷载的土壤层。地基不是建筑的组成部分，但它直接影响整个建筑物的安全。地基具有一定的地耐力，直接支撑基础，需要进行计算的土层称为持力层，持力层以下的土层称为下卧层，如图 3-1 所示。

3.1.2 地基的种类

1. 天然地基

天然地基指凡天然土层本身具有足够的承载能力，不需经过人工加固，可直接在其上部建造房屋的土层，包括岩石、碎石土、砂土、黏性土、人工填土等。天然地基的土层分布及承载力大小由勘测部门实测提供。

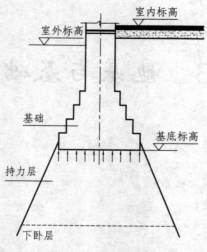

图 3-1 基础与地基

2. 人工地基

当建筑物荷载在基础底部产生的基底压力大于软黏土层的承载能力或基础的沉降变形超过建筑物正常使用的允许值时，土质地基必须通过置换、夯实、挤密、排水、胶结、加筋和化学处理等方法进行处理与加固，使其性能得以改善，满足承载能力或沉降的要求，此时的地基称为人工地基。人工加固地基的方法通常有：压实法、换土法、化学加固及打桩法等。

3.2 基础的类型和构造

3.2.1 基础的埋置深度与影响因素

1. 基础的埋置深度

基础的埋置深度是指室外设计地面到基础底面的垂直距离，简称为基础埋深，如图 3-2 所示。

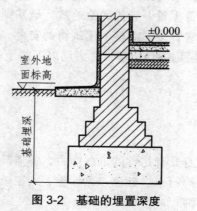

图 3-2 基础的埋置深度

从经济条件看，基础埋置深度越小，工程造价越低。但基础埋置深度小会影响到建筑的稳定、安全和使用寿命。通常，基础埋置深度大于 5 m 为深基础、小于 5 m 为浅基础，但基础的埋置深度不应小于 0.5 m。

2. 影响基础埋置深度的因素

影响基础埋置深度的因素较多，主要包括以下几方面：

（1）建筑自身特点及使用性质

当建筑物设置地下室、设备基础或地下设施时，基础埋深应满足其使用要求；高层建筑基础埋深随建筑高度增加适当增大，才能满足稳定性要求，一般来说高层建筑的基础埋深是地上建筑物总高度的 1/10 ~ 1/14 左右；荷载大小和性质也影响基础埋深，一般荷载较大时应加大埋深；受向上拔力的基础，应有较大埋深以满足抗拔力的要求。

（2）工程地质条件

建筑物所在场地的工程地质条件对基础埋深的影响较大。如土层是由两种土质构成，上层土质好而有足够厚度，基础应埋在上层范围好土内；反之，上层土质差而厚度浅，基础应埋在下层好土范围内。由于不同地区的地质变化不同，地基土的性质也会不同，即使在同一地区，它的性质也会有很大差别，必须综合分析，才能选择最佳埋深。

（3）冰冻线的因素

冻结土与非冻结土的分界线称为冰冻线。当建筑物基础处在具有冻胀现象的土层范围内时，冬季土的冻胀会把房屋向上拱起；到春季气温回升，土层解冻时，基础又下沉，使建筑物处于不稳定状态，就会产生严重变形，如墙身开裂、门窗开启困难，甚至使建筑物遭到破坏。所以，基础原则上应埋置在冰冻线以下 200 mm（见图 3-3）。

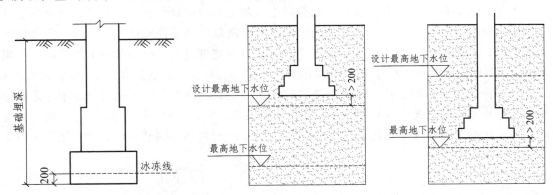

图 3-3　冻胀深度对基础埋置的影响（单位：mm）　　**图 3-4　地下水位对基础埋深的影响（单位：mm）**

（4）地下水位的影响

地下水对某些土层的承载力有很大影响。为了避免地下水位的变化直接影响地基承载力，同时防止地下水给基础施工带来麻烦，以及防止有侵蚀性的地下水对基础的腐蚀，一般基础应尽量埋置在地下水位以上。

当地下水位较高，基础不能埋置在地下水位以上时，宜将基础底面埋置在最低地下水位以下，且不少于 200 mm 的深度（见图 3-4）。

（5）相邻建筑物的基础埋深

如果拟建的房屋附近有旧建筑物时，应考虑新建房屋对原有建筑物基础的影响。新建房屋的基础埋深最好小于或等于原有建筑物基础埋深，以免施工期间影响原有建筑物的安全。如果新建筑物基础必须在旧建筑物基础底面之下时，两基础应保持一定距离。一般情况下可取两基础底面高差的 $1 \sim 2$ 倍，即 $L=(1 \sim 2)H$，如图 3-5 所示。

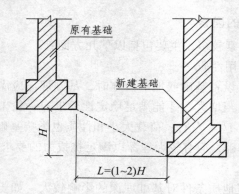

图 3-5　基础埋深与相邻基础的关系

影响基础埋置深度的因素较多，在设计时这些影响因素要同时考虑，做到既坚固耐久又经济节约。

3.2.2　基础的类型与构造

1. 按材料及受力特点分类

（1）无筋扩展基础

无筋扩展基础是由砖石、毛石、素混凝土、灰土等刚性材料制作的基础，这种基础抗压强度高而抗拉、抗剪强度低，也称为刚性基础。为满足地基容许承载力的要求，需要加大基础底面积，基底宽 B 一般大于上部墙宽。但当基础 B 宽度过大，挑出部分 b 很长时，如果基础又没有足够的高度 H，因为刚性材料的抗拉、抗剪强度低，基础就会因为弯曲或剪切而破坏。

为了保证基础不因受拉、受剪、受弯破坏，基础底面的放大应根据材料的刚性角决定。刚性角是指基础放宽的引线与墙体垂直线之间的夹角，用 α 表示，如图 3-6 所示。刚性角可以用基础放阶的级宽与级高之比值来表示，即 b/H。不同材料和不同基底压力应选用不同的宽高比（见表 3-1）。

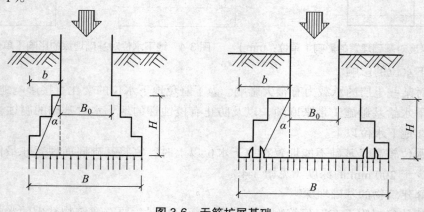

图 3-6　无筋扩展基础

表 3-1　基础台阶宽高比的允许值

基础材料	质量要求	台阶宽高比的允许值		
		$P_k \leqslant 100$	$100 < P_k \leqslant 200$	$200 < P_k \leqslant 300$
混凝土基础	C15 混凝土	1：1.0	1：1.0	1：1.0
毛石混凝土基础	C15 混凝土	1：1.0	1：1.25	1：1.5
砖基础	砖不低于 MU10、砂浆不低于 M5	1：1.5	1：1.5	1：1.5
毛石基础	砂浆不低于 M5	1：1.25	1：1.5	—
灰土基础	体积比为 3：7 或 2：8 的灰土，其最小干密度：粉土 1.55 t/m³、粉质黏土 1.50 t/m³、黏土 1.45 t/m³	1：1.25	1：5	—
三合土基础	体积比为 1：2：4～1：3：6（石灰：砂：骨料），每层约虚铺 220 mm，夯至 150 mm	1：1.50	1：2.00	—

注：其中 P_k 为承载力设计值，单位为：kPa。

　　砖基础大放脚的做法一般采用每两皮砖挑出 1/4 砖长或每两皮砖挑出 1/4 与一皮砖挑出 1/4 砖长相间砌筑。

　　混凝土基础的断面可以做成矩形、阶梯形和锥形。当基础宽度小于 350 mm 时，多做成矩形；大于 350 mm 时，多做成阶梯形。

　　（2）扩展基础

　　当建筑物的荷载较大，而地基承载能力较小时，基础底面必须加宽，如果仍需要采用混凝土材料做基础，由于刚性角的影响，势必加大基础的深度，这样很不经济。如果在混凝土基础的底部配以钢筋，采用钢筋来受拉力，使基础底部能够承受较大的弯矩，不受刚性角的限制而可以在不加深基础埋深的情况下扩大底面面积，这种基础称为扩展基础，也称为柔性基础，如图 3-7 所示。

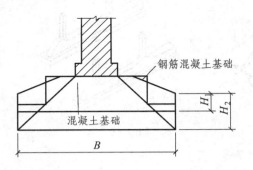
（a）混凝土与钢筋混凝土基础比较

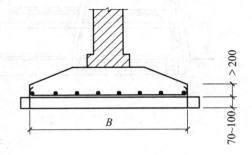
（b）钢筋混凝土基础构造（单位：mm）

图 3-7　扩展基础

2. 按基础的形式分类

　　（1）独立基础

　　当建筑物上部结构采用框架结构或单层排架及门架结构承重时，其基础常采用方形或矩形的单独基础，这种基础称独立基础或柱式基础，常用断面形式有阶梯形、锥形、杯形（见图 3-8）。地基承载力不低于 80 kPa 时，其材料通常采用钢筋混凝土、素混凝土等。其优点是土方工程量少，便于地下管道穿越，节约基础材料。但基础相互之间无联系，整体刚度差，因此一般适用于土质均匀、荷载均匀的骨架结构建筑中。

目前，在工业建筑和一些框架结构的民用建筑中常用到杯形基础，杯形基础主要用作装配式钢筋混凝土柱的基础，形式有一般杯形基础、双杯口基础、高杯口基础等，如图 3-8（b）所示。

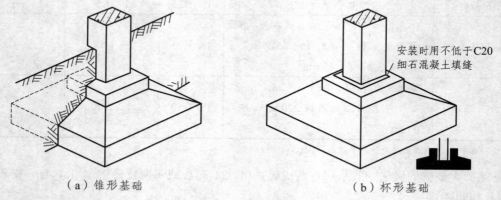

（a）锥形基础　　　　　　　　　（b）杯形基础

图 3-8　独立基础

（2）条形基础

条形基础为连续的长条带形，也称为带形基础。当建筑物上部结构采用墙承重时，基础沿墙身设置，多做成长条形，这类基础称为条形基础或带形基础，如图 3-9 所示。常用砖、石、灰土、素混凝土等建造，当地基容许承载力较小、荷载较大时，承重墙下也可采用钢筋混凝土条形基础。条形基础分墙下条形基础和柱下条形基础。

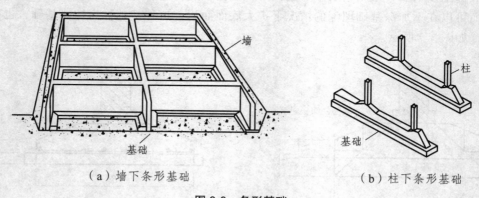

（a）墙下条形基础　　　　　　　　（b）柱下条形基础

图 3-9　条形基础

为增加基底面积或增强整体刚度，以减少不均匀沉降，常用钢筋混凝土条形基础，将各柱下基础用基础梁相互连接成一体，形成井格基础，如图 3-10 所示。

（3）筏形基础

当地基条件较弱或建筑物的上部荷载较大，如采用简单条形基础或井格基础不能满足要求时，常将墙或柱下基础连成一片，使其建筑物的荷载承受在一块整板上，成为筏形基础，也称为满堂基础。

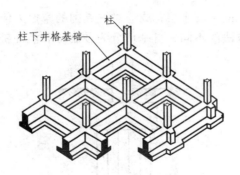

图 3-10　井格基础

筏形基础有平板式和梁板式两种，如图 3-11 所示，前者板的厚度大，构造简单，后者板的厚度较小，但增加了双向梁，构造较复杂。筏形基础的选型应根据工程地质、上部结构体系、柱距、荷载大小，以及施工条件等因素确定。

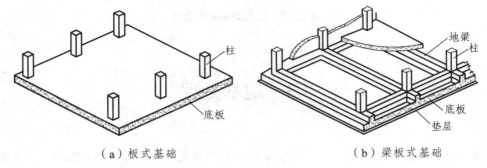

（a）板式基础　　　　　　　　　　　（b）梁板式基础

图 3-11　筏板基础

（4）箱形基础

当建筑物上部荷载很大、高度较高，且地基承载力较小时，基础需要深埋。为了减少基础回填土方工程量及充分利用地下空间，常用钢筋混凝土将基础四周的底板、顶板和纵横墙浇注成整体刚度很大的盒子状，如图 3-12 所示。这种基础整体性和刚度都好，且抗震性能好，有地下空间可以利用，可用于特大荷载且需设地下室的建筑。

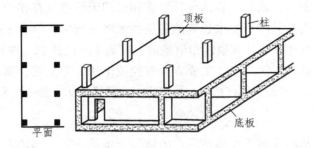

图 3-12　箱形基础

（5）桩基础

当建筑物荷载很大、地基土层很弱，地基容许承载力不能满足要求时，建筑物可采用桩基。桩基常被称为桩基础，是人工地基加固的一种方式，如图 3-13 所示。桩基础的作用是将荷载通过桩传递给埋藏较深的坚硬土层，或通过桩周围的摩擦力传给地基。前者称为端承桩，后者称为摩擦桩。按施工方法的不同，桩基可分为预制桩和灌注桩两大类。

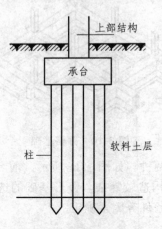

图 3-13　桩基础组成示意图

3.3　地基处理

当软土地基不能满足承载力或稳定要求时，对地基进行加固是有效的措施。加固的方法很多，根据其原理大体上分为两类。第一类方法的原理是减少或减小土体中的孔隙，使土颗粒尽量靠拢，从而减少压缩性，提高强度，如换填法、预压法、夯实法、振动水冲法、挤密桩法、砂石桩法等。第二类方法的原理是用各种胶结剂把土颗粒胶结起来，如深层水泥搅拌法、旋喷法、灌浆法等。

软土的加固方法很多，而且尚在发展，各种方法都有它的适用范围和局限性，选用何种方法，必须进行技术经济综合考虑。在选择地基处理方案前，应搜集详细的工程地质、水文地质及地基基础设计资料；根据工程的设计要求和采用天然地基存在的主要问题，确定地基处理的目的、处理范围和处理后要求达到的各项技术经济指标；结合工程情况，了解本地区地基处理经验和施工条件以及其他地区相似场地上同类工程的地基处理经验和使用情况等。

目前国内外地基处理方法众多，主要方法有换填土法、夯实法、预压法、挤密桩法、振冲法、高压喷射注浆法、水泥土搅拌法等。本节重点介绍换填法、强夯法和水泥土搅拌桩法。

1. 换填土法

换填土法就是将基础底面下处理范围内的软弱土层部分或全部挖去，然后分层换填强度较高、性能稳定和无侵蚀性的材料，并夯压或振实至设计要求的密实。

换填材料应选用强度较高、压缩性小、透水性良好、比较容易密实，而且料源丰富的材料。常用的垫层材料有砂石（包括碎石、卵石、角砾、圆砾、砾砂、粗砂、中砂、石屑等）、粉质黏土、灰土、粉煤灰、矿渣、其他工业废渣以及土工合成材料等。

2. 强夯法

夯实法有重锤夯实法和强夯法。强夯法是一种将夯锤从高处自由落下，给地基以强大的冲击能量，在冲击波和压应力的作用下，迫使土体中孔隙压缩，排除孔隙中的气和水，使土粒重新排列，迅速固结，从而提高地基土的强度并降低其压缩性的地基加固方法，如图 3-14。

（a）履带式起重机　　　　　　（b）起重机加龙门架　　　　　（c）起重机加辅助桅杆

图 3-14　强夯起重设备

3. 水泥土搅拌法

水泥土搅拌法是利用水泥或石灰作为固化剂，通过特制的搅拌机械，在地基深处就地将软土和固化剂（浆液或粉体）强制搅拌，固化剂和软土之间会产生一系列物理化学反应，使软土硬结成具有整体性、水稳定性和一定强度的地基，与天然地基形成复合地基，从而提高地基承载力，增大变形模量，如图 3-15 所示。

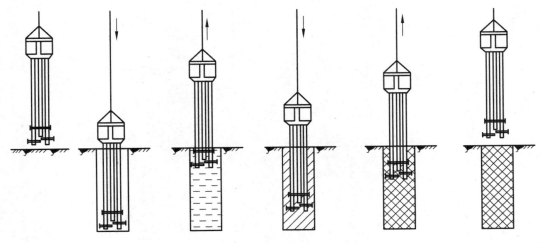

（a）定位　（b）预搅下沉　（c）喷浆搅拌提升　（d）重复搅拌下沉　（e）重复搅拌提升　（f）形成加固体

图 3-15　水泥土搅拌法施工过程

思考 与 练习题

3-1 什么是地基和基础？地基和基础有何区别？

3-2 什么是基础的埋深？其影响因素有哪些？

3-3 基础按构造形式分为哪几类？一般适用于什么情况？

3-4 筏板基础的构造要求？

3-5 箱形基础的构造要求？

3-6 桩基础由哪些部分组成？其构造要求有哪些？

3-7 地基处理的方法有哪些？

4 建筑工程与构造

知识目标

1. 了解墙体的类型及承重布置方案；

2. 了解墙体的组砌方式；

3. 掌握墙体的细部构造；

4. 了解楼板层及地坪层的组成；

5. 掌握钢筋混凝土楼板的构造特点和适用范围；

6. 掌握楼地面装修做法；

7. 了解阳台形式及承重结构布置；

8. 掌握平屋顶的组成、排水方式；

9. 掌握平屋顶的防水构造做法；

10. 了解楼梯的分类、组成和各种楼梯的尺度；

11. 掌握钢筋混凝土楼梯的构造；

12. 掌握门、窗的类型以及门窗的开启方式；

13. 掌握门窗的尺寸；

14. 了解变形缝的概念；

15. 掌握伸缩缝、沉降缝和防震缝的作用、设置原则。

能力目标

1. 能够熟练识读墙体细部构造图；

2. 能够熟练识读、绘制楼板层及地面的构造图；

3. 能够很熟练地阐述平屋顶常见的防水做法；

4. 能够熟练识读楼梯、台阶与坡道的构造图；

5. 能够熟练地阐述现浇整体式钢筋混凝土楼梯构造；

6. 能熟练识读变形缝常见构造的做法图。

学前导读

建筑是土木工程的重要组成部分，建筑分为建筑物和构筑物，建筑物是供人们进行生产、生活、工作、娱乐或其他活动的房屋或场所，如住宅、学校、医院、厂房、商场、办公大楼等。而建筑的构造包括了基础、墙体、楼板层、楼梯、屋顶、楼梯、门窗和变形缝等。

4.1 建筑工程

4.1.1 建筑的基本概念

1. 建 筑

建筑是人们为了满足社会生活需要，利用所掌握的物质技术手段，并运用一定的科学规律、风水理念和美学法则创造的人工环境。从广义上来说，建筑既表示建筑工程或土木工程的营建活动，又表示这种活动的成果，即建筑物和构筑物。有时建筑也泛指某种抽象的概念，如隋唐建筑、现代建筑、哥特式建筑等。这里需要指出的是，日常我们所说的建筑，通常是指建筑物。

2. 建筑物

建筑物是供人们进行生产、生活、工作、娱乐或其他活动的房屋或场所，如住宅、学校、医院、厂房、商场、办公大楼等。

3. 构筑物

构筑物是为某种工程目的而建造的，人们一般不直接在其内部进行生产、生活、工作、娱乐等活动的场所，如电视塔、水塔、烟囱、桥梁、纪念碑等。

4.1.2 建筑的分类

1. 按使用性质划分

根据建筑的使用性质，可将建筑分为居住建筑、公共建筑、工业建筑和农业建筑四大类。居住建筑和公共建筑通常统称为民用建筑。

（1）居住建筑

居住建筑主要是指提供人们进行家庭和集体生活起居用的建筑物，如住宅、宿舍、公寓、别墅等。

（2）公共建筑

公共建筑主要是指提供人们进行各种社会活动的建筑，包括行政办公建筑，如机关、企业单位的办公楼等；文教建筑，如学校、图书馆、文化宫、文化中心等；托教建筑，如托儿所、幼儿园等；科研建筑，如研究所、科学实验楼等；医疗建筑，如医院、诊所、疗养院等；商业建筑，如商店、商场、购物中心、超级市场等；观览建筑，如电影院、剧院、音乐厅、影城、会展中心、展览馆、博物馆等；体育建筑，如体育馆、体育场、健身房等；旅馆建筑，如旅馆、宾馆、度假村、招待所等；交通建筑，如航空港、火车站、汽车站、地铁站、水路客运站等；通信广播建筑，如电信楼、广播电视台、邮电局等；园林建筑，如公园、动物园、植物园、亭台楼榭等；纪念性建筑，如纪念堂、纪念碑、陵园等。

（3）工业建筑

工业建筑主要是指为工业生产服务的各类建筑，如生产车间、辅助车间、动力用房、仓储建筑等。

（4）农业建筑

农业建筑主要是指用于农业、牧业生产和加工的建筑，如温室、畜禽饲养场、粮食与饲料加工站、农机修理站等。

2. 按建筑规模划分

（1）大量性建筑

大量性建筑主要是指量大面广、与人们生活密切相关的那些建筑，如住宅、学校、商店、医院、中小型办公楼等。

（2）大型性建筑

大型性建筑主要是指建筑规模大、耗资多、影响较大的建筑，与大量性建筑相比，其修建数量有限，但这些建筑在一个国家或一个地区具有代表性，对城市的面貌影响很大，如大型火车站、航空战、大型体育馆、博物馆、大会堂等。

3. 按建筑层数划分

根据《民用建筑设计通则》（GB 50352—2005），将民用建筑分为以下几种：

低层建筑：1～3层的建筑。

多层建筑：4～6层的建筑。

中高层建筑：7～9层的建筑。

高层建筑：超过一定高度和层数的多层建筑。

世界上对高层建筑的规定各有差异，我国《民用建筑设计通则》（GB 50352—2005）规定，高层建筑是指10层及10层以上的居住建筑，以及建筑高度超过24 m的其他民用建筑（不包括建筑高度大于24 m的单层公共建筑）。

超高层建筑：建筑高度大于100 m的民用建筑。

4. 按建筑结构材料划分

根据组成建筑结构的主要建筑材料来划分，建筑可分为钢结构、混凝土结构（包括素混凝土结构、钢筋混凝土结构和预应力混凝土结构等）、钢-混凝土组合结构、砌体结构（包括砖砌体结构、砌块砌体结构、石砌体结构）、木结构、索-膜结构、薄膜充气结构等。

5. 按建筑结构体系划分

根据组成建筑结构的主要结构体系来划分，建筑可分为墙体结构、框架结构、筒体结构、错列桁架结构（交错桁架结构）、拱结构、空间薄壳结构、空间折板结构、网架结构、钢索结构，如图4-1所示。

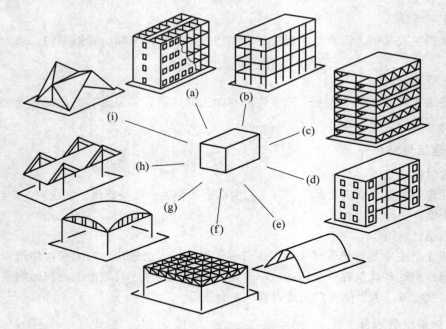

图 4-1　房屋主体结构的各种形式示意

（a）墙体结构（b）框架结构（c）错列桁架结构（d）筒体结构（e）拱结构
（f）网架结构（g）空间薄壳结构（h）钢索结构（i）空间折板结构

4.1.3　建筑的耐火等级

1. 燃烧性能

燃烧性能是指建筑材料燃烧或遇火时所发生的一切物理和化学变化，这项性能由材料表面的着火性和火焰传播性、发热、发烟、炭化、失重及毒性生成物的产生等特性来衡量。建筑材料的燃烧性能一般分为以下四类：

（1）不燃性

不燃性是指在空气中受到火烧或高温作用时不起火、不燃烧、不炭化的性质，如金属材料、无机矿物材料（混凝土、砖、石材）等。

（2）难燃性

难燃性是指在空气中受到火烧或高温作用时难起火、难燃烧、难炭化，当火源移走后燃烧或微燃状态立即停止的性质，如塑化刨花板、沥青混凝土、经防火处理的有机材料及灰板墙等。

（3）可燃性

可燃性是指在空气中受到火烧或高温作用时立即起火或微燃，且火源移走后仍能继续燃烧或微燃的性质，如木材、沥青及各种有机材料等。

（4）易燃性

易燃性是指在空气中受到火烧或高温作用时立即起火燃烧，并会助长火势蔓延和扩展的性质。易燃性建筑材料无任何阻燃效果，极易燃烧，火灾危险性很大，装修中大量使用的木地板、木墙裙、木吊顶、塑料制品、墙纸、布艺等装饰材料都属于易燃材料。

2. 耐火极限

耐火极限是指对任一建筑构件按时间-温度标准曲线进行耐火试验,从受到火的作用时起,到失去稳定性或完整性被破坏或失去隔火作用时为止的这段时间,用小时表示。

（1）失去稳定性的标志

构件在试验过程中失去支持能力或抗变形能力。

①外观判断:如墙发生垮塌;梁板变形大于 $L/20$;柱发生垮塌或轴向变形大于 $h/100$（mm）或轴向压缩变形速度超过 $3h/1\,000$（mm/min）;

②受力主筋温度变化:16Mn 钢,510 ℃。

（2）完整性被破坏的标志

适用于分隔构件,如楼板、隔墙等。失去完整性的标志:出现穿透性裂缝或穿火的孔隙。

（3）失去隔火作用的标志

适用于分隔构件,如墙、楼板等。失去隔火所用的标志为下列两个条件之一:

①试件背火面测温点平均温升达 140 ℃;

②试件背火面测温点任一点温升达 180 ℃。

（4）耐火极限判定条件的应用

建筑构件耐火极限的三个判定条件,实际应用时要具体问题具体分析。

①分隔构件（隔墙、吊顶、门窗）:失去完整性或绝热性;

②承重构件（梁、柱、屋架）:失去稳定性;

③承重分隔构件（承重墙、楼板）:失去稳定性或完整性或绝热性。

3. 耐火等级

建筑的耐火等级是由建筑材料的燃烧性能和建筑构件的耐火极限确定的,如表 4-1。

表 4-1　建筑的耐火等级

构件名称	耐火等级			
	一级	二级	三级	四级
	燃烧性能和耐火极限/h			
承重墙和楼梯间的墙	非燃烧体 3.00	非燃烧体 2.50	非燃烧体 2.50	难燃烧体 0.50
支撑多层的柱	非燃烧体 3.00	非燃烧体 2.50	非燃烧体 2.50	难燃烧体 0.50
支撑单层的柱	非燃烧体 2.50	非燃烧体 2.00	非燃烧体 2.00	燃烧体
梁	非燃烧体 2.00	非燃烧体 1.50	非燃烧体 1.00	难燃烧体 0.50
楼板	非燃烧体 1.50	非燃烧体 1.00	非燃烧体 0.50	难燃烧体 0.25
吊顶（包括吊顶格栅）	非燃烧体 0.25	非燃烧体 0.25	非燃烧体 0.25	燃烧体
屋顶的承重构件	难燃烧体 1.50	非燃烧体 0.50	燃烧体	燃烧体
疏散楼梯	非燃烧体 1.50	非燃烧体 1.00	非燃烧体 1.00	燃烧体
框架填充墙	非燃烧体 1.00	非燃烧体 0.50	非燃烧体 0.50	难燃烧体 1.00
隔墙	非燃烧体 1.00	非燃烧体 0.50	难燃烧体 0.50	非燃烧体 1.00
防火墙	非燃烧体 4.00	非燃烧体 4.00	非燃烧体 4.00	非燃烧体 4.00

4.1.4　建筑的设计使用年限

建筑的设计使用年限或者说建筑的耐久等级，根据《民用建筑设计通则》（GB 50352—2005）规定，可分为四个等级，如表 4-2 所示。

表 4-2　建筑物的设计使用年限

类别	设计使用年限	适用范围
1 类	5 年	临时性建筑
2 类	25 年	易于替换结构构件的建筑
3 类	50 年	普通建筑物和构筑物
4 类	100 年	纪念性建筑和特别重要的建筑

4.2　墙　体

4.2.1　墙体的类型及承重布置方案

4.2.1.1　墙体的类型

墙体是房屋的承重构件，也是围护构件。

1. 按墙的位置划分

墙体按在建筑物中的位置可分为内墙和外墙。内墙位于建筑物内部，主要是起分隔房间的作用；外墙是建筑物外界四周的墙，是外围护结构，起着围护室内房间不受侵袭的作用。位于房屋两端的横向外墙称为山墙；纵向檐口下的外墙称为檐墙；高出平屋面的外墙称为女儿墙。另外，按墙的布置方向，墙分为纵墙、横墙和山墙。沿建筑物长轴方向布置的墙称为纵墙；而沿短轴方向布置的称为横墙，外横墙称为山墙。窗与窗或门与窗之间的墙称为窗间墙，窗洞下边的墙称为窗下墙，如图 4-2 所示。

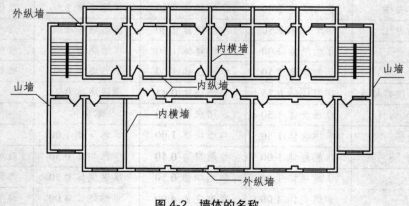

图 4-2　墙体的名称

2. 按受力状况划分

墙体按受力状况分为承重墙、非承重墙。直接承受上部传来荷载的墙称为承重墙；而不承受上部荷载的墙称为非承重墙，包括隔墙、填充墙和幕墙。自身重力由楼板或梁承受，只起分隔内部空间作用的墙称为隔墙；框架结构中填充柱子之间的墙称为框架填充墙；支承或悬挂在骨架、楼板间的外墙又为幕墙。

3. 按材料划分

（1）砖　墙

用作墙体的砖有黏土多孔砖、黏土实心砖、灰砂砖、焦渣砖等。

（2）加气混凝土砌块墙

加气混凝土是一种轻质材料，具有密度小、可切割、隔声、保温性能好等特点。这种材料多用于非承重的隔墙及框架结构的填充墙。

（3）石材墙

石材是一种天然材料，主要用于山区和产石地区。

（4）板材墙

板材以钢筋混凝土板材、加气混凝土板材为主。

（5）承重混凝土空心小砌块墙

这种墙的砌块采用 C20 混凝土制作，用于 6 层及以下的住宅。

4.2.1.2　墙体的承重布置方案

墙体在结构布置上有横墙承重、纵墙承重、纵横墙混合承重和部分框架承重等几种承重布置方案。

横墙承重时，纵墙只起到增强纵向刚度、围护和承受自重的作用。这种方案的优点：建筑整体性好，刚度大，对抵抗风力、地震作用等水平荷载有利；适用于房间开间尺寸不大，墙体位置比较固定的建筑，如宿舍、旅馆、住宅等小开间建筑，如图 4-3（a）所示。

纵墙承重时，可使房间布置较为灵活，但建筑物刚度较差；适用于有较大空间要求的建筑物，如教学楼、办公楼、图书馆等公共建筑，如图 4-3（b）所示。

混合承重时，平面布置较为灵活、建筑物刚度也较好，但板的类型偏多，板的铺设方向也不一致，给施工造成麻烦；适用于开间、进深尺寸变化较多的建筑物，如医院、幼儿园等，如图 4-3（c）所示。

部分框架承重时，梁一端搁在墙上，另一端搁在柱上；适用于建筑物内需要较大空间的情况，如大型超市、餐厅等，如图 4-3（d）所示。

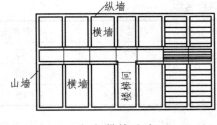

（a）横墙承重

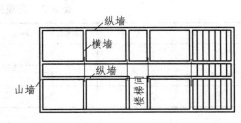

（b）纵墙承重

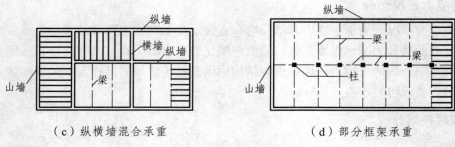

（c）纵横墙混合承重 （d）部分框架承重

图 4-3 墙体的结构布置

4.2.2 砖墙的构造

4.2.2.1 砖墙的基本尺度

墙体尺度指墙段厚度和墙段长度两个方向的尺度。确定墙体的尺度，除满足结构和功能要求外，还应符合砖的规格（砖模）。

我国标准黏土砖的规格为 240 mm×115 mm×53 mm，加上砌筑时所需灰缝尺寸（标准砖灰缝宽 10 mm，可以在 8 ~ 12 mm 之间进行调节）正好形成长：宽：厚=250：125：63=4：2：1 的比例关系，便于砌筑组合，如图 4-4 所示。标准黏土砖常见的墙体厚度名称见表 4-3 所示。

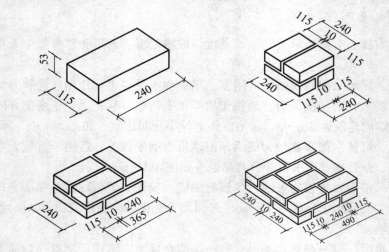

图 4-4 标准砖的尺寸关系（尺寸单位：mm）

表 4-3 常见的墙体厚度名称

墙厚名称	习惯称呼	实际尺寸/mm	墙厚名称	习惯称呼	实际尺寸/mm
半砖墙	12 墙	115	一砖半墙	37 墙	365
3/4 砖墙	18 墙	178	二砖墙	49 墙	490
一砖墙	24 墙	240	二砖半墙	62 墙	615

洞口尺寸指门窗洞口，其尺寸应按模数协调统一标准制定，这样可以减少门窗规格，一

般情况下 1 000 mm 以内的洞口尺寸采用基本模数 100 mm 的倍数，如 600 mm、700 mm、800 mm、900 mm、1 000 mm，大于 1000 mm 采用扩大模数 300 mm 的倍数，如 1 200 mm、1 500 mm、1 800 mm 等。

4.2.2.2 砖墙的细部构造

墙体的细部构造包括勒脚、散水、明沟、窗台、门窗过梁、圈梁及构造柱等。

1. 勒 脚

勒脚是建筑物四周与室外地面接近的那部分墙体。通常其高度为室内地坪与室外地面高差部分，有时也将勒脚提高到底层窗台。勒脚主要起到加固墙身，防止外界机械作用力碰撞破坏；保护近地面处的墙体，防止地表水、雨雪、冰冻对墙脚的侵蚀；增强建筑物立面美观的作用。由于受外界的碰撞和雨雪的侵蚀，所以必须在构造上采取相应的防护措施，包括抹灰、贴面和石砌，如图 4-5 所示。

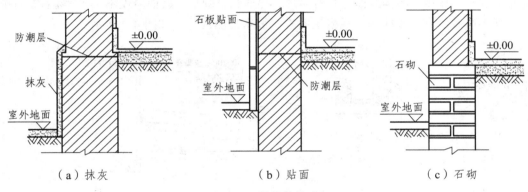

（a）抹灰　　　　　　　（b）贴面　　　　　　　（c）石砌

图 4-5 勒脚的做法

2. 散水和明沟

为了防止雨水对墙基的侵蚀，常在外墙四周将地面做成向外倾斜的坡面，以便将雨水排至远处，这一坡面称散水或护坡。散水坡度向外设 3%～5%，宽度与屋顶的排水方式有关。对于有组织排水，散水宽度为 600～1 000 mm；对于无组织排水，当不设明沟时，散水宽度比屋顶挑檐宽出 200 mm，如图 4-6（a）所示。

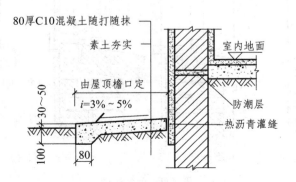

（a）混凝土散水构造

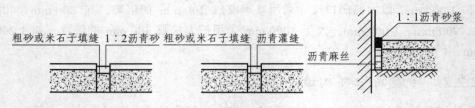

（b）散水伸缩缝构造

图 4-6　散水的做法

为了防止由于建筑物沉降和土壤冻胀使墙基与散水交接处开裂，在构造上要求散水与外墙交接处设通长缝，缝宽 10 mm，散水沿纵向每隔 6～12 m 需设伸缩缝一道，缝宽 20 mm，以适应材料伸缩、温度变化、土壤变化的影响。缝内满填沥青胶泥，以防渗水，如图 4-6（b）所示。

明沟又称阳沟，位于外墙四周，将雨水有组织地导向地下排水井，并通过下水道排走，起到保护墙基的作用。明沟断面通常有矩形、梯形和半圆形，底面应设不小于 1% 的纵向排水坡度。其构造做法有砖砌明沟、混凝土明沟、散水加明沟等，如图 4-7 所示。

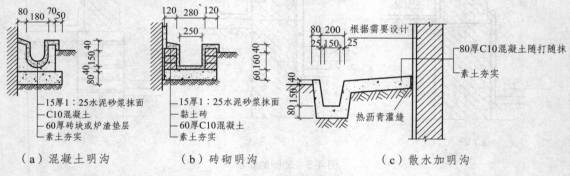

（a）混凝土明沟　　　（b）砖砌明沟　　　　　　（c）散水加明沟

图 4-7　明沟的做法

3. 窗　台

窗台是指窗洞口下部设置的防水构造。以窗框为界，位于室外一侧的称为外窗台，位于室内一侧的称为内窗台，如图 4-8 所示为几种常见窗台示例。

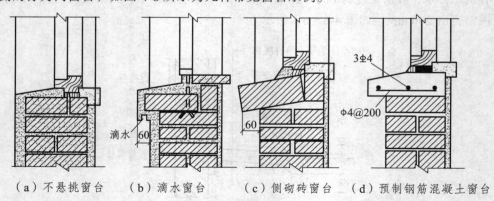

（a）不悬挑窗台　　（b）滴水窗台　　（c）侧砌砖窗台　　（d）预制钢筋混凝土窗台

图 4-8　窗台构造

外窗台应设置排水构造。外窗台应有不透水的面层，并向外形成不小于 20% 的坡度，以利于排水。外窗台有悬挑窗台和不悬挑窗台两种。悬挑窗台常采用丁砌一皮砖出挑 60 mm 或将一砖侧砌并出挑 60 mm，也可采用钢筋混凝土窗台。悬挑窗台底部边缘处抹灰时应做宽度和深度均不小于 10 mm 的滴水线或滴水槽或滴水斜面（俗称鹰嘴）。

4. 过 梁

当墙体上开设门、窗洞口时，为了支撑洞孔上部砌体传来的荷载，并将这些荷载传给窗间墙，常在门、窗洞口上方设置的水平承重构件即横梁，这种梁称为过梁。常见的过梁有砖拱过梁、钢筋砖过梁和钢筋混凝土过梁。

（1）砖拱过梁

砖拱过梁有平拱和弧拱两种。用砖竖立和侧立砌筑的过梁称砖砌平拱过梁。砖砌过梁截面计算高度内的砂浆强度等级不宜低于 M5，砖砌平拱用竖砖砌筑部分的高度不应小于 240 mm，砌筑时将灰缝砌筑成上宽下窄，同时将中间砖块提高跨度的 1/50 左右，即为起拱，待受力下陷后即成为水平。砖砌平拱过梁的跨度不应超过 1.2 m，如图 4-9 所示。

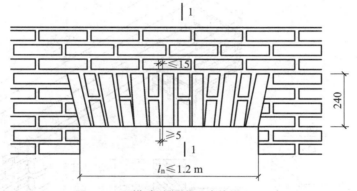

图 4-9　平拱砖过梁（尺寸单位：mm）

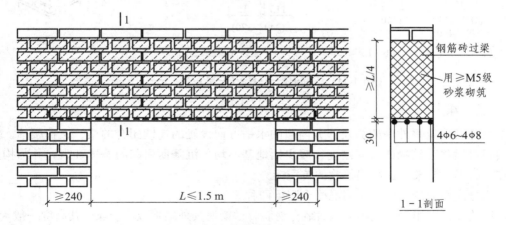

图 4-10　钢筋砖过梁（尺寸单位：mm）

（2）钢筋砖过梁

钢筋砖过梁是配置了钢筋的平砌砖过梁，砌筑形式与墙体一样，一般用一顺一丁或梅花丁。通常将间距小于 120 mm 的 φ6 钢筋埋在梁底部 30 厚 1∶2.5 的水泥砂浆层内，钢筋伸入洞口两侧墙内的长度不应小于 240 mm，并设 90°直弯钩，埋在墙体的竖缝内。在洞口上部不小于 1/4 洞口跨度的高度范围内（且不应小于 5 皮砖），用强度等级不低于 M5.0 的水泥砂浆砌筑。钢筋砖过梁净跨宜≤1.5 m，如图 4-10 所示。钢筋砖过梁适用于跨度不大、上部无集中荷载的洞口上。

（3）钢筋混凝土过梁

对有较大振动荷载或可能产生不均匀沉降的房屋，或过梁跨度大于 1.5 m 时，都应采用钢筋混凝土过梁。一般过梁宽度同墙厚，高度及配筋应由计算确定，梁高与砖的皮数相适应。过梁在洞口两侧伸入墙内的长度应不小于 250 mm。对于外墙中的门窗过梁，在过梁底部抹灰时要注意做好滴水处理。

过梁的断面形式有矩形和 L 形，如图 4-11 所示。矩形多用于内墙和混水墙，L 形多用于外墙和清水墙。在寒冷地区，为防止钢筋混凝土过梁产生冷桥问题，也可将外墙洞口的过梁断面做成 L 形或组合式过梁。

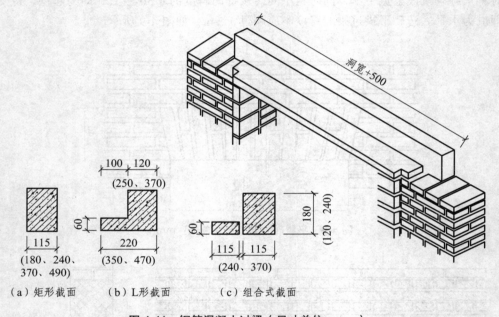

（a）矩形截面　　（b）L形截面　　（c）组合式截面

图 4-11　钢筋混凝土过梁（尺寸单位：mm）

5. 圈 梁

圈梁是沿建筑物外墙四周及部分内墙的水平方向设置的连续闭合的梁，又称腰箍。圈梁配合楼板可增强建筑物的整体刚度，减少因地基不均匀沉降而引起的墙体开裂，并与构造柱组合在一起形成骨架，提高建筑物的抗震能力。

圈梁分为钢筋砖圈梁和钢筋混凝土圈梁两种。

钢筋砖圈梁多用于非抗震地区，结合钢筋砖过梁使其外墙形成闭合梁。其高度一般为 4～6 皮砖，宽度与墙厚相同，用不低于 M5 级砂浆砌筑，如图 4-12 所示。绑扎接头的搭接长度按受拉钢筋考虑，箍筋间距不应大于 300 mm。如图 4-13（a）所示，圈梁必须是连续闭合的，但当遇有门窗洞口致使圈梁局部截断时，应在洞口上部增设相应截面的附加圈梁。附加圈梁与圈梁搭接长度不应小于其垂直间距的 2 倍，且不得小于 1 m，如图 4-13（b）所示。但对有抗震要求的建筑物，圈梁不宜被洞口截断。

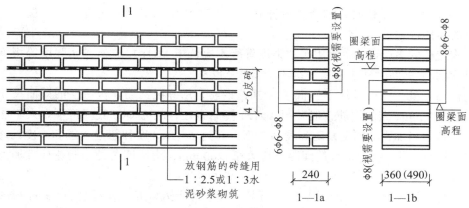

图 4-12　钢筋砖圈梁（尺寸单位：mm）

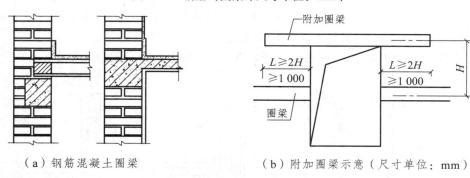

（a）钢筋混凝土圈梁　　　　　　（b）附加圈梁示意（尺寸单位：mm）

图 4-13　钢筋混凝土圈梁

6. 构造柱

在砌体房屋墙体的规定部位，按构造配筋，并按先砌墙后浇灌混凝土柱的施工顺序制成的马牙槎形的钢筋混凝土柱，通常称为构造柱，如图 4-14 所示。构造柱是从抗震角度考虑设置的，在 6 度及以上的地震设防区，用于增强建筑物的整体刚度和稳定性。构造柱一般设在建筑物的四角、外墙的错层部位、横墙与纵墙交接处、较大洞口两侧、较长墙段的中部及楼梯、电梯四角等。由于房屋的层数和地震烈度不同，构造柱的设置要求也有所不同。

图 4-14　墙体构造柱

钢筋混凝土构造柱应沿整个建筑物高度对正贯通，层与层之间的构造柱不能相互错位。

楼梯间、电梯间突出屋顶时，构造柱应伸到顶部，并与顶部圈梁连接构成一个整体，保证整个建筑物的整体性能。

设置构造柱的多层砖房，所用砖的强度等级不应低于 MU10，砌筑砂浆强度等级不应低于 M5，当配置水平钢筋时砂浆强度等级不应低于 M7.5。

构造柱的混凝土强度等级不应低于 C20，钢筋宜用Ⅱ级钢筋。构造柱的截面尺寸不应小于 240 mm×180 mm；纵向钢筋一般采用 4Φ12；箍筋直径一般为 Φ6，其间距不宜大于 250 mm，在柱上下端宜适当加密。抗震设防烈度为 7 度并超过 6 层，8 度并超过 5 层和 9 度的砖房，构造柱纵向钢筋宜采用 4Φ14，箍筋间距不应大于 200 mm，房屋四角处的构造柱宜加大截面及配箍。

构造柱与砖墙连接处，砖墙应砌成马牙槎。每个马牙槎高度不宜超过 300 mm 或 5 皮砖的高度。马牙槎凹凸应大于 60 mm，从每个楼层面开始，马牙槎应先凸槎后凹槎，如图 4-15 所示。构造柱沿墙高每隔 500 mm 设置 2Φ6 的水平拉结钢筋，每边伸入墙体不宜小于 1 m。如图 4-16 所示为构造柱配置拉结钢筋不同情况的构造。

构造柱不用单独设置基础，构造柱可与埋深小于 500 mm 的基础圈梁相连，或者伸入室外地面标高以下 500 mm。

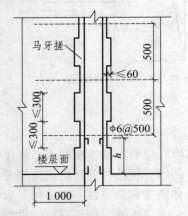

图 4-15　砖墙马牙槎构造（单位：mm）

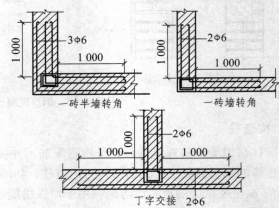

图 4-16　构造柱配置拉结钢筋（单位：mm）

4.3　楼板层与地坪层

4.3.1　楼板层与地坪层的组成

楼板层把作用于其上的各种荷载（人、家具等）传递给承重的墙或梁、柱，对墙体起水平支撑和加强结构整体性的作用。同时楼盖层也发挥了其他相关的物理性能，如防水、防火、保温、隔声等。

1. 楼板层的组成和要求

为了满足建筑的使用要求，楼板层通常由面层、结构层和顶棚三部分组成。有特殊要求时，可另设管道敷设、防水、隔声、保温等各种附加层，如图4-17所示。

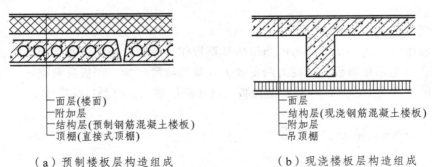

（a）预制楼板层构造组成　　　　（b）现浇楼板层构造组成

图4-17　楼板层的基本组成

2. 楼板的类型

根据使用的材料不同，楼板可分木楼板、砖拱楼板、钢筋混凝土楼板及压型钢板与钢梁组合的楼板等多种形式，如图4-18所示。

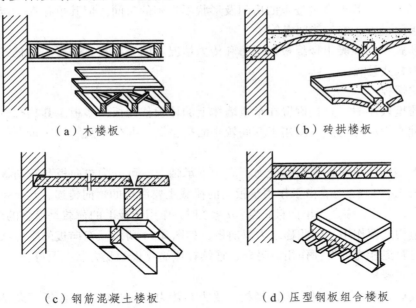

（a）木楼板　　　　　　　（b）砖拱楼板

（c）钢筋混凝土楼板　　　　　（d）压型钢板组合楼板

图4-18　楼板的类型

（1）木楼板

木楼板具有自重轻、保温性能好、构造简单等优点，但易燃、易腐蚀、易被虫蛀、耐久性差，且木材消耗量过大，不利于环保。所以，此种楼板越来越少采用，只在木材产区采用较多。

（2）砖拱楼板

砖拱楼板可以节约钢材、水泥和木材，曾在缺乏钢材、水泥的地区使用过。但其承载力差、不利于抗震，再加上施工麻烦，空间不完整，现在也很少使用。

（3）钢筋混凝土楼板

钢筋混凝土楼板是我国目前使用量最大的一种楼板，也是使用效果好和造价相对较低的一种楼板。它具有强度大、刚度好、耐久、防火、防潮、便于工业化和机械化施工等优点，其缺点是自重较大。

（4）压型钢板组合楼板

压型钢板组合楼板是用截面为凹凸形压型钢板作为底模，与浇混凝土面层组合形成的一种楼板结构。压型钢板楼板使结构的跨度加大、梁的数量减少、楼板自重减轻，加快了施工进度，是目前正在大力推广的一种新型楼板，已在高层建筑中得到广泛应用。

4.3.2　钢筋混凝土楼板

钢筋混凝土楼板按施工方法不同可分为现浇整体式、装配式和装配整体式三种。

4.3.2.1　现浇整体式钢筋混凝土楼板

现浇整体式钢筋混凝土楼板是指在现场支模、绑扎钢筋、浇灌混凝土形成的楼板结构。其优点是整体性好，抗震能力强，形状可不规则，可预留孔洞，布置管线方便。因此可以适应各种平面形式、有管道穿过楼板的房间及形状不规则的房间。但其也存在一定的缺点，如湿作业、模板用量大，施工速度慢等。

现浇整体式钢筋混凝土楼板根据受力和传力情况不同分为板式楼板、梁板式楼板、无梁楼板和压型钢板式楼板。

（1）板式楼板

当房间跨度较小时，直接搁置在承重墙体上的楼板称为板式楼板。其具有整体性好、板底面平整、隔水性好等特点，多用于开间较小的宿舍楼、办公楼及居住建筑中的厨房、卫生间、走廊等。

楼板一般是四边支承，根据其受力特点和支承情况，可分为单向板和双向板。当板的长边与短边边长比 $l_2/l_1 > 2$ 时，由于作用于板上的荷载主要沿板的短向传递，此时板的两个短边起的作用很小，因此，称之为单向板；当 $l_2/l_1 < 2$ 时，作用于板上的荷载是沿板的双向传递的，此时板的四边均发挥作用，因此称之为双向板，如图 4-19 所示。双向板的受力状态比单向板好，构件的材料更能充分发挥作用。另外，连续板比简支板的受力状态要好。

（2）梁板式楼板

当房间或柱距尺寸较大时，为使楼板的受力与传力较为合理，在楼板下设梁，以减小楼板的跨度和厚度，这时作用于楼板上的荷载传递方式为：板传递给梁，再由梁传递给承重墙或柱。这种楼板称为梁板式楼板。依梁的布置及尺寸等不同，有以下几种形式的梁板式楼板层。

① 主次梁式楼板。当房间尺寸较大时，梁板式楼板有时在纵横两个方向都设置梁，这时梁有主梁和次梁之分。一般主梁沿房间短跨方向布置，搁置在柱或墙上；次梁则垂直于主梁布置，由主梁支撑，板又由次梁支撑，次梁的间距就是板的跨度。主梁跨度一般为 5～8 m，次梁的跨度一般为 1.7～2.5 m，板厚不应小于 60 mm。

② 井格式楼板。当柱网或者房间接近方形，且跨度在 10 m 左右时，常采用主次梁相同截面的格子形成等间距的梁板结构，通常称为井格式楼板。井格的布置形式有正交和斜交式两种，可形成造型美观，跨度较大的中间无柱空间，如图 4-20 所示，一般用于公共建筑的门厅、大厅、会议室、小型礼堂等。

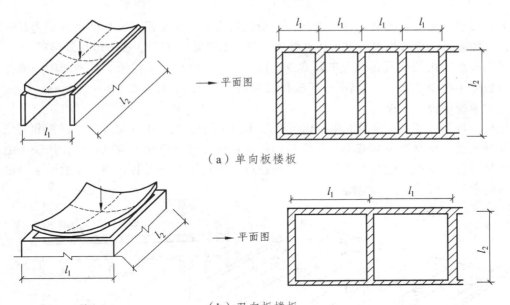

（a）单向板楼板

（b）双向板楼板

图 4-19　单向板和双向板示意图

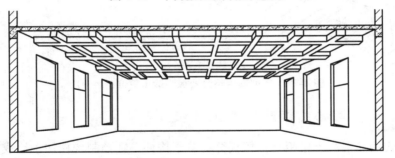

图 4-20　井格式楼板结构布置透视图

（3）无梁楼板

无梁楼板是指将等厚的钢筋混凝土楼板直接支承在柱上，楼板的四周支承在边梁上，边梁支承在墙上或边柱上，如图 4-21 所示。无梁楼板具有室内空间净空大、顶棚平整、施工简单等优点，适用于商店、仓库及书库等荷载较大的建筑中。

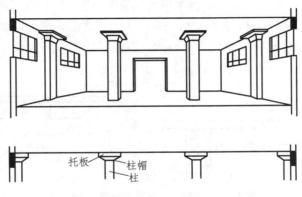

托板　柱帽　柱

图 4-21　无梁楼板

无梁楼板分为有柱帽和无柱帽两种。当荷载较大时，为了提高楼板的承载能力和刚度，必须设置柱帽，以免楼板厚度过大压坏柱顶。柱帽有锥形、方形、多边形和圆形等。

无梁楼板采用的柱网通常为正方形或接近正方形，这样较为经济。柱网间距一般在 6 m 左右，板厚不小于 120 mm，且不小于板跨的 1/35 ~ 1/32，一般采用 170 ~ 190 mm。

（4）压型钢板式楼板

压型钢板组合楼板（常见的压型钢板如图 4-22 所示）主要由钢梁、压型钢板和现浇混凝土三部分组成。压型钢板起着模板和受拉钢筋的双重作用，简化了施工程序，加快了施工速度，并且具有自重轻、刚度大等特点。此外还可以利用压型钢板肋间的空隙敷设室内电力管线从而利用了楼板结构中的空间。

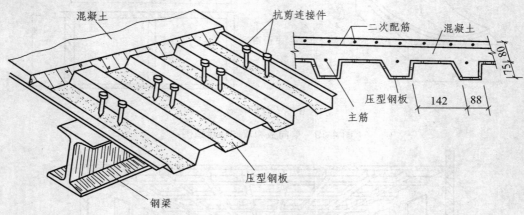

图 4-22　压型钢板组合楼板构造（单位：mm）

4.3.2.2　预制装配式钢筋混凝土楼板

预制装配式钢筋混凝土楼板是把楼板分为若干构件，在预制构件加工厂或施工现场先制作，然后在现场安装的钢筋混凝土楼板。这样能节省模板，并能改善构件制作时工人的劳动条件，有利于提高劳动生产率和加快施工进度，但楼板的整体性差，板缝嵌固不好时易出现通长裂缝。

常用的装配式钢筋混凝土楼板，根据其截面形式可分为实心平板、空心板、槽形板等。

（1）实心平板

实心平板板面平整、制作简单，但自重较大、隔声效果差，跨度一般在 2.4 m 以下，板厚 50 ~ 80 mm，板宽 500 ~ 900 mm。实心平板的跨度不宜过大，否则板厚要增加，其自重也会增加，极不经济，如图 4-23 所示。常用作走道板、卫生间楼板、阳台板、雨篷板，亦可用作架空搁板、管道盖板等。

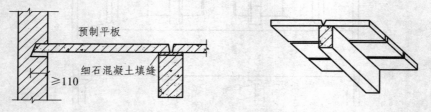

图 4-23　预制实心平板（单位：mm）

（2）空心板

预制空心板板面平整，板腹抽孔，孔洞形状有矩形、方形、圆形、椭圆形等，如图 4-24 所示。以圆孔板的制作最为简单方便，板的刚度较好，因此应用最为广泛。与实心平板相比，预制空心板具有经济性、隔声、隔热、刚度好等特点。空心板的厚度尺寸视板的跨度而定，一般多为 110～240 mm，宽度为 500～1 200 mm，跨度为 2.4～7.2 m，其中较为经济的跨度为 2.4～4.2 m。在安装时，空心板孔的两端常用砖或混凝土块填塞（俗称堵头），以免在板端灌缝时漏浆，同时保证支座处不被压坏。

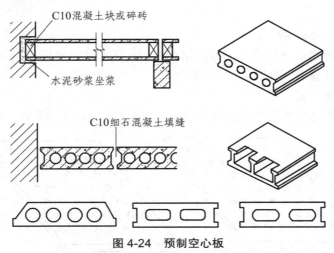

图 4-24　预制空心板

（3）槽形板

当板的跨度尺寸较大时，为了减轻板的自重，根据板的受力状况，可将板做成由肋和板构成的槽形板，即在实心板的两侧设有边肋，作用在板上的荷载都由边肋来承担，是一种板梁结合的构件，如图 4-25 所示。槽形板减轻了板的自重，具有节省材料、便于在板上开洞等优点，但隔声效果差。板跨度通常为 3～7.2 m，板宽为 500～1 200 mm，板肋高为 120～300 mm，板厚为 25～30 mm。槽形板正放常用作厨房、卫生间、库房等楼板。当对楼板有保温、隔声要求时，可考虑采用倒放槽形板。

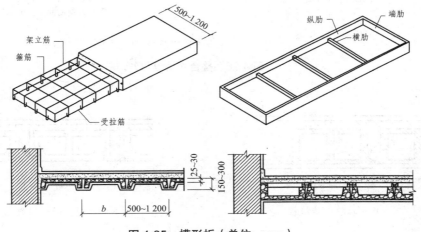

图 4-25　槽形板（单位：mm）

4.3.2.3　装配整体式钢筋混凝土楼板

装配整体式钢筋混凝土楼板是部分构件采用预制，其余部分采用现浇混凝土的办法使其连成一体的楼板层结构。它兼有现浇和预制的双重特点。但由于施工较麻烦，所以目前工程施工中应用不多。常见的有叠合式楼板、密肋空心砖楼板和预制小梁现浇板。

（1）叠合式楼板

叠合式楼板是将预制楼板吊装就位后再现浇一层混凝土叠合层与预制板连成整体的楼板，如图 4-26 所示。

（2）密肋空心砖楼板

密肋填充块楼板是指在填充块间现浇钢筋混凝土密肋小梁和面层而形成的楼板层，由密肋楼板和填充块叠合而成，如图 4-27（a）所示。

（3）预制小梁现浇板

预制小梁现浇板是在预制小梁上现浇混凝土板，小梁截面小而密排，如图 4-27（b）所示。

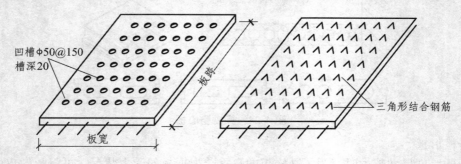

（a）板面处理

（b）叠合组合楼板构造

图 4-26　叠合式楼板

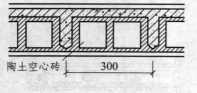

（a）密肋空心砖楼板

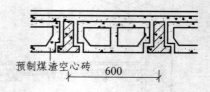

（b）预制小梁现浇板

图 4-27　叠合式楼板

4.3.3 楼地面

4.3.3.1 楼地面构造

楼地面的构造是指楼板层和地坪层的地面层的构造做法。面层一般包括表面面层及其下面的找平层两部分。楼地面的名称是以面层的材料和做法来命名的，如面层为水磨石，则该地面称为水磨石地面；面层为木材，则称为木地面。楼地面按其材料和做法可分为 4 大类型，即：整体类地面、块材类地面、粘贴类地面、涂料类地面。

1. 整体类地面

整体类地面面层没有缝隙，整体效果好，一般是整片施工，也可分区分块施工。其按材料不同有水泥砂浆地面、混凝土地面、水磨石地面及菱苦土地面等。

（1）水泥砂浆地面

水泥砂浆地面又称水泥地面，具有构造简单、坚固、防潮、防水、造价低等特点，并且容易在上面改做其他材料的面层，应用较广泛。但该地面表面冷硬、易起尘，有时会产生反潮现象。水泥砂浆地面有单层和双层做法。当前以双层水泥砂浆地面居多，如图 4-28 所示。

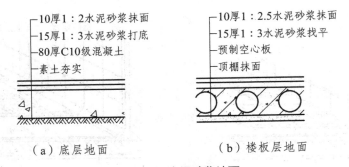

—10厚1:2水泥砂浆抹面
—15厚1:3水泥砂浆打底
—80厚C10级混凝土
—素土夯实

（a）底层地面

—10厚1:2.5水泥砂浆抹面
—15厚1:3水泥砂浆找平
—预制空心板
—顶棚抹面

（b）楼板层地面

图 4-28　水泥砂浆地面

（2）细石混凝土地面

细石混凝土地面的主要优点是经济、施工简单、不易起尘。为了增强楼板层的整体性和防止楼面产生裂缝和起砂，也可在混凝土垫层上做 30～40 mm 厚的 C20 细石混凝土层，在初凝时用铁滚滚压出浆水，抹平后，待其终凝前用铁板压光。如在内配置 $\phi4@200$，则可提高预制楼板层的整体性，满足抗震性。在细石混凝土内掺入一定量的三氯化铁，则可提高其抗渗性，成为耐油混凝土地面。

（3）水磨石地面

水磨石地面又称磨石子地面，性能与水泥砂浆地面相似，但是具有表面光洁、整体性好、不易起尘、防水、防潮等特点，常用于公共建筑中的大厅、走道等。

水磨石地面一般分为两层施工。先在刚性垫层或结构层上用 10～20 mm 厚的 1:3 水泥砂浆找平，然后在找平层上按设计图案嵌高 10 mm 的分格条（玻璃条、钢条、铝条等），并用 1:1 水泥砂浆固定，最后，将拌合好的水泥石屑浆铺入压实，浇水养护后磨光、打蜡，如图 4-29 所示。

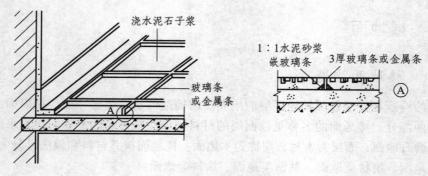

图 4-29 水磨石地面

2. 块材类地面

块材地面是利用各种预制块材或天然石材镶铺在砼垫层上的面层做法，也称镶铺地面。其优点是色彩多样，经久耐用，易保持清洁，主要用于人流大、耐磨损、清洁要求高或较潮湿的场所。

块材的材料类型较多，包括缸砖及陶瓷锦砖、陶瓷地砖、人造石板、天然石板和木地板等。常用的胶结材料有水泥砂浆、沥青胶及各种聚合物改性黏结剂。常见块料地面做法如图4-30 所示。

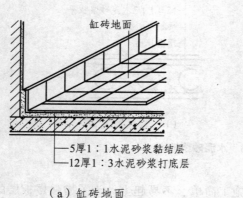

（a）缸砖地面

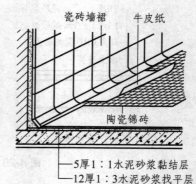

（b）陶瓷锦砖地面

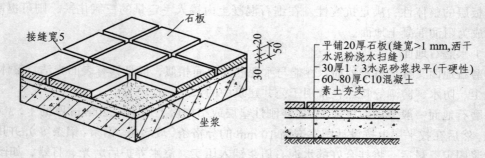

（c）大理石和花岗石地面（单位：mm）

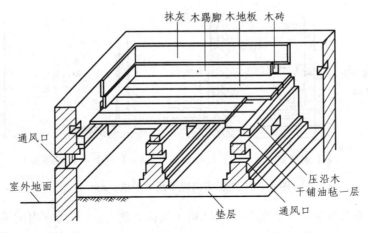

（d）空铺木地面

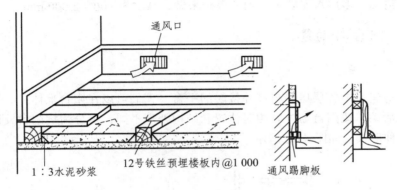

1：3水泥砂浆　　12号铁丝预埋楼板内@1 000　　通风踢脚板

（e）实铺式木地面

图 4-30　常见块料地面构造做法

3. 粘贴类地面

粘贴地面以粘贴卷材为主，这些材料表面美观、装饰效果好，具有良好的保温、消声性能，常见的有橡胶地毡、塑料地毡、地毯等。

4. 涂料类地面

涂料类地面是水泥砂浆或砼地面的表面处理方式，通常是为改善水泥砂浆或细石砼地面在质量上的不足，如易开裂、起尘、不美观等。涂料地面的特点是无缝、易清洁、耐磨、抗冲击、耐酸碱等。常见涂料包括水乳型、水溶型和溶剂型三类。

4.3.3.2　踢脚板与墙裙

地面与墙面交接处的垂直部位称为踢脚板，也叫踢脚线。其主要作用是遮盖墙面与地面的接缝，并保护墙面，防止污染。高度一般为 100～200 mm。踢脚板的材料一般与地面面层材料相同，常用的面层材料是水泥砂浆、水磨石、木材、缸砖、油漆等，但设计施工时应尽量选用与地面材料相一致的面层材料，如图 4-31 所示。

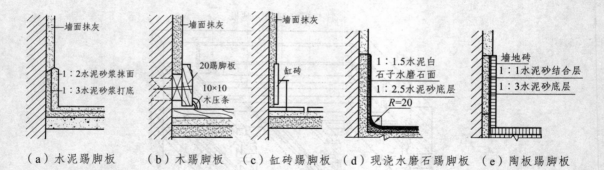

（a）水泥踢脚板　　（b）木踢脚板　　（c）缸砖踢脚板　　（d）现浇水磨石踢脚板　　（e）陶板踢脚板

图 4-31　踢脚板构造（尺寸单位：mm）

在墙体的内墙面所做的保护处理称为墙裙（又称台度）。一般居室内的墙裙，主要起装饰作用，常用木板、大理石板等板材来做，高度为 900~1 200 mm。卫生间、厨房的墙裙，作用是防水和便于清洗，多用水泥砂浆、釉面瓷砖来做，高度为 900~2 000 mm。

4.3.3.3　阳台与雨篷

1. 阳台

阳台是楼房建筑中各层房间与室外接触的平台。人们可以在阳台上休息、乘凉、晾晒衣服或进行其他活动。按阳台与外墙相对位置和结构处理不同，可分为挑阳台、凹阳台、半挑半凹阳台等几种形式，如图 4-32 所示。

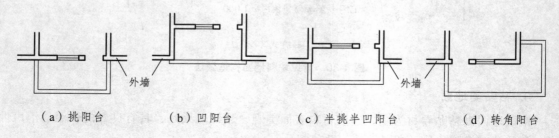

（a）挑阳台　　　　（b）凹阳台　　　　（c）半挑半凹阳台　　　　（d）转角阳台

图 4-32　阳台的类型

阳台的细部构造包括栏杆、扶手和排水孔。栏杆是在阳台外围设置的竖向构件，其作用是承担人们推倚的侧向力，以保证人的安全，也对建筑物起装饰作用。栏杆的高度应高于人体的重心，一般不宜低于 1 m，高层建筑不应低于 1.1 m，但不宜超过 1.2 m。栏杆按材料可分为砖砌、钢筋混凝土和金属栏杆；按阳台栏杆空透的情况不同有实体、空花和混合式之分。

由于阳台为室外构件，须采取措施保证地面排水通畅。阳台地面的设计标高应比室内地面低 30~50 mm，以防止雨水流入室内，并以不小于 1%的坡度坡向排水口。阳台排水有外排水和内排水两种：外排水是在阳台外侧设置泄水管将水排出，泄水管设置 ϕ40~ϕ50 镀锌铁管或塑料管水舌，外挑长度不小于 80 mm，以防雨水溅到下层阳台，如图 4-33（a），适用于低层和多层建筑；是在阳台内侧设置排水立管和地漏，将雨水直接排入地下管网，内排水适用于高层建筑和高标准建筑，如图 4-33（b）。

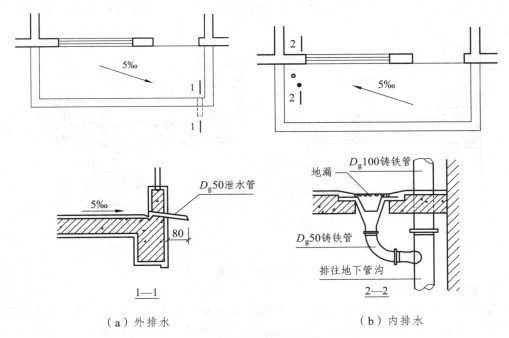

（a）外排水　　　　　　　　　　　（b）内排水

图 4-33　阳台排水构造

　　阳台承重结构通常是楼板的一部分，因此应与楼板的结构布置统一考虑。钢筋混凝土阳台可采用现浇或装配两种施工方式，如图 4-34 所示。

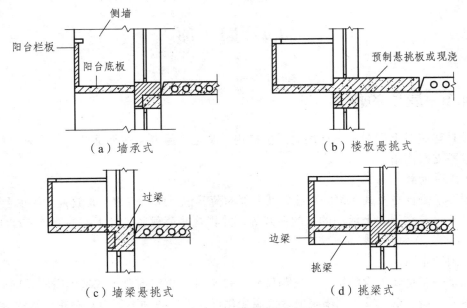

（a）墙承式　　　　　　　　　　　（b）楼板悬挑式

（c）墙梁悬挑式　　　　　　　　　（d）挑梁式

图 4-34　阳台的结构布置

2. 雨篷

（1）雨篷的形式

雨篷是设在建筑物出入口和顶层阳台上部用以遮挡雨水，使人们在雨天时作短暂停留而不被雨淋，并起到保护门和丰富建筑立面造型作用的结构。雨篷按结构形式不同，有板式和梁板式两种，如图 4-35 所示。

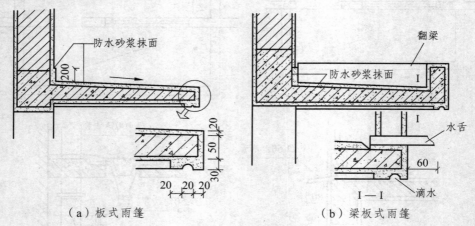

（a）板式雨篷　　　　　　　　　　（b）梁板式雨篷

图 4-35　雨篷

（2）雨篷的防水与排水

雨篷顶面应做好防水和排水处理，一般采用 20 mm 厚的防水砂浆抹面进行防水处理，防水砂浆应沿着墙面上升，高度不小于 250 mm，同时在板的下部边缘做滴水，防止雨水沿板底漫流。雨篷顶面需设置 1%的排水坡，并在一侧或双侧设排水管将雨水排除。为了立面需要，可将雨水由雨水管集中排除，这时雨篷外缘上部需做挡水边坎。

4.4　屋　顶

4.4.1　屋顶的作用

屋顶是建筑最上层起覆盖作用的围护结构，又是房屋上层的承重结构，同时对房屋上部还起着水平支撑作用。

（1）承受荷载

屋顶要承受自身及其上部的荷载，其上部的荷载包括风、雪和需要放置于屋顶上的设备、构件、植被以及在屋顶上活动的人的荷载等，并将这些荷载通过其下部的墙体或柱子，传递至基础。

（2）围护作用

屋顶是一个重要的围护结构，它与墙体、楼板共同作用围合形成室内空间，同时能够抵御自然界风、霜、雨、雪、太阳辐射、气温变化以及外界各种不利因素对建筑物的影响。

（3）造型作用

屋顶的形态对建筑整体造型有非常重要的作用，无论是中国传统建筑特有的"反宇飞檐"，还是西方传统建筑中各式坡顶的教堂、宫殿都成为了其传统建筑的文化象征，具有了符号化的造型特征意义。可见屋顶是建筑整体造型核心的要素之一，是建筑造型设计中最重要的内容。

4.4.2 屋顶的坡度和类型

1. 屋面的坡度

（1）屋顶坡度的表示方法

屋面的坡度可以用斜率法表示，即用屋顶高度与屋面板水平投影长度的比来表示，如 1：2、1：4、1：20、1：50 等；也可以用百分比法来表示，即用屋顶高度与屋面板水平投影长度的百分比数值来表示，如 $i=1\%$、$i=2\%\sim5\%$、$i=10\%$ 等；还可以角度法表示，即用屋面板与水平面形成的角度表示，如 15°、30°、45° 等，如图 4-36 所示。通常坡度＞10% 的称为坡屋顶，坡度≤10% 的称为平屋顶。

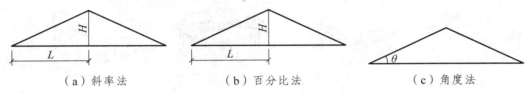

（a）斜率法　　　　　（b）百分比法　　　　　（c）角度法

图 4-36　屋顶坡度的表示方法

（2）屋顶坡度的形成方法

屋顶坡度的形成方法主要有材料找坡和结构找坡两种。

① 材料找坡又称垫置坡度或填坡，是指屋顶坡度由轻质材料在水平放置的屋面板上铺垫形成。常用的垫坡材料有水泥炉渣、石灰炉渣等。找坡层的厚度最薄处不小于 20 mm，屋面上铺设保温层时，常把轻质的保温材料铺垫形成一定坡度，这样在保证屋面具有保温隔热性能的同时形成了排水坡度。材料找坡不能用于坡度较大的屋顶，一般坡度宜为 2% 左右。

② 结构找坡又称搁置坡度或撑坡，是将屋面板搁置在下部形成倾斜角度的支撑结构上形成的。这种做法不需另设找坡层，屋面荷载小，构造简单，但是顶棚倾斜，顶层的室内空间不够规整。结构找坡宜用于单坡跨度大于 9 m 的屋面，坡度不应小于 3%。

2. 屋顶的类型

屋顶主要由屋面和支撑结构组成。常见的屋顶类型有平屋顶和坡屋顶，此外还有曲面等形式的屋顶，如图 4-37 所示。

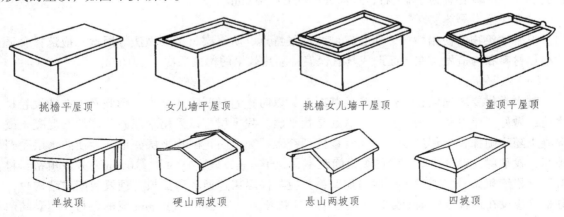

挑檐平屋顶　　　　女儿墙平屋顶　　　挑檐女儿墙平屋顶　　　盝顶平屋顶

单坡顶　　　　硬山两坡顶　　　　悬山两坡顶　　　　四坡顶

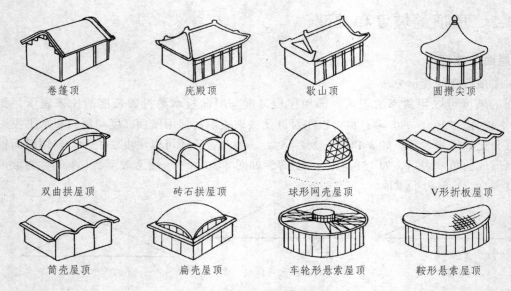

图 4-37　屋顶的类型

4.4.3　平屋顶构造

4.4.3.1　平屋顶的组成

平屋顶主要由屋面层（防水层）、结构层和顶棚层组成。此外，还要根据需要设置保温层、隔热层、保护层、找平层、找坡层等。

（1）结构层

平屋顶的结构形式以钢筋混凝土梁板结构较多，根据施工方式不同可以分为现浇式和预制式两种；若空间较大，可采用桁架、平板网架结构等结构形式。

（2）找坡层

在水平放置的屋面板上用水泥炉渣、石灰炉渣等轻质垫坡材料铺垫形成一定的坡度，即找坡层。一般坡度宜为2%左右，最薄处厚度 0～50 mm。

（3）保温、隔热层

根据建筑物的使用性质、所在区域的气候特点、防水层材料和做法等因素，应选择合适的绝热材料和构造做法在屋面形成具有保温、隔热效果的构造层次。

（4）找平层

防水卷材要求铺贴在坚固平整的基层上，以防止卷材凹陷或断裂，因此必须在铺设卷材之前，做好一个平整坚固的基层，这就是找平层。找平层可以采用水泥砂浆、细石混凝土或混凝土随浇随抹，水泥砂浆找平层宜掺抗裂纤维。为了防止因找平层变形开裂使防水层受到破坏，找平层应设分格缝，缝的纵横间距不宜大于 6 m，缝宽宜为 5～20 mm，并嵌填密封材料。分格缝兼做排气道时，可适当加宽，并应与保温层连通。屋面板为预置装配式结构时，分格缝应设在预置板的端缝处，一般缝上面应该覆盖一层 200～300 mm 宽的卷材，用黏结剂单边点贴，使分格缝处的卷材有较大的伸缩余地，避免开裂。

（5）结合层

在卷材与下部基层之间所做的一层胶质薄膜称为结合层，其作用是使卷材与基层黏结牢固并堵塞基层的毛孔，以减少室内潮气渗透，避免防水层出现鼓泡，破坏防水层。沥青类卷材通常用冷底子油作为结合层材料，高分子卷材则多用配套基层处理剂，也可采用冷底子油或稀释乳化沥青作为结合层材料。

（6）防水层

防水层是用一些能隔绝水的材料形成阻断水侵入的构造屏障，即在整个屋面形成一个完整的、封闭的不透水层以实现屋顶防水，这是屋顶防水的关键。

（7）隔离层

在刚性防水层、刚性保护层的下面，或是两道防水层之间，设置隔离层，以减少上下两个构造层次之间变形的互相不利影响，防止渗漏。隔离层一般采用低等级砂浆、纸筋灰、塑料薄膜、无纺布、粉砂和石灰浆等。

（8）保护层

为保护防水层不受日照、气候、人的活动等因素的作用老化破坏，延长防水层使用耐久年限，在防水层上设置一层起保护作用的构造层次。保护层材料可以采用浅色涂料、反射膜、砂石颗粒、蛭石云母粉、纤维纺织毯、水泥砂浆、块材等。

4.4.3.2 平屋顶的排水

排水是屋面的基本功能之一，也是屋顶构造设计的基本内容之一。屋面工程排水设计应遵循"合理设防、防排结合、因地制宜、综合治理"的原则。

屋顶的排水方式分为无组织排水和有组织排水两种。

（1）无组织排水

无组织排水是指设置一定屋面坡度，让雨水顺屋面坡度从檐口自然落至室外地面，因为不用天沟、雨水管等导流设施，所以又称自由落水。无组织排水构造简单、造价低廉，但是从檐口直接落下的雨水会溅湿勒脚，有风时会冲刷墙面，一般适用于层数低以及雨水少的地区，或是积灰较多的工业厂房。

（2）有组织排水

有组织排水是指根据屋面大小和形状把屋面分成若干排水区，按照一定的排水坡度把屋面雨水有组织地排入天沟、檐沟中，经雨水口排至雨水斗，再经雨水管排至地面，然后排入城市地下排水系统的一种排水方式。

雨水管设置于建筑物内部的称为内排水，雨水管设置于建筑物外部的称为外排水，因雨水管安装在室外，管道的使用和维修都不影响室内空间使用和美观，施工方便，大量民用建筑多采用外排水。常见的有组织排水形式如图 4-38 所示。

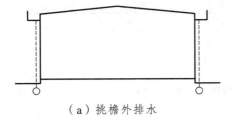

（a）挑檐外排水　　　　　　　（b）女儿墙外排水

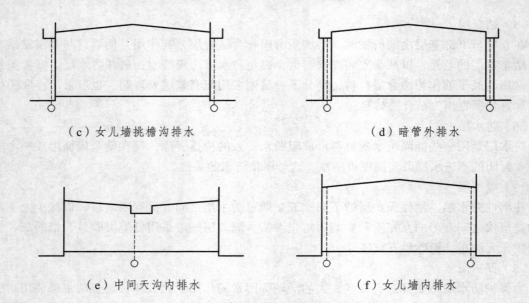

（c）女儿墙挑檐沟排水　　　　　　　　（d）暗管外排水

（e）中间天沟内排水　　　　　　　　　（f）女儿墙内排水

图 4-38　常见的有组织排水形式

通常采用檐沟外排水、女儿墙外排水及内排水构造做法，檐沟的形式和材料可根据屋面类型的不同有多种选择，如坡屋顶中可用钢筋混凝土、镀锌铁皮、石棉水泥等做成槽形或三角形天沟。平屋顶中可采用钢筋混凝土槽形天沟或采用找坡材料形成的三角形天沟。槽形天沟的净宽应≥200 mm，且沟底应分段设置纵向坡度（$i=0.5\% \sim 1\%$），天沟上口至分水线的距离应≥120 mm，如图 4-39、图 4-40 所示。

水落管按材料的不同有铸铁、镀锌铁皮、塑料、PVC 管等，目前多采用 PVC 塑料水落管，最常采用的是塑料和铸铁雨水管，其直径一般为 100 mm。雨水口的最大间距：檐沟外排水为 24 m，女儿墙外排水为 18 m。

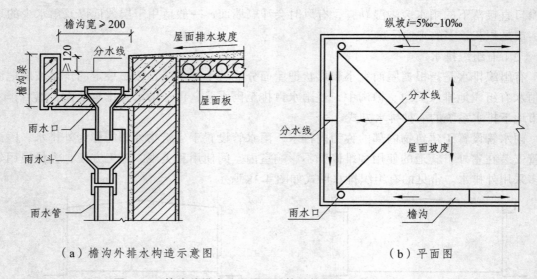

（a）檐沟外排水构造示意图　　　　　　　　（b）平面图

图 4-39　檐沟外排水（平屋顶挑檐结构形式，单位：mm）

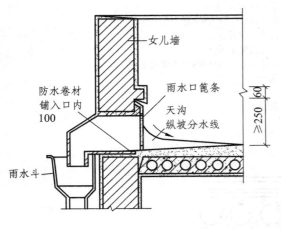

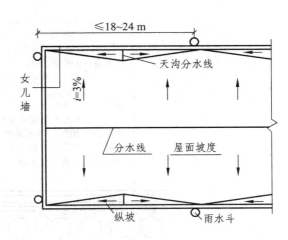

（a）女儿墙外排水构造示意图（单位：mm）　　　　　（b）平面图

图 4-40　女儿墙外排水

4.4.3.3　平屋顶的防水

平屋顶防水主要包括柔性防水和刚性防水。平屋顶的构造主要以屋面层（防水层）构造做法差异最大，其余构造层次做法变化不大。

1. 柔性防水

柔性防水是指将柔性的防水卷材或片材，用胶结材料粘贴在屋面上，形成一个大面积的封闭防水覆盖层，具有一定延伸性，能较好地适应结构温度变形，因此称柔性防水屋面，也叫卷材防水屋面。卷材防水屋面的基本构造层次有：找平层、结合层、防水层和保护层。常见的构造做法如图 4-41 所示。

保护层：20厚1：3水泥砂浆粘贴400 mm×400 mm×300 mm预制混凝土块
防水层：a.普通沥青油毡卷材（三毡四油）
　　　　b.高聚物改性沥青防水卷材（如SBS改性沥青卷材）
　　　　c.合成高分子防水卷材
结合层：a.冷底子油
　　　　b.配套基层及卷材胶黏剂
找平层：20厚1：3水泥砂浆
找坡层：按需要而设（1：8水泥炉渣）
结构层：钢筋混凝土板

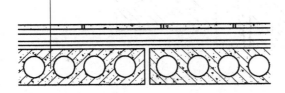

（a）上人屋面

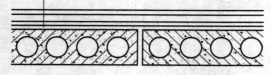

保护层：a.粒径3~5 mm绿豆砂（普通油毡）
　　　　b.粒径1.5~2 mm石粒或砂粒（SBS油毡自带）
　　　　c.氯丁银粉胶、乙丙橡胶的甲苯溶液加铝粉
防水层：a.普通沥青油毡卷材（三毡四油）
　　　　b.高聚物改性沥青防水卷材（如SBS改性沥青卷材）
　　　　c.合成高分子防水卷材
结合层：a.冷底子油
　　　　b.配套基层及卷材胶粘剂
找平层：20厚1:3水泥砂浆
找坡层：按需要而设（1:8水泥炉渣）
结构层：钢筋混凝土板

（b）不上人屋面

图 4-41　卷材防水屋面的构造层次和做法

防水卷材可以分为：沥青卷材、高聚物改性沥青卷材以及合成高分子防水卷材。

（1）沥青卷材

沥青防水卷材一般具有良好的耐水性、温度稳定性、强度、延展性、抗断裂性、柔韧性以及大气稳定性等性质。传统上用得最多的是纸胎石油沥青油毡。沥青油毡防水屋面的防水层容易产生起鼓、沥青流淌、油毡开裂等问题，从而导致防水质量下降和使用寿命缩短，近年来在实际工程中已较少采用。

（2）高聚物改性沥青卷材

高聚物改性沥青类防水卷材是以高分子聚合物改性沥青为涂盖层，纤维织物或纤维毡为胎体，粉状、粒状、片状或薄膜材料为覆面材料制成的可卷曲片状防水材料。改性材料一般为 APP、SBS（APAO）、PVC、再生橡胶和废胶粉等，胎体以聚酯纤维和玻璃纤维为主。

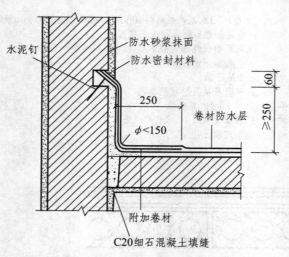

（a）屋面泛水构造（单位：mm）

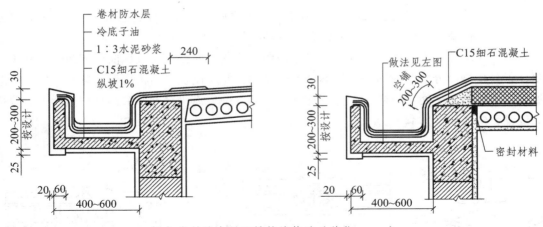

（b）卷材防水屋面挑檐沟构造（单位：mm）

图 4-42　柔性防水屋面细部构造

（3）合成高分子防水卷材

凡以各种合成橡胶、合成树脂或二者的混合物为主要原料，加入适量化学助剂和填充料加工制成的弹性或弹塑性卷材，均称为高分子防水卷材。高分子防水卷材具有质量轻、适用温度范围宽（-20～80℃）、耐候性好、抗拉强度高（2～18.2 MPa）、延伸率大（可＞45%）等优点。

柔性防水细部构造主要有：泛水、天沟、雨水口、檐口、变形缝等。泛水是指屋面与垂直墙面的交接处的防水处理，如屋面与女儿墙、高低屋面间的立墙、出屋面的烟道或风道与屋面的交接处，屋面变形缝处均应做泛水处理，如图 4-42 所示。

2. 刚性防水

刚性防水屋面是以刚性材料作为防水层的屋面，如采用防水砂浆抹面或用密实混凝土浇筑成面层的屋面。刚性防水屋面的主要优点是构造简单、施工方便、造价较低；缺点是容易开裂，对温度变化和屋面基层变形的适应性较差。

刚性防水的构造层一般有：防水层、找平层、结构层等，如图 4-43 所示，刚性防水屋面应尽量采用结构找坡。

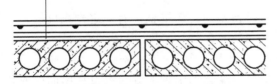

保护层：40厚C20细石混凝土内配φ6.5@100~200双向钢筋网片

隔离层：纸筋灰或低强度等级砂浆或干铺油毡

找平层：20厚1:3水泥砂浆

结构层：钢筋混凝土板

图 4-43　刚性防水屋面（单位：mm）

防水层：采用不低于 C20 的细石混凝土整体现浇而成，其厚度≥40 mm，并应配置直径为 φ4～φ6 mm、间距为 100～200 mm 的双向钢筋网片。

为了防止刚性防水屋面因温度变化或结构变形造成屋面板伸缩或翘曲而使防水层开裂，需要设置分格缝。分格缝的间距一般不宜大于 6 m，并应设置在结构变形敏感的部位，一般设置在结构层的支座处，分格缝宽度一般为 20～40 mm，有平缝和凸缝两种构造形式。分格缝的位置和构造如图 4-44 所示。

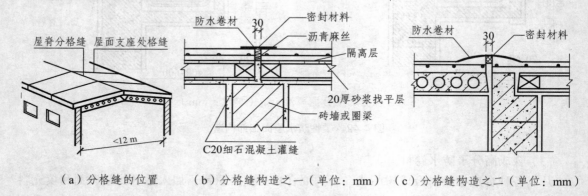

（a）分格缝的位置　（b）分格缝构造之一（单位：mm）　（c）分格缝构造之二（单位：mm）

图 4-44　分格缝的位置和构造

4.4.4　坡屋顶构造

4.4.4.1　坡屋顶的组成及承重结构

1. 坡屋顶的组成

坡屋顶是由带有坡度的倾斜面相互交错而成的，斜面相交的阳角称为脊，阴角称为沟，如图 4-45（a）所示。

坡屋顶一般由承重结构、屋面两部分组成。根据需要可增设顶棚、保温隔热层，如图 4-45（b）所示。

（1）承重结构

承重结构主要是承受屋面荷载并把它传递到墙或柱上的结构，一般包括椽子、檩条、屋架或大梁等。

（2）屋　面

屋面是屋顶上的覆盖层，直接承受风雨、冰冻和太阳照射等自然环境的作用。它包括屋面盖料和基层，如挂瓦条、屋面板等。

（3）顶　棚

顶棚是屋顶下面的遮盖部分，可使室内上部平整，有一定光线反射，起到保温隔热和装饰作用。

（4）保温或隔热层

保温层或隔热层指屋顶内抵抗气温变化的围护部分，可设在屋面层或顶棚层，根据需要决定。

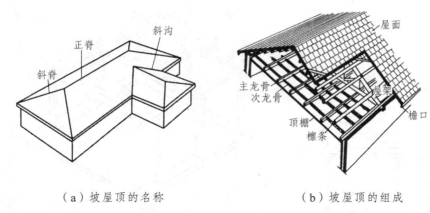

（a）坡屋顶的名称　　　　　（b）坡屋顶的组成

图 4-45　坡屋顶

2. 坡屋顶的支承结构

（1）山墙承重

山墙承重结构是指以山墙作为屋顶的承重构件，一般用于开间≤4 m 的建筑。可以是在山墙上直接搁置檩条（见图 4-46），也称硬山搁檩。山墙承重结构一般用于多数相同开间并列的建筑，其优点是构造简单、施工方便、经济性好、隔声性能优良。

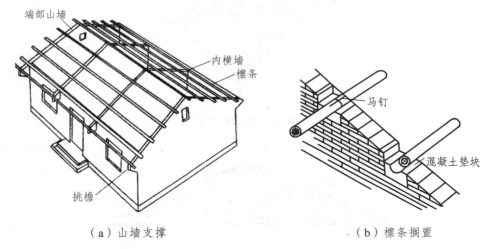

（a）山墙支撑　　　　　（b）檩条搁置

图 4-46　山墙承重结构

（2）梁架承重

梁架承重是我国一种传统的木构架形式，是由柱和梁组成梁架系统，檩条搁置在梁间承受屋面荷载并将各榀梁架联系成为一整体的骨架，如图 4-47 所示。内外墙体均填充在梁架之间，起分隔和围护空间作用，不承受荷载。梁架交接处为榫齿结合，整体性与抗震性均较好，但耗用木料较多，防火、耐久性均较差。

（3）屋架承重

屋架承重是指用屋架架设檩条来支撑屋面荷载，屋架搁置在纵向外墙或柱上，如图 4-48 所示。屋架间距 3～4 m，一般不超过 6 m。这种结构可以提供大的使用空间，适于仓库、车间等建筑。屋架的形式有三角形（常用）、梯形、矩形、多边形，如图 4-49 所示。

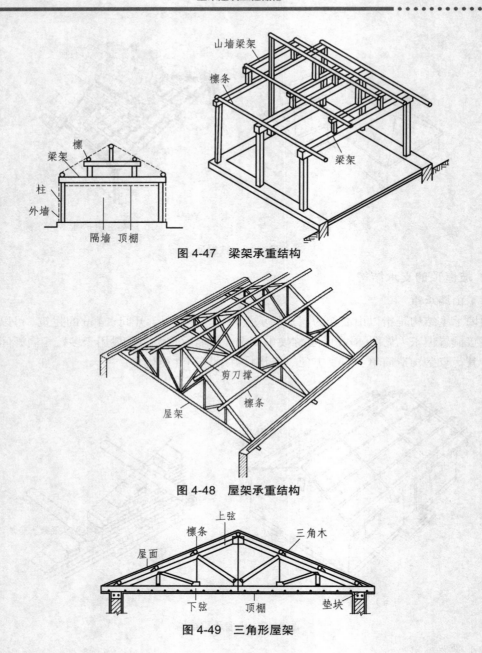

图 4-47　梁架承重结构

图 4-48　屋架承重结构

图 4-49　三角形屋架

4.4.4.2　坡屋顶屋面防水构造

1. 平瓦屋面

瓦屋面的防水层即为各种瓦材。瓦屋面的名称随瓦的种类而定，如平瓦屋面、小青瓦屋面、石棉水泥瓦屋面，如图 4-50 所示。平瓦一般由黏土浇结而成，瓦宽 230 mm，长 380 ~ 420 mm，瓦的四边有榫和沟槽。

平瓦屋面有三种常见做法：冷摊瓦屋面、木（或混凝土）望板瓦屋面、钢筋混凝土挂瓦板瓦屋面。平瓦屋面的坡度不宜小于 1∶2（约 26°），多雨地区还应酌情加大。

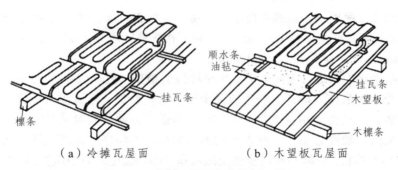

（a）冷摊瓦屋面　　　　　（b）木望板瓦屋面

图 4-50　冷摊瓦屋面和木望板瓦屋面

2. 金属瓦屋面

金属瓦屋面是用镀锌铁皮或铝合金瓦做防水层的一种屋面，主要用于大跨度建筑的屋面。彩色压型钢板屋面简称彩板屋面，根据彩板的功能构造分为单层彩板和保温夹芯彩板。

4.5　楼梯、台阶与坡道

4.5.1　楼梯概述

4.5.1.1　楼梯的组成与尺寸

楼梯一般由楼梯段、休息平台、楼梯栏杆及扶手组成，如图 4-51 所示。

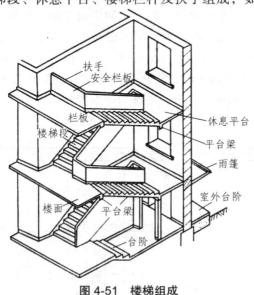

图 4-51　楼梯组成

（1）楼梯梯段

楼梯段是两个平台之间由若干个连续踏步组成的倾斜构件，是楼梯的主要承重部分。楼梯段的宽度取决于通行人数和消防要求。楼梯段宽指楼梯间墙体内表面至楼梯扶手中心线或两扶手中心线间的水平距离。按照消防要求，每个楼梯必须保证 2 人同时上下，楼梯段宽度为 1 100 ~ 1 400 mm；当人流为 3 人同时上下时，楼梯段宽度为 1 650 ~ 2 100 mm。住宅建筑不小于 1 100 mm，公共建筑不小于 1 400 mm。

踏步由踏面和踢面构成，按照规定，每个梯段的踏步步数不应超过 18 级，亦不应少于 3 级。因为，步数太多易使人疲劳，而步数太少则不易被察觉，容易使人摔倒。因为楼梯段是倾斜构件，其倾斜坡度的大小应适合于人们行走舒适、方便，同时又要考虑经济节约。坡度过大，行走易疲劳，坡度过小，楼梯占用的面积增加，不经济。在满足使用要求下，应尽量缩短楼梯段的水平长度，以减小建筑物的交通面积。楼梯坡度的取值范围为 23° ~ 45°，以 30° 为宜。坡度较小时可做成坡道；坡度大于 45°时，宜采用爬梯。

楼梯取决于踏步的高度与宽度之比，而踏步高度与人的步距有关，宽度与人的脚长应相适应。民用建筑中，楼梯踏步最小宽度和最大宽度限制见表 4-4。

表 4-4　楼梯踏步最小宽度和最大宽度（单位：mm）

楼梯类别	最小宽度 b	最大高度 h
住宅公用楼梯	260（260 ~ 300）	175（150 ~ 175）
幼儿园楼梯	260（260 ~ 280）	150（120 ~ 150）
医院、疗养院等楼梯	280（300 ~ 350）	160（120 ~ 150）
学校、办公楼等楼梯	260（280 ~ 340）	170（140 ~ 160）
剧院、会堂等楼梯	220（300 ~ 350）	200（120 ~ 150）

（2）楼梯平台

楼梯平台是指连接两个梯段之间的水平构件。按照所处的位置和高度不同，楼梯平台又有中间平台和楼层平台之分。位于两个楼层之间的平台称为中间平台，又称休息平台、转身平台、半平台，用来供人们上下楼梯时转变行进方向或稍事休息调节体力。与楼层地面标高齐平的平台称为楼层平台，又称正平台，除与中间平台作用一致外，还起着分配人流的作用。平台的宽度应取梯段宽度再加 1/2 踏步宽。住宅楼梯平台净宽不应小于 1.2 m。

楼梯井指梯段之间形成的空隙，以 60 ~ 200 mm 为宜。公共建筑楼梯井的净宽不应小于 150 mm。当梯井宽度大于 500 mm 时，常在平台处设水平保护栏杆或其他防坠落措施；有儿童经常使用的楼梯，必须采取安全措施。楼梯的平面图如图 4-52 所示。

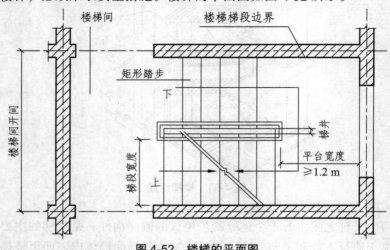

图 4-52　楼梯的平面图

（3）楼梯栏杆（栏板）、扶手

栏杆、扶手（见图 4-53）是楼梯中用以保障人身安全或分隔空间用的防护分隔构件，也是室内装饰部分，分为实心栏杆和镂空栏杆两类。实心栏杆又称为栏板。栏杆的顶部配件称为扶手。

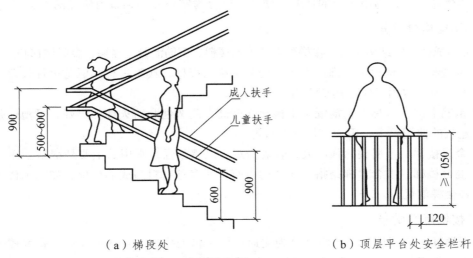

（a）梯段处　　　　　　　　　　　（b）顶层平台处安全栏杆

图 4-53　楼梯的栏杆和扶手（单位：mm）

扶手的高度是指从踏步前缘线至扶手上表面的垂直距离。栏杆扶手的高度在人体胸部至腹部之间，根据人体重心高度和楼梯坡度大小等因素确定。一般室内楼梯扶手高度不应小于 900 mm，室外楼梯扶手高度不应小于 1 100 mm。幼儿园建筑的楼梯应在 500～600 mm 高度增设一道扶手，供儿童使用，如图 4-53 所示。当楼梯靠梯井一侧水平扶手长度超过 500 mm 时，其高度不应小于 1 050 mm；在高层住宅及中小学校楼梯中不应小于 1 100 mm。托儿所、幼儿园、中小学及少年儿童专用活动场所的楼梯，当采用垂直杆件作栏杆时，其杆件净距不应大于 110 mm。

4.5.1.2　楼梯的净空高度

楼梯净空高度包括平台部位和梯段部位的净高，以保证人流通行安全和家具搬运便利为原则确定。其中，平台部位的净高是指楼梯平台上部及下部过道处的净高，不应小于 2 m，使人行进时不碰头。梯段净高为自踏步前缘（包括最低和最高一级踏步前缘线以外 0.30 m 范围内）量至上方突出物下缘间的垂直高度，一般应满足人在楼梯上伸直手臂向上旋升时手指刚触及上方突出物下缘一点为限，为保证人在行进时不碰头和产生压抑感，故按常用楼梯坡度，梯段净高不宜小于 2.20 m，如图 4-54 所示。

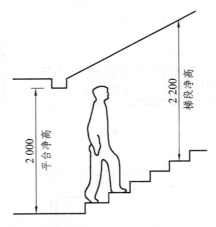

图 4-54　楼梯的净空高度（单位：mm）

4.5.2　楼梯的类型

1. 按位置分

按照楼梯在建筑物中所处的位置，楼梯可以分为室外楼梯和室内楼梯两大类。

2. 按结构材料分

按照组成楼梯的结构材料，楼梯可以分为木楼梯、钢筋混凝土楼梯、金属楼梯和混合楼梯。

① 木楼梯。木楼梯是全部或主体结构为木制的楼梯，典雅古朴，但防火性较差，施工中需作防火处理，常用于住宅建筑室内。

② 钢筋混凝土楼梯。钢筋混凝土楼梯强度高，耐久性和防火性都很好，可塑性强，可满足各种建筑的使用要求，因而使用最为普遍。

③ 金属楼梯。金属楼梯强度大，轻盈美观，质感很强，常用的主要是钢制楼梯。

④ 混合楼梯。混合楼梯是指主体结构由两种或多种材料组成的楼梯，如钢木楼梯等，它兼有各种楼梯的优点。

3. 按使用性质分

根据楼梯的使用性质，可将其分为交通楼梯、辅助楼梯、疏散楼梯等。疏散楼梯按照防烟、防火的作用，又可分为敞开式楼梯、封闭式楼梯、防烟楼梯等。

4. 按施工方式分

根据楼梯的施工方法，又可以将其分为预制装配式楼梯和现浇整体式楼梯。

5. 按外形特征分

按楼梯的行平面形式分：单跑直楼梯、双跑直楼梯、双跑平行楼梯、三跑楼梯、双分平行楼梯、双合平行楼梯、转角楼梯、双分转角楼梯、交叉楼梯、剪刀楼梯、螺旋楼梯等（见图 4-55）。

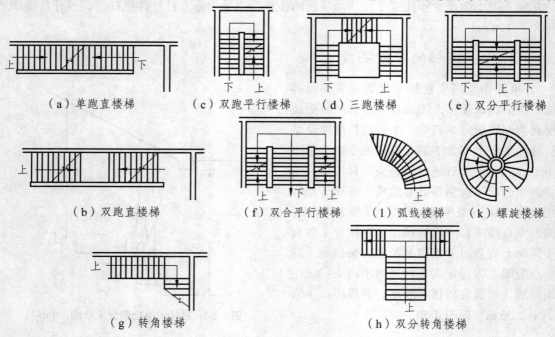

（a）单跑直楼梯　　（c）双跑平行楼梯　　（d）三跑楼梯　　（e）双分平行楼梯

（b）双跑直楼梯　　（f）双合平行楼梯　　（1）弧线楼梯　　（k）螺旋楼梯

（g）转角楼梯　　（h）双分转角楼梯

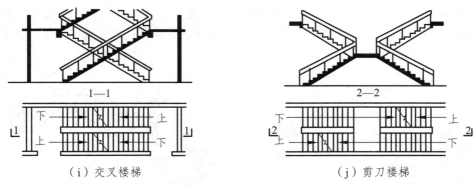

（i）交叉楼梯　　　　　　　　　　（j）剪刀楼梯

图 4-55　楼梯的平面形式

4.5.3　钢筋混凝土楼梯构造

钢筋混凝土楼梯具有坚固、耐久、防火性能好的特点，在建筑中广泛应用。按照施工方式的不同，钢筋混凝土楼梯可分为预制装配式和现浇整体式两类。

4.5.3.1　预制装配式钢筋混凝土楼梯

预制装配式钢筋混凝土楼梯施工速度快、湿作业少、节约模板，是目前建筑施工中应用较广的一种形式，按组成构件的大小分为小型构件装配式和大型构件装配式楼梯两大类。

1. 小型构件装配式楼梯

小型构件装配式楼梯一般是指踏步和支承构件分开预制的楼梯。其特点是构件小而轻，容易制作，便于安装，但安装速度慢，适用于机械化较低的工地。

（1）预制踏步

钢筋混凝土预制踏步断面形式有一字形、三角形和 L 形三种。如图 4-56 所示，一字形踏步制作方便，踏步可镂空或填实、简支或悬挑。L 形踏步板自重较轻，受力合理，但拼装后底面形成折板，易积灰。L 形踏步板可将踢面朝上搁置，称为正置；也可将踢面朝下搁置，称为倒置。三角形踏步板的最大特点是安装后底面平整，为减轻踏步自重，踏步内可抽孔。

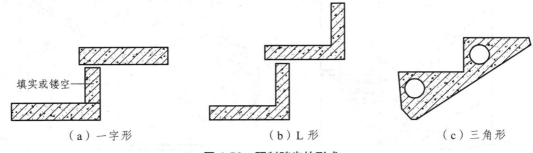

填实或镂空

（a）一字形　　　　　　　（b）L 形　　　　　　　（c）三角形

图 4-56　预制踏步的形式

（2）预制支承构件

根据支承方式不同，可分为梁承式、墙承式和悬挑式。

① 梁承式。

预置装配梁承式钢筋混凝土楼梯踏步板搁置在斜梁上，斜梁搁置在平台梁上，平台梁搁置在两边侧墙上，而平台板可以搁置在两边侧墙上，也可以一边搁在墙上，另一边搁在平台梁上。梯段梁有矩形、L形和锯齿形三种。梁承式楼梯具有整体性好、施工方便，以及装配化程度高等优点，故被广泛采用，如图 4-57 所示。

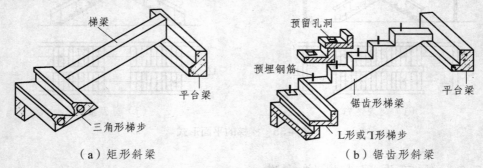

（a）矩形斜梁　　　　　　　　　　　　（b）锯齿形斜梁

图 4-57　预制梁承式楼梯

② 墙承式。

预置装配墙承式钢筋混凝土楼梯系指预制钢筋混凝土踏步板直接搁置在墙上的一种楼梯形式，如图 4-58 所示，其踏步板常采用一字形、L形、倒 L 形断面。

预置装配墙承式钢筋混凝土楼梯由于踏步两端均有墙体支承，不需设平台梁、梯斜梁和栏杆，需要时仅设靠墙扶手即可满足要求，从而节约了钢材和混凝土。但由于踏步板直接安装入墙体，会影响墙体砌筑和施工速度。同时，踏步板入墙端形状、尺寸与墙体砌块模数不易吻合，砌筑质量不易保证，影响砌体强度，不利于抗震。这种楼梯的宽度一般在 1.5 m 左右。

③ 悬臂式。

预置装配悬臂式钢筋混凝土楼梯系指预制钢筋混凝土踏步板一端嵌固于楼梯间侧墙上，另一端凌空悬挑的楼梯形式，如图 4-59 所示。当嵌固在楼梯间侧墙上时，不需设斜梁和平台梁。悬臂的挑出尺寸一般控制在 1.2～1.5 m，最大不得超过 1.8 m，不易用于地震区的楼梯。

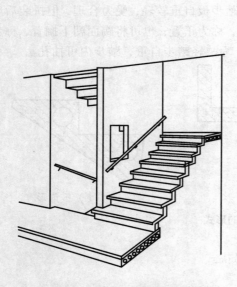

图 4-58　墙承式预制踏步楼梯

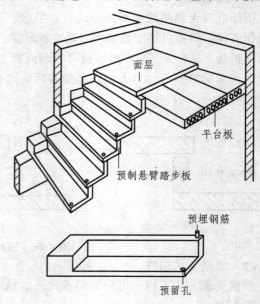

图 4-59　悬壁式预制踏步楼梯

2. 大中型构件预制装配式楼梯

大型构件主要是以整个梯段以及整个平台为单独的构件单元，在工厂预制好后运到现场安装；中型构件主要是将梯段和平台分别预制以减少对大型运输和起吊设备的要求。钢筋混凝土的构件在现场可通过预埋件焊接，也可通过构件上的预埋件和预埋孔相互套接。

4.5.3.2 现浇整体式钢筋混凝土楼梯

现浇整体式钢筋混凝土楼梯系指在施工现场支模板、绑扎钢筋，将楼梯梯段、平台、平台梁等整浇在一起的楼梯。其优点是整体性好、刚度大、利于抗震，但是模板耗费大、施工工序多、周期长，多用于抗震设防要求高、楼梯形式和尺寸变化多的建筑物。

现浇整体式钢筋混凝土楼梯根据梯段结构形式和传力特点的不同，分为板式楼梯和梁板式楼梯两种。

1. 现浇板式楼梯

板式楼梯由梯段板、平台梁和平台板组成。梯段板是一块带踏步的斜板，两端支承在平台梁上；平台板一端支承在平台梁上，另一端支承在墙上；平台梁支承在墙体或柱子上[见图4-60（a）]。为满足净空要求，也可取消梯段板一端或两端的平台梁，使平台板和梯段板联为一体，形成折线形的板，直接支承于墙体或柱子上[见图4-60（b）]。

这种楼梯构造简单，施工方便，但是当楼梯跨度较大时，板的厚度较大，材料消耗多，不经济，适用于荷载较小、建筑层高较小的情况，如住宅、宿舍建筑。梯段的水平投影长度一般不大于3 m。

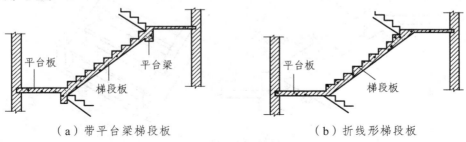

（a）带平台梁梯段板　　　　　　　　　（b）折线形梯段板

图4-60　现浇板式钢筋混凝土楼梯

2. 现浇梁板式楼梯

现浇梁板式楼梯由踏步板、楼梯斜梁、平台梁和平台板组成。踏步板由斜梁支承；斜梁由两端的平台梁支承（见图4-61）。

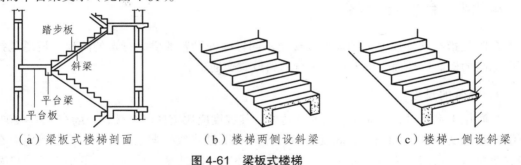

（a）梁板式楼梯剖面　　　　（b）楼梯两侧设斜梁　　　　（c）楼梯一侧设斜梁

图4-61　梁板式楼梯

梁板式梯段在结构布置上有双梁布置和单梁布置之分。双梁式梯段系将梯段斜梁布置在踏步的两端，当斜梁在板下部时称为正梁式梯段，上面踏步露明，常称明步做法，如图 4-62（a）所示。有时为了让楼梯段底表面平整或避免洗刷楼梯时污水沿踏步端头下淌，弄脏楼梯，常将楼梯斜梁反向上面，称反梁式梯段，下面平整，踏步包在梁内，常称暗步做法，如图 4-62（b）所示。

梁板式楼梯与板式楼梯比较，可以缩小板的跨度，减小板的厚度，适用于荷载较大，建筑层高较大的建筑物，如教学楼、商场。

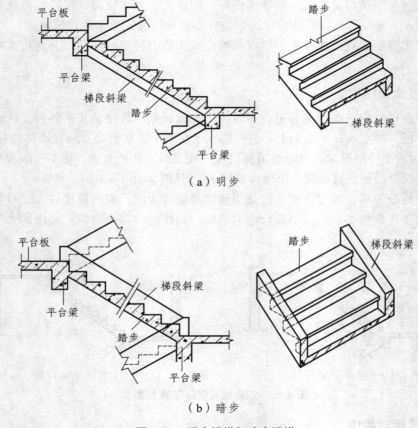

（a）明步

（b）暗步

图 4-62 明步楼梯与暗步楼梯

4.5.4 台阶与坡道

台阶是指在室外或室内的地坪或楼层不同标高处设置的供人行走的阶梯。坡道是指连接不同标高的楼面、地面，供人行或车行的斜坡式交通道。

1. 台阶的尺度

台阶位于室外时，为提高行走的舒适度，其坡度应比楼梯略平缓，一般在 15°~20° 之间。每级踏步宽度 300~400 mm，高度 100~150 mm。踏步数根据室内外地坪高差确定。在台阶与建筑出入口之间，需设缓冲平台，作为室内外空间的过渡。平台宽度不小于门洞口宽度，深度不小于门扇的宽度；当用弹簧门时，平台深度应不小于门扇宽度加 500 mm，以增加安全性。同时，平台表面需向外倾斜 1%～4% 的坡度，以利雨水外排。常见的构造类型如图 4-63 所示。

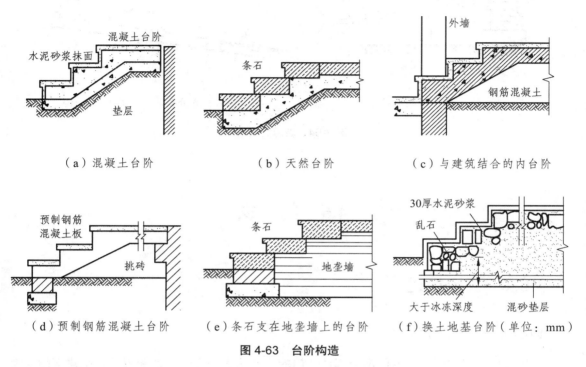

（a）混凝土台阶   （b）天然台阶   （c）与建筑结合的内台阶

（d）预制钢筋混凝土台阶 （e）条石支在地垄墙上的台阶 （f）换土地基台阶（单位：mm）

图 4-63　台阶构造

2. 台阶的面层

台阶位于室外时，受外界环境影响较大，其面层应防水、防滑、防冻、防腐蚀。设计时应选用防滑、耐久、抗风化的材料，如水泥石屑、斩假石、天然石材、防滑地砖等。

3. 坡道

① 坡道的宽度。坡道的宽度应根据建筑物的性质和使用要求来定，建筑出入口处的坡道宽度不应小于 1 200 mm。

② 坡道的坡度。坡道的坡度用高度与长度之比来表示，一般为 1：12～1：8。室内坡道坡度不宜大于 1：8，室外坡道坡度不宜大于 1：10；供轮椅使用的坡道不应大于 1：12，困难地段不应大于 1：8；自行车推行坡道每段坡长不宜超过 6 m，坡度不宜大于 1：5。当室内坡道水平投影长度超过 15 m 时，宜设休息平台，平台宽度应根据使用功能或设备尺寸所需缓冲空间而定，如图 4-64 所示。

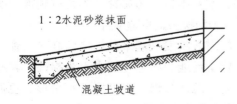

（a）混凝土坡道

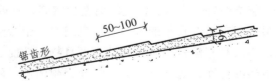

（b）锯齿形坡道（单位：mm）

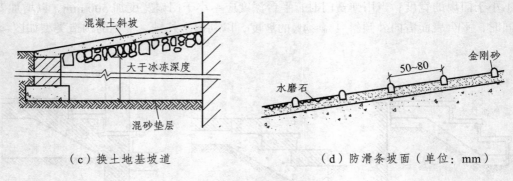

（c）换土地基坡道　　　　　　　　（d）防滑条坡面（单位：mm）

图 4-64　坡道的构造

4.6　门　窗

4.6.1　门窗概述

4.6.1.1　门窗的作用

门和窗是建筑物两个重要的围护部件。门的主要用途是交通联系和围护，在建筑的立面处理和室内装修中也有着重要作用。窗的主要作用是采光和通风，同时有眺望观景、分隔室内外空间和围护作用，兼有美观作用。在不同的使用条件下，门和窗还具有保温、隔热、隔声、防火、防水、防盗等作用。门和窗在制作生产上已基本实现了标准化、规格化和商品化，在设计中选用门窗时尺寸规格要统一，符合模数制的要求，以适应工业化生产的需要。

4.6.1.2　门窗的材料

在建筑工程中，常用的门窗材料有木门窗、钢门窗、铝合金门窗、塑钢门窗、玻璃门窗等。

木门窗制作简单、适于手工加工，是广泛采用的传统形式。

钢门窗是用型钢或薄壁空腹型钢在工厂制作而成的。它符合工业化、定型化与标准化的要求，强度、刚度、防火、密闭等性能良好，因此过去曾广泛应用于建筑门窗，但是由于其保温隔热性能差，耗钢量大，所以，我国许多地方已经限制或禁止在民用建筑中使用钢门窗。

铝合金门窗既具有钢窗的优点，还有密闭性好、不易生锈、耐腐蚀、不需刷油漆、美观漂亮、装饰性好等优点，但是因为造价较高，一般用于标准较高的建筑中。

塑钢门窗是近几年继木门窗、钢门窗、铝合金门窗之后发展起来的第四代新型门窗。塑钢门窗不仅具有塑料制品的特性，而且物理性能、化学性能、防老化能力大为提高，具有保温、隔热的特性，还具有耐酸、耐碱、耐腐蚀、防尘、阻燃自熄、强度高、不变形、色调和谐等优点，无须涂防腐油漆，经久耐用，已经逐步取代铝合金门窗。

4.6.2　门窗的类型与构造

4.6.2.1　门的类型与构造

1. 门的类型

（1）按材料分

门按材料类型分为木门、钢门、铝合金门、塑料门等。

（2）按使用要求分

门按使用要求分为普通门、百叶门、保温门、隔声门、防火门、防盗门、射线防护门。

（3）按开启方式分

门按开启方式分为平开门、弹簧门、推拉门、折叠门、转门等，如图4-65所示。

① 平开门：平开门是水平开启的门，它的铰链装于门扇的一侧，与门框的竖框相连，使门围绕着铰链转动。其门扇有单扇、双扇，有向内开、向外开之分。平开门构造简单，开启灵活，安装维修方便，是房屋建筑中使用最广泛的一种形式。

② 弹簧门：形式同平开门，稍有不同的是，弹簧门的侧边用弹簧铰链或下面用地弹簧传动，开启后能自动关闭。弹簧门有单面、双面、地弹簧门之分，美观大方、使用方便，大多用于商店、学校、医院等人流出入较频繁的场所或有自动关闭要求的场所。

③ 推拉门：可以在上下轨道上滑行的门。推拉门有单扇和双扇之分，可以藏在夹墙内或贴在墙面外。推拉门开启时不占空间，受力合理，不易变形，但构造比较复杂。

④ 折叠门：多扇折叠，可以拼合折叠推移到侧边的门。适用于空间狭小的房间或宽度较大、两个空间需要扩大联系的门。

⑤ 转门：三或四扇连成风车形，在两个固定弧形门套内旋转的门。转门的保温性能好，在一定程度上可以隔绝空气，适合寒冷地区或有空调的公共建筑的外门。

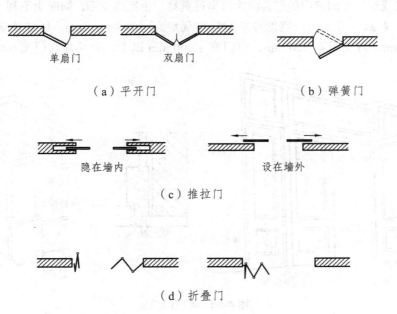

单扇门　　　　双扇门

（a）平开门　　　　　　　　　（b）弹簧门

隐在墙内　　　　设在墙外

（c）推拉门

（d）折叠门

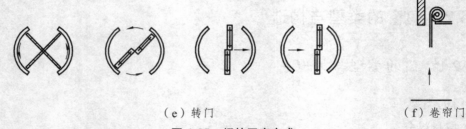

（e）转门　　　　　　　　　　（f）卷帘门

图 4-65　门的开启方式

2. 木门的组成及尺寸

（1）木门的组成

木门主要由门框、门扇、亮子和五金件等部分组成，如图 4-66 所示。门扇通常有玻璃门、镶板门、夹板门、百叶门和纱门等。亮子又称腰头窗，在门的上方，供通风和辅助采光用，有固定、平开及上、中、下旋等方式。门框是门扇及亮子与墙洞的连系构件，有时还有贴脸或筒子板等装修构件。五金零件多种多样，通常有铰链、门锁、插销、风钩、拉手、停门器等。

门框在墙中的位置如图 4-67 所示，可在墙的中间或与墙的一边平。门框内平时，门扇开启的角度最大，可以紧贴墙面，少占室内空间，所以最常采用；而较大尺寸的门为了安装牢固，多居中安置。

（2）门的尺度

①门的高度。

门的基本尺寸应满足人流通行、交通疏散的要求。一般民用建筑门扇的高度为 1 900 ~ 2 100 mm。如门设有亮子时，亮子高度一般为 300 ~ 600 mm。公共建筑大门高度还可视需要适当提高。

②门的宽度。

单扇门为 800 ~ 1 000 mm，双扇门为 1 200 ~ 1 800 mm。宽度在 2 100 mm 以上时，则做成三扇、四扇或双扇带固定扇的门，因为门扇过宽易产生翘曲变形，同时也不利于开启。辅助房间（如浴厕、贮藏室等）门的宽度可窄些：贮藏室为 600 ~ 800 mm，居住建筑浴厕门的宽度最小为 800 mm。卧室门宽 900 mm，户门宽 1 000 mm 以上，公共建筑门宽 900 mm 以上。

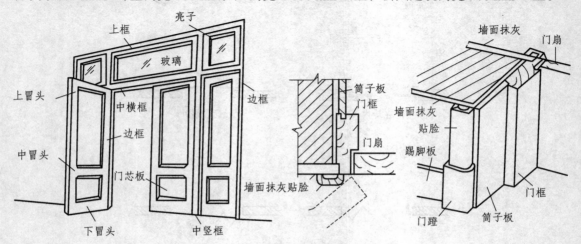

图 4-66　木门的组成

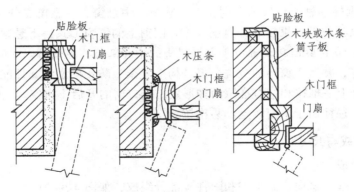

图 4-67 门在墙中的位置构造

4.6.2.2 窗的类型与构造

1. 窗的类型

（1）按照材料类型分：木窗、钢窗、铝合金窗、塑料窗、玻璃钢窗、塑钢窗
（2）按镶嵌的材料分：玻璃窗、百叶窗、纱窗等
（3）按开启方式分：固定窗、平开窗、悬窗、立转窗、推拉窗，如图 4-68 所示

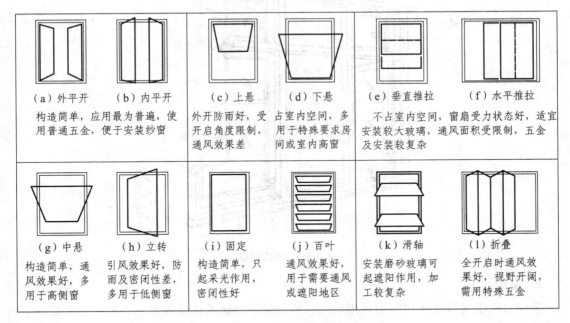

图 4-68 窗的开启方式

① 固定窗：不能开启，一般不设窗扇，只能将玻璃嵌固在窗框上。有时为同其他窗产生相同的立面效果，也设窗扇，但窗扇固定在窗框上。固定窗仅作采光和眺望之用，通常用于只考虑采光而不考虑通风的场合。由于窗扇固定，玻璃面积可稍大些。

② 平开窗：在窗扇一侧装铰链，与窗框相连。它与平开门一样，有单扇、双扇之分，可以内开或外开。平开窗构造简单，制作与安装方便，采风、通风效果好，应用最广。

③悬窗：根据转动轴心位置的不同，有上悬窗、中悬窗、下悬窗之分。上悬窗和中悬窗用于外窗时，通风与防雨效果较好，但也常作为门窗上的气窗形式；下悬窗使用较少。

④立转旋窗：立转旋窗转动轴位于上下冒头的中间部位，窗扇可以立向转动。这种窗通风、挡雨效果较好，并易于窗扇的擦洗，但是构造复杂、防止雨水渗漏性能差，故不多用。

⑤推拉窗：分上下推拉和左右推拉两种形式。推拉窗的开启不占空间，但通风面积较小。若采用木推拉窗，往往由于木窗较重不易推拉。

2. 木窗的组成与尺寸

（1）木窗的组成

木窗主要由窗框、窗扇、五金件和附件4部分组成，如图4-69所示。

①窗框：又称窗樘，由上框、下框、边框、中横框、中竖框组成。

②窗扇：边梃、上冒头、下冒头、窗芯、玻璃（或纱窗、百叶）组成。

③五金件：铰链、风钩、插销、拉手等。

④附件：窗帘盒、贴脸、窗台板、筒子板、压缝条。

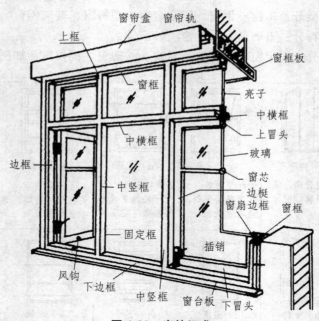

图 4-69　窗的组成

2. 窗的尺寸

窗的尺度主要取决于房间的采用通风、构造做法和建筑造型等要求，并要符合现行《建筑模数协调统一标准》（GBJ 2—86）的规定。通常平开窗单扇宽不大于 600 mm，双扇宽度为 900 ~ 1 200 mm，三扇宽 1 500 ~ 1 800 mm；高度一般为 1 500 ~ 2 100 mm；窗台高度为 900 ~ 1 000 mm。上下悬窗的窗扇高度为 300 ~ 600 mm，中悬窗窗扇高不宜大于 1 200 mm，宽度不宜大于 1 000 mm；推拉窗高宽均不宜大于 1 500 mm。对一般民用建筑用窗，各地均有通用图，各类窗的高度与宽度尺寸通常采用扩大模数 3M 数列作为洞口的标志尺寸，需要时只要按所需类型及尺度大小直接选用。

4.7 变形缝

温度变化、地基不均匀沉降和地震因素的影响，会使建筑物发生裂缝或破坏。故在设计时事先将房屋划分成若干个独立的部分，使各部分能自由地变化，这种将建筑物垂直分开的预留缝称为变形缝。墙体结构通过变形缝的设置分为各自独立的区段。变形缝包括温度伸缩缝、沉降缝和防震缝三种。

4.7.1 伸缩缝构造

1. 伸缩缝的设置

为防止建筑构件因温度变化、热胀冷缩使房屋出现裂缝或破坏，在沿建筑物长度方向相隔一定距离预留垂直缝隙。这种因温度变化而设置的缝叫作温度缝或伸缩缝。

伸缩缝的设置范围是墙体、楼板层、屋顶等基础以上部分全部断开。基础部分因为埋在地下，受温度变化影响较小，因此可不必断开。

伸缩缝的设置间距与结构类型、结构材料、施工方法和建筑所处环境和位置有关。《砌体结构设计规范》（GB 50003—2011）、《混凝土结构设计规范》（GB 50010—2010）中规定如表4-5和表4-6所示。

表4-5　砌体结构房屋伸缩缝的最大间距

屋盖或楼盖的类别		间距/m
整体式或装配整体式钢筋混凝土结构	有保温层或隔热层的屋盖、楼盖	50
	无保温层或隔热层的屋盖	40
装配式无檩条体系钢筋混凝土结构	有保温层或隔热层的屋盖、楼盖	60
	无保温层或隔热层的屋盖	50
装配式有檩条体系钢筋混凝土结构	有保温层或隔热层的屋盖	75
	无保温层或隔热层的屋盖	60
瓦材屋盖、木屋盖或楼盖、轻钢屋盖		100

注：1. 注对烧结普通砖、烧结多孔砖、配筋砌块砌体房屋，取表中数值；对石砌体、蒸压灰砂普通砖、蒸压粉煤灰普通砖、混凝土砌块、混凝土普通砖和混凝土多孔砖房屋，取表中数值乘以0.8的系数，当墙体有可靠外保温措施时，其间距可取表中数值。
2. 在钢筋混凝土层面上挂瓦的屋盖应按钢筋混凝土屋盖采用。
3. 层高大于5 m的烧结普通砖、烧结多孔砖、配筋砌块砌体结构单层房屋，其伸缩缝间距可按表中数值乘以1.3。
4. 温差较大且变化频繁地区和严寒地区不采暖的房屋及构筑物墙体的伸缩缝的最大间距，应按表中数值予以适当减小。
5. 墙体的伸缩缝应与结构的其他变形缝相重合，缝宽度应满足各种变形缝的变形要求，在进行立面处理时，必须保证缝隙的变形作用。

表 4-6　钢筋混凝土结构伸缩缝的最大间距（单位：m）

结构	类型	室内或土中	露天
排架结构	装配式	100	70
框架结构 框架-剪力墙结构	装配式	75	50
	现浇式	55	35
剪力墙结构	装配式	65	40
	现浇式	45	30
挡土墙及地下室墙壁等类结构	装配式	40	30
	现浇式	30	20

注：1. 装配整体式结构的伸缩缝间距，可根据结构的具体情况取表中装配式结构与现浇式结构之间的数值。
　　2. 框架-剪力墙结构或框架-核心筒结构房屋的伸缩缝间距，可根据结构的具体情况取表中框架结构与剪力墙结构之间的数值。
　　3. 当屋面无保温或隔热措施时，框架结构、剪力墙结构的伸缩缝间距宜按表中露天栏的数值取用。
　　4. 现浇挑檐、雨罩等外露结构的局部伸缩缝间距不宜大于 12 m。

　　结构设计规范对砖石墙体伸缩缝的最大间距有相应规定，一般为 50 ~ 75 mm。伸缩缝间距与墙体的类别有关，特别是与屋顶和楼板的类型有关，整体式或装配整体式钢筋混凝土结构，因屋顶和楼板本身设有自由伸缩的余地，当温度变化时，在结构内部产生的温度应力大，因而伸缩缝间距比其他结构形式小些。大量民用建筑用的装配式无檩体系钢筋混凝土结构，有保温或隔热层的屋顶，相对说其伸缩缝间距要大些。

2. 伸缩缝的构造

（1）墙体伸缩缝

　　① 伸缩缝的截面形式如图 4-70 所示。厚度为一砖半以上的外墙上，应做成错口缝或企口缝；在厚度为一砖的外墙上，则只能做成平缝。

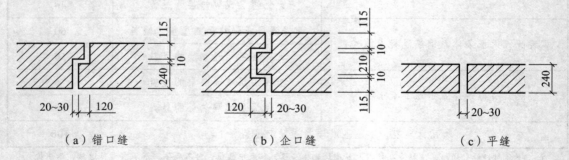

（a）错口缝　　　　　　　（b）企口缝　　　　　　　（c）平缝

图 4-70　砖墙伸缩缝的截面形式（单位：mm）

　　② 构造做法。变形缝的形式与墙厚有关。其构造在外墙与内墙的处理中，可以因位置不同而各有侧重。缝的宽度不同，构造处理不同。外墙变形缝为保证自由变形，并防止风雨影响室内，应用沥青麻丝填嵌缝隙，当变形缝宽度较大时，缝口可采用镀锌铁皮或铝板盖缝调节；内墙变形缝侧重表面处理，可采用木条或金属盖缝，仅一边固定在墙上，允许自由移动。做法如图 4-71 所示。

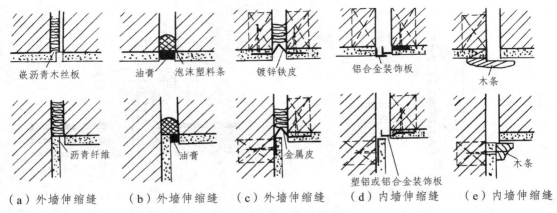

（a）外墙伸缩缝　　（b）外墙伸缩缝　　（c）外墙伸缩缝　　（d）内墙伸缩缝　　（e）内墙伸缩缝

图 4-71　内、外墙伸缩缝构造

（2）楼地板层盖缝构造

楼板层伸缩缝的位置和宽度应与墙体伸缩缝一致，上部用金属板、预制水磨石板、硬塑料板等盖缝，以防止灰尘下落。顶棚的盖缝条只能固定于一端，以保证两端构件能自由伸缩变形。当地坪层采用刚性垫层时，伸缩缝应从垫层到面层处断开，垫层处缝内填沥青麻丝或聚苯板。具体做法如图 4-72 所示。

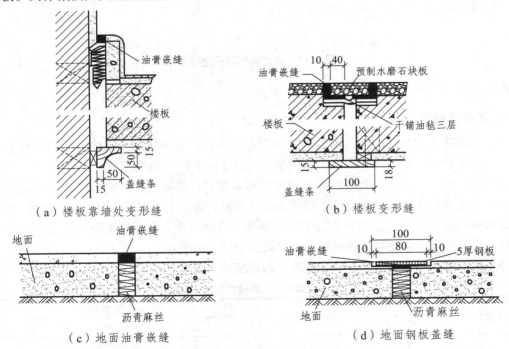

（a）楼板靠墙处变形缝　　　　　　　（b）楼板变形缝

（c）地面油膏嵌缝　　　　　　　　（d）地面钢板盖缝

图 4-72　楼地面、顶棚伸缩缝构造（单位：mm）

（3）屋顶伸缩缝

屋顶伸缩缝的位置和尺寸大小，应与墙体、楼板层伸缩缝相对应。屋顶伸缩缝的位置有两种情况，一种是缝两侧屋面标高不同，另一种是伸缩缝两侧屋面标高相同。一般在伸缩缝处加砌矮墙，并做屋面防水和泛水处理。常见的构造做法如图 4-73 所示。

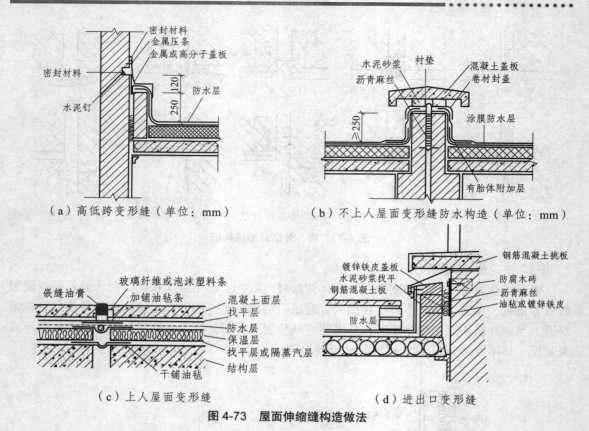

（a）高低跨变形缝（单位：mm）　　　　　（b）不上人屋面变形缝防水构造（单位：mm）

（c）上人屋面变形缝　　　　　　　（d）进出口变形缝

图 4-73　屋面伸缩缝构造做法

4.7.2　沉降缝构造

1. 沉降缝的设置

沉降缝是防止建筑物因地基不均匀沉降引起破坏而设置的缝隙。沉降缝把建筑物分成若干个整体刚度较好、自成沉降体系的结构单元，以适应不均匀的沉降。

沉降缝一般在下列部位设置：建筑平面的转折部位；高度差异或荷载差异处；长高比过大的砌体承重结构或钢筋混凝土框架结构的适当部位；地基土的压缩性有显著差异处；建筑结构或基础类型不同处；分期建造房屋的交界处。沉降缝主要满足建筑物在竖直方向上的自由沉降变形，所以沉降缝是从建筑物基础底面至屋顶全部断开。

沉降缝的宽度与建筑高度有关，沉降缝的宽度详见表 4-7。

表 4-7　沉降缝的宽度

房　屋　层　数	沉降缝宽度/mm
2～3	50～80
4～5	80～120
5 层以上	不小于 120

2. 沉降缝的构造

（1）基础沉降缝的构造

沉降缝的基础应该断开，并避免因不均匀沉降造成的相互干扰。沉降缝处的构造有双墙式、悬挑式两种，如图 4-74 所示。

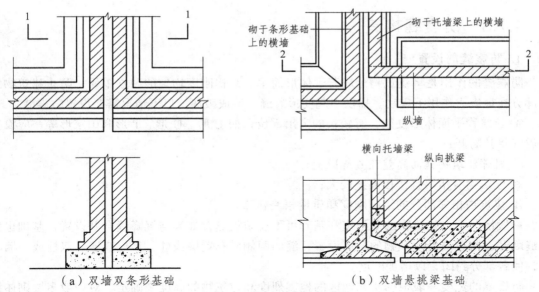

（a）双墙双条形基础　　　　　　　　　（b）双墙悬挑梁基础

图 4-74　基础沉降缝构造

（2）墙体沉降缝的构造

墙体沉降缝的构造基本同伸缩缝，但要考虑垂直方向的变形，又要考虑水平方向的变形，如图 4-75 所示。

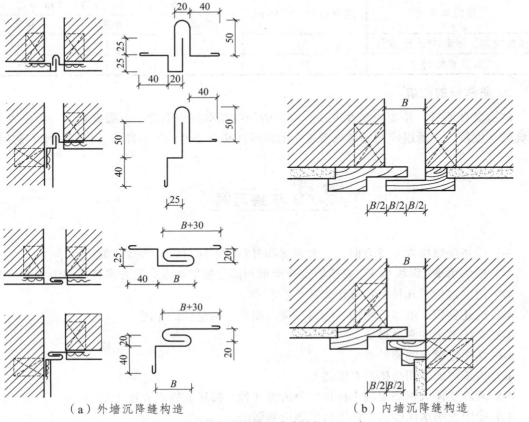

（a）外墙沉降缝构造　　　　　　　　　（b）内墙沉降缝构造

图 4-75　墙体沉降缝构造（单位：mm）

4.7.3 防震缝构造

1. 防震缝的设置

防震缝的作用是将建筑物分成若干体形简单、结构刚度均匀的独立单元，防止建筑物的各部分在地震力作用下震动、摇摆引起变形裂缝，造成破坏。以下情况需要设置防震缝：

① 建筑物平面体形复杂，有较长的突出部位，如 L 形、U 形、T 形和山字形等，应设置防震缝将其断开；

② 毗邻建筑物立面高差在 6 m 以上；

③ 建筑物有错层且楼板高差较大；

④ 建筑物相邻部分的结构刚度和质量相差悬殊。

一般情况下，建筑物的地下室和基础可不设防震缝，如果与沉降缝合并设置，基础也应设缝断开。防震缝沿建筑物的全高设置，缝的两侧应布置墙或柱，形成双墙、双柱或一墙一柱，使各部分封闭，以增加刚度。

防震缝的宽度一般根据所在地区的地震烈度和建筑物的高度来确定。对一般多层砌体结构建筑物，缝宽采用 50 ~ 100 mm；对多层和高层钢筋混凝土结构建筑，依据规范规定其最小缝宽应符合表 4-8 所示。

表 4-8　多高层钢筋混凝土结构防震缝最小宽度（单位：mm）

结构体系	建筑高度 $H \leq 15$ m	建筑高度 >15 m，每增加 5 m 加宽		
		7 度	8 度	9 度
框架结构、框架-剪力墙结构	70	20	33	50
剪力墙结构	50	14	23	35

2. 防震缝的构造

防震缝在墙身、楼地板层及屋顶各部位的构造基本与伸缩缝、防震缝相似。但是因为防震缝的宽度较大，所以应充分考虑盖缝条的牢固性和对变形的适应能力，做好防水和防风。

思考与练习题

4-1 墙体按照位置布置方向、受力情况和材料的不同可以分为哪几类？

4-2 横墙承重、纵墙承重、纵横墙混合承重和部分框架承重布置方案各适用于什么情况？

4-3 门窗过梁有几种？各有什么特点？

4-4 简述勒脚、散水、明沟、门窗过梁、圈梁、构造柱的作用。

4-5 简述散水的常见做法。

4-6 简述过梁、圈梁的类型、位置与构造。

4-7 构造柱的作用与构造有哪些？

4-8 现浇整体式钢筋混凝土楼板可分为哪几种？简述其特点和适用范围。

4-9 绘图说明水泥砂浆整体楼板层地面的做法。

4-10 屋顶的形式可以分为哪些类型？

4-11 平屋顶的两种基本类型防水构造做法是怎样的（绘图表示）？绘图表示柔性防水的泛水构造。

4-12 刚性防水屋面做法为什么设置分格缝？构造要求？

4-13 坡屋顶的承重结构有几种形式？各有何特点？

4-14 楼梯由哪些部分组成？各组成部分的作用和要求有哪些？

4-15 楼梯各部分组成分尺寸是怎样规定的？

4-16 现浇钢筋混凝土楼梯的有哪些类型？各有什么特点？

4-17 门的形式有哪几种？各自的特点和适应范围是什么？

4-18 窗的形式有哪几种？各自的特点和适应范围是什么？

4-19 什么是变形缝？它有哪几种类型？

4-20 伸缩缝的间距受什么因素的影响？

4-21 什么情况下须设伸缩缝？宽度一般是多少？

4-22 墙体中的变形缝的截面形式有哪几种？

4-23 什么情况下须设沉降缝？宽度由什么因素确定？

4-24 基础沉降缝的构造形式有哪几种？绘图说明基础沉降缝的构造。

5 建筑工程识图

1. 熟悉建筑施工图纸的组成；
2. 掌握施工图中常用符号的含义；
3. 掌握建筑总平面图、建筑平面图、建筑立面图、建筑剖面图的内容；
4. 掌握外墙身节点详图的内容；
5. 掌握楼梯建筑平面图、剖面图的表达内容。
6. 熟悉结构施工图纸的组成；
7. 掌握混凝土构件中钢筋类别、弯钩形式、钢筋图示方法、钢筋标注及混凝土保护层厚度要求；
8. 掌握柱、梁、有梁楼盖、板式楼梯的平法施工图制图规则。

能力目标

1. 能够读懂建筑总平面图、建筑平面图、建筑立面图和建筑剖面图；
2. 能够读懂外墙身节点详图、楼梯建筑平面图和剖面图；
3. 能够读懂柱、梁、有梁楼盖、板式楼梯的平法施工图。

学前导读

工程图是土木工程界沟通和交流的语言。工程图是施工测量、预算和管理的依据。对于建筑工程，按照专业工种来分，有建筑施工图、结构施工图和设备施工图。建筑施工图（简称"建施"）是表示工程项目总体布局，建筑物的外部形状、内部布置、结构构造、内外装修、材料做法及设备、施工等要求的图样。建筑的承重结构系统称为建筑结构，简称"结构"。组成承重结构系统的各个构件称为结构构件，主要包括基础、墙体、梁、板、柱等。

5.1 建筑施工图的识读

5.1.1 建筑施工图纸的组成

建筑施工图（简称"建施"）是表示工程项目总体布局，建筑物的外部形状、内部布置、结构构造、内外装修、材料做法及设备、施工等要求的图样。一套完整的建筑施工图纸主要包括图纸目录、建筑设计总说明、门窗表、建筑总平面图、平面图、立面图、剖面图和详图。

1. 图纸目录

图纸目录用来说明工程由哪几类专业图形组成，各专业图形的名称、张数和图纸顺序，以便查阅图形，如表 5-1 所示。

表 5-1 图纸目录

项目名称		×××学校宿舍楼	工程编号	×××	专业	建筑
工程名称		9#学生宿舍楼	建筑面积	398.5 m²	页号	1
序号	图号	图纸名称	图纸规格	折合 A1 张数	备注	
1	建施-目	图纸目录	A4	0.25		
2	建施-01	建筑设计总说明	A2	0.5		
3	建施-02	首层平面图	A2	0.5		
4	建施-03	二、三层平面图	A2	0.5		
5	建施-04	屋面平面图	A2	0.5		
6	建施-05	①～⑦立面图	A2	0.5		
⋮						

2. 建筑设计总说明

建筑设计总说明主要说明工程的概况和总的要求，内容包括工程设计依据（工程地质、水文、气象资料等）、设计标准（建筑标准、结构荷载等级、抗震要求、耐火等级、防水等级等）、建设规模（占地面积、建筑面积等）、工程做法（墙体、地面、楼面、屋面等的做法的文字描述及表格）及材料要求等。

3. 门窗表

门窗表的内容包括门窗的类型、编号、数量、具体位置、尺寸规格、所在标准图集等，见表 5-2 所示。

表 5-2 某工程门窗表

编号	洞口尺寸/mm		数量	采用图集		备注
	宽度	高度		图集号	型号	
C1	1 500	1 600	52	92SJ704（一）	TSC-73s	双层中空玻璃白色塑钢窗
C2	1 400	1 600	14	92SJ704（一）	TSC-73s	单层玻璃白色塑钢窗
C3	800	1 600	38	92SJ704（一）	TSC-72s	单层玻璃白色塑钢窗
⋮						
M1	900	2 100	70	88ZJ604	M21-0921	夹板木门（夹板为五夹板）
M2	1 800	2 500	20	92SJ704（一）	PBM-0821	塑钢推拉玻璃门
⋮						
MC1	1 500	2 500	26	02ZJ604	PPNM-1525	组合门（固定窗）
⋮						

4. 建筑总平面图

建筑总平面图表达新建工程的总体位置情况，主要明确建筑红线、新建工程位置及朝向、与原有建（构）筑物的位置关系，同时明确周围道路、绿化、地形地貌、设备管道等内容，如图 5-1 所示。

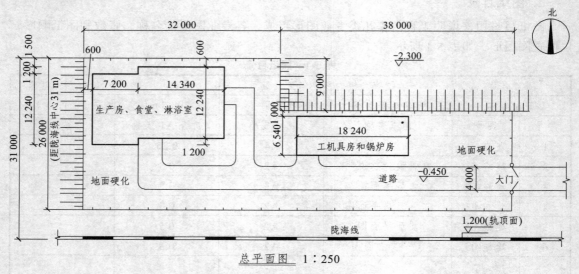

总平面图　1：250

图 5-1　某建筑总平面图

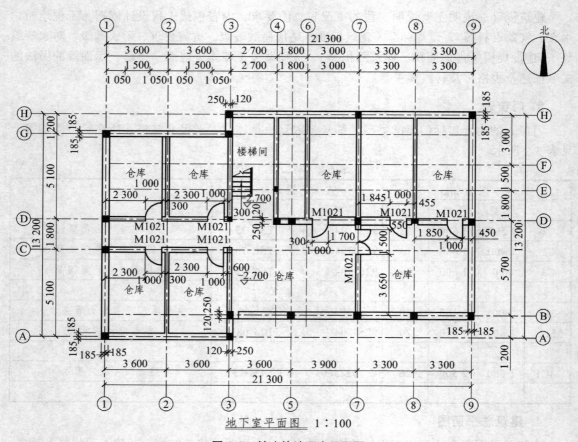

地下室平面图　1：100

图 5-2　某建筑地下室平面图

5. 建筑平面图

建筑平面图主要表达建筑物的轴线定位、房建布局、构件尺寸及位置、材料和标高、交通等情况，是编制施工组织设计、开展建筑施工和编制预算的依据，如图 5-2 所示。

6. 建筑立面图

建筑立面图是平行于建筑物各方向外墙面的正投影图，用来表示建筑物的体型和外貌，并标明外墙面装饰要求等，如图 5-3 所示。

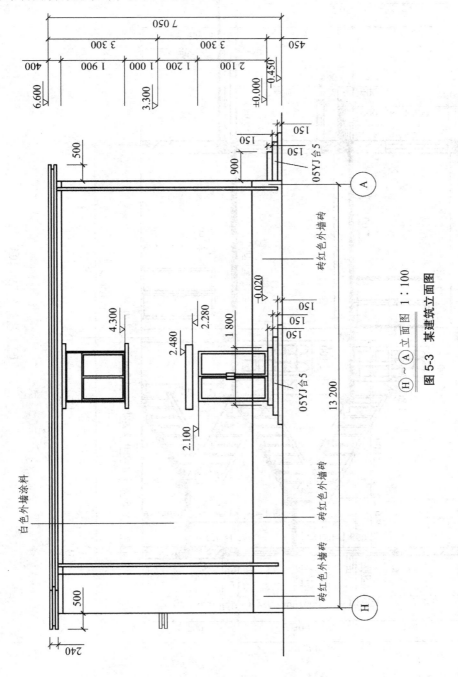

⑪~Ⓐ 立面图 1：100

图 5-3 某建筑立面图

7. 建筑剖面图

建筑剖面图是通过一个或多个垂直于外墙轴线的铅垂剖切面将房屋剖开所得到的投影图，用来表示房屋内部的结构或构造形式、分层情况和各部位的联系、材料及其高度等，是与平面图、立面图相互配合体现建筑各要素的重要图件之一，如图 5-4 所示。

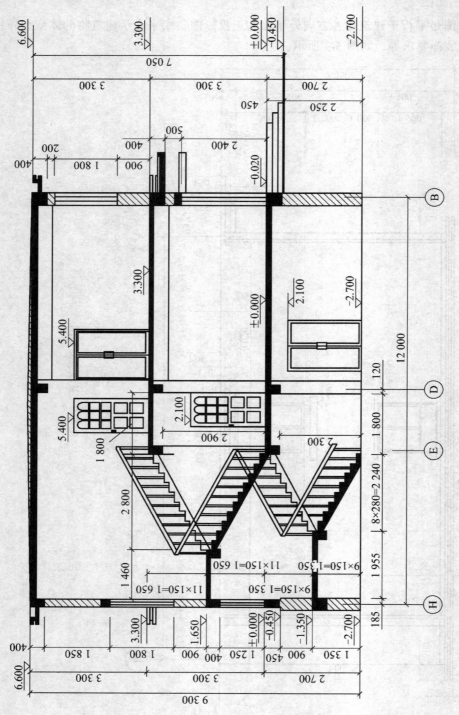

1—1 剖面图 1：100

图 5-4 某建筑剖面图

8. 建筑详图

建筑详图是扩大绘制的详细局部的施工图。平、立、剖面图的比例较小，房屋上许多细部构造无法表示清楚，根据施工需要，必须另外绘制比例较大的详图才能表达清楚。建筑详图是建筑平面图、立面图和剖面图的补充。凡是选用标准图或通用图的节点和建筑构配件，只需注明图集代号和页次，不必再画详图。

5.1.2　施工图中常用的符号

为了保证制图质量、提高效率、表达统一和便于识读，我国制定了《房屋建筑制图统一标准》（GB/T 50001—2010）、《总图制图标准》（GB/T 50103—2010）、《建筑制图标准》（GB/T 50104—2010）等国家标准，这里选择几项主要的规定和常用的表示方法来介绍。

1. 比　例

图纸中图形与其实物相应要素的线性尺寸之比称为比例。绘图时应选用规定比例，并在标题栏的比例一栏中注明。比例符号以"："表示，表示方法为 1：100、1：20 等。同一张图纸中应采用相同的比例，不宜出现 3 种以上的比例。选用比例的原则是在保证图纸能表达其内容的情况下，尽量使用较小的比例以缩小图幅。房屋施工图常用比例可参考表 5-3 所示。

图 5-3　房屋施工图常用比例

图　名	常用比例
总平面图	1：500、1：1 000、1：2 000
平面图、立面图、剖面图	1：50、1：100、1：150、1：200、1：300
详　图	1：1、1：2、1：5、1：10、1：20、1：25、1：30、1：50

2. 定位轴线

在施工图中通常将房屋的基础、墙、柱、墩和屋架等承重构件的轴线画出，并进行编号，以便于施工时定位放线和查阅图纸，这些轴线称为定位轴线，如图 5-5 所示。

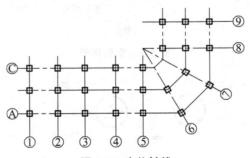

图 5-5　定位轴线

定位轴线水平方向上的编号采用阿拉伯数字从左向右依次编写；垂直方向上的编号采用大写拉丁字母自下而上依次编写，但 I、O、Z 三个字母不得作为轴线编号，以免与数字 1、0、2 混淆。对于较简单或对称的建筑，平面图的轴线编号一般标注在图形的下方及左侧；对于较复杂或不对称的建筑，图形上方和右侧也可进行标注。

对于一些与主要承重构件相联系的次要构件，它的定位轴线一般作为附加定位轴线，并以分数形式进行编号，编号规则如下：

① 两根轴线之间的附加轴线，应以分母表示前一轴线的编号，分子表示附加轴线的编号，编号宜用阿拉伯数字顺序编写，如图 5-6 所示。

② 1 号轴线或 A 号轴线之前的附加轴线应以分母 01、0A 分别表示，如图 5-6 所示。

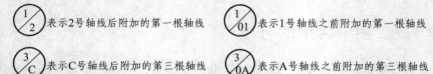

$\frac{1}{2}$ 表示2号轴线后附加的第一根轴线 $\quad$ $\frac{1}{01}$ 表示1号轴线之前附加的第一根轴线

$\frac{3}{C}$ 表示C号轴线后附加的第三根轴线 $\quad$ $\frac{3}{0A}$ 表示A号轴线之前附加的第三根轴线

图 5-6 附加定位轴线

3. 索引符号

建筑平面图、立面图、剖面图中某一局部或构件，如需另见详图时，应以索引符号索引。索引符号是以细实线绘制的直径为 10 mm 的圆，索引符号应按下列规定编写：

① 索引出的详图与被索引的图样同在一张图纸内时，应在索引符号的上半圆中用阿拉伯数字注明该详图的编号，并在下半圆中间画一段水平细实线，如图 5-7（a）所示。

② 索引出的详图与被索引的图样不在同一张图纸内时，应在索引符号的下半圆中用阿拉伯数字注明该图所在图纸的编号，如图 5-7（b）所示。

③ 索引出的详图采用标准图时，应在索引符号水平直径的延长线上加注图册的编号，如图 5-7（c）所示。

④ 索引符号用于索引剖面详图，应在被剖切的部位绘制剖切位置线，并应以引出线引出索引符号，引出线所在的一侧应为剖视方向，如图 5-8 所示。

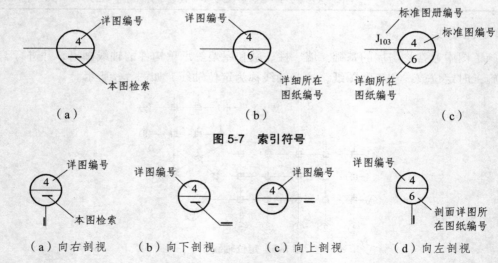

图 5-7 索引符号

（a）向右剖视　（b）向下剖视　（c）向上剖视　（d）向左剖视

图 5-8 索引剖面详图

4. 详图符号

详图的位置和编号应以详图符号表示，详图符号是以粗实线绘制的直径 14mm 的圆，其编号规定如下：

① 详图与被索引的图样在同一张图纸内时，应在详图符号内用阿拉伯数字注明详图的编号，如图 5-9（a）所示。

② 详图与被索引的图样不在同一张图纸内时，用细实线在详图符号内画一水平直径，在上半圆中注明详图编号，在下半圆中注明被索引图纸的编号，如图 5-9（b）所示。

（a）详图与被索引图样在同一张图纸内　　　（b）详图与被索引图样不在同一张图纸内

图 5-9　详图符号

5. 尺寸线

施工图中均应注明详细的尺寸。尺寸标注由尺寸界线、尺寸线、尺寸起止符号和尺寸数据组成，如图 5-10 所示。除高程及总平面图上的尺寸以 m 为单位外，其余均以 mm 为单位，且在尺寸数字后面不必注写单位。

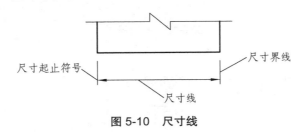

图 5-10　尺寸线

6. 标　高

在建筑工程施工图上，通常用标高表示建筑物上某一部位的高程。

（1）绝对标高与相对标高

① 绝对标高：我国把青岛黄海的平均海平面定为绝对高程的零点，其他各地高程都以它作为基准。在总平面图中，室外整平地面高程采用绝对标高。

② 相对标高：除总平面图外，一般都把底层室内主要地坪高程定为零点，注写成±0.000，建筑的其他部位相对于该零点的标高称为相对标高。在建筑工程的总说明中要说明相对标高和绝对标高的关系，再由当地附近的水准点来测定拟建工程的底层地面标高。

（2）建筑标高与结构标高

① 建筑标高：装修完成后的标高尺寸，已将构件装修层的厚度包括在内，如图 5-11 中标高 a 所示。

② 结构标高：剔除装修层厚度的结构层上表面的标高尺寸，如图 5-11 中标高 b 所示。

（3）标高的表示方法

标高数字应以 m 为单位，注写到小数点后三位，在总平面图中可以注写到小数点后两位。零点标高注写成±0.000，正数标高不注写"+"，负数标高应注写"−"。标高符号应以直角等腰三角形表示，具体如图 5-12 所示。

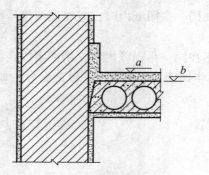

图 5-11 建筑标高和结构标高

a—建筑标高；*b*—结构标高

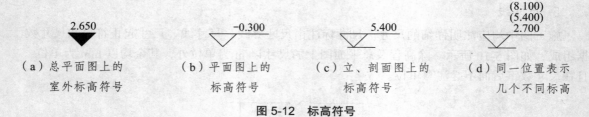

（a）总平面图上的　　（b）平面图上的　　（c）立、剖面图上的　　（d）同一位置表示
　　室外标高符号　　　　标高符号　　　　　标高符号　　　　　几个不同标高

图 5-12 标高符号

7. 对称符号

对称符号由对称线和两端的两对平行线组成，如图 5-13 所示。

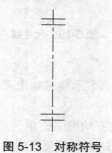

图 5-13 对称符号

8. 指北针

指北针形状如图 5-14 所示，指针头部应注写"北"或"N"字，表示正北方向。

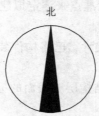

图 5-14 指北针

9. 风向频率玫瑰图

风向频率玫瑰图简称风玫瑰图，是根据当地多年平均统计的各个方向（一般为 16 个或 32 个方位）吹风次数的百分数，按照一定比例绘制的，风的吹向指向中心。如图 5-15 所示为兰

州的风向频率玫瑰图，图中实线表示全年风向频率，虚线表示按 6、7、8 三个月统计的风向频率。风向频率玫瑰图可以表达该地区常年的风向频率，还可以代替指北针用来表示方位。

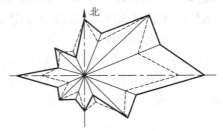

图 5-15　兰州风向频率玫瑰图

5.1.3　建筑总平面图

1. 建筑总平面图的内容

① 图名、图例和说明。

② 建筑场地所处的位置与大小。

③ 新建房屋首层室内地面与室外地坪及道路的绝对标高。

④ 新建房屋外形、在场地内的位置及其与邻近建筑物的距离。

⑤ 新建房屋的方位用指北针表明，有时用风向频率玫瑰图表示常年的风向频率与方位。

⑥ 场地内的道路布置与绿化安排。

⑦ 扩建房屋的预留地。

2. 建筑总平面图的识读

① 查看图名、比例，查看图示说明，这是阅读建筑施工图的首要步骤。

② 查看工程性质，对比设计说明，依据图例及线型熟悉用地范围、地形地貌及周边环境状况。

③ 查看整个总图的标高以及新建建筑物的标高、定位尺寸、定性尺寸等。

④ 查看新建建筑物的朝向，阅读风向玫瑰图，判断建筑物的层数、平面形状等。

⑤ 查看新建建筑物与原有建筑物的关系，熟悉道路系统及相关情况，熟悉绿化情况。

⑥ 查看整个建筑设备的规划安排，即给水、排水、供暖、供电、网络等设备系统管线的走向。

5.1.4　建筑平面图

1. 建筑平面图的内容

① 建筑物及其组成房建的名称、尺寸、定位轴线和墙厚等信息。

② 门窗位置、尺寸及编号。

③ 室内地面的标高。

④ 走廊、楼梯位置及尺寸。

⑤ 台阶、阳台、雨篷、散水的位置及细部尺寸。

⑥ 首层平面图上应画出剖面图的剖切位置线，以便与剖面图对照查询。

2. 建筑平面图的识读

① 查看整套图纸的组成和建筑设计总说明，了解平面图的整体构成，阅读平面图标题栏的内容，从图名开始识读。一般情况下，平面图从底层开始识读，以查阅建筑物的平面形状、房屋朝向、房建的布置关系和用途以及交通情况。

② 依次查阅建筑各主要构件尺寸、数量级表达，以及所用建筑材料。

③ 查阅标高，核对厨房、卫生间、楼梯间、阳台等特殊位置。

④ 依据建筑类型查看辅助设备设施、必要说明和新添加项。

5.1.5 建筑立面图

1. 建筑立面图的内容

① 建筑物的外观特征及凹凸变化。

② 立面图两端或分段定位轴线及编号。

③ 建筑物各主要部分的标高及高度关系，如室内外地面、门窗顶、雨篷、窗台、阳台、檐口等处完成面的标高，及门窗等洞口的高度尺寸。

④ 建筑立面所选用的材料、色彩和施工要求等。

2. 建筑立面图的识读

① 查看图纸标题栏内容，阅读图名、说明及比例。

② 从下到上依次识图，识别室内外高差、主要和次要入口、层高、标高、门窗等。

③ 阅读相关文字提示、索引标注、墙面装修做法等。

④ 查看整体里面，通过对比平面图等，建立建筑物的整体设计立体感，加深理解。

⑤ 查看定位轴线与轴线尺寸。

5.1.6 建筑剖面图

1. 建筑剖面图的内容

① 剖切到的各部位的位置、形状及图例，包括室内外地面、楼板层及屋顶、内外墙及门窗、梁、女儿墙或挑檐、楼梯及平台、雨篷、阳台等。

② 未剖切到的可见部分，如墙面的凹凸轮廓线、门、窗、勒脚、踢脚线、台阶、雨篷等。

③ 外墙的定位轴线及其间距。

④ 垂直方向的尺寸及标高。

⑤ 详图索引符号。在建筑剖面图中，对需要另有详图表示的部位，都要加注索引符号以便查阅。

⑥ 施工说明。

2. 建筑剖面图的识读

① 查看剖面图图名、轴线符号，并对照平面图。

② 查看墙体、柱子、楼板、门窗、楼梯、屋顶等主要建筑构件，识别对应的尺寸、标高。

③ 查看剖面图上被剖切的次要建筑构件。

5.1.7　建筑详图

5.1.7.1　外墙身节点详图

外墙身节点详图是表达外墙身重点部位构造做法的详图，如图 5-16 所示。外墙身节点详图表达了与外墙身相接处屋面、楼层、地面和檐口的构造，楼板与墙的连接，门窗顶、窗台、勒脚、散水等处的构造情况，是外墙身施工的重要依据。

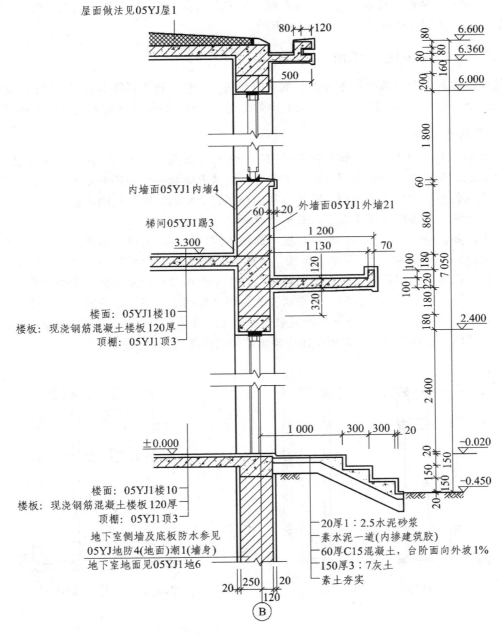

图 5-16　某建筑外墙身节点详图

外墙身节点详图的主要内容包括：

① 表明墙体的厚度与各部分的尺寸变化及其与定位轴线的关系。

② 注明定位轴线的位置。

③ 表明各层梁板等构件的位置、尺寸及其与墙身的关系与连接做法。

④ 表明室内各层地面、楼面、屋面等的标高及其构造做法（当施工图中附有构造做法表时，在详图及其他图纸上只需标注该表中的做法编号即可，如墙1、墙2、楼1、楼2等）。

⑤ 表明门窗洞口的高度、标高及立口的位置。

⑥ 表明立面装修的要求，包括墙身各部位的凹凸线脚、窗口、门头、雨篷、檐口、勒脚、散水以及墙身防潮等的材料、构造做法和尺寸。

5.1.7.2 楼梯建筑详图

楼梯的建筑详图一般包括平面图、剖面图及踏步、栏杆扶手详图等。平、剖面图的比例要一致，以便对照阅读。踏步、栏杆扶手详图比例要大些，以便能清楚表达其构造情况。

1. 楼梯平面图

楼梯平面图的形成，是在该层往上的第一个梯段（休息平台下）的任一位置处用水平的剖切平面剖切向下进行投影所得到的，一般每一层楼都要画一个楼梯平面图。三层以上的房屋，若中间各层楼梯位置及梯段、踏步数和大小都完全相同，则可只画出底层、中间层、顶层三个平面图，其特征及尺寸标注如图5-17所示。

读图时要区分各层平面图，掌握各层平面图不同的特点。底层平面图只有一个被剖切的梯段及栏杆，并有注有"上"字的长箭头（有的底层楼梯平面图中包含有台阶）；顶层平面图由于剖切平面在安全栏杆之上，在图中画有两段完整的梯段和楼梯平台，在楼层平台处只有一个注有"下"字的长箭头；中间层平面图既要画出被剖切的往上走的梯段（画有"上"字的长箭头），又要画出从该层往下走的完整的梯段（画有"下"字的长箭头）、楼梯平台及平台往下的梯段。在楼梯底层平面图中还应画出楼梯剖面图的剖切符号。

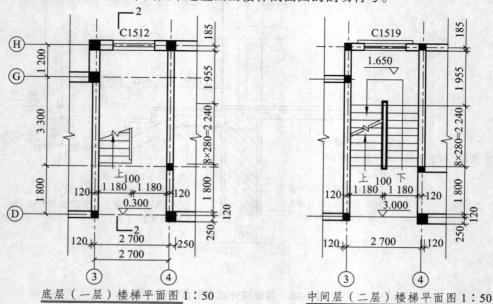

底层（一层）楼梯平面图 1:50　　　　中间层（二层）楼梯平面图 1:50

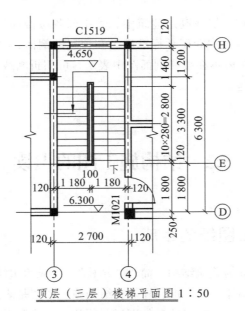

顶层（三层）楼梯平面图 1∶50

图 5-17 楼梯平面图

2. 楼梯剖面图

用一个铅垂面，通过各层的一个梯段，将楼梯剖切开，向另一未剖切到的梯段方向投影所作的剖面图即为楼梯剖面图，其特征及尺寸标注如图 5-18 所示。

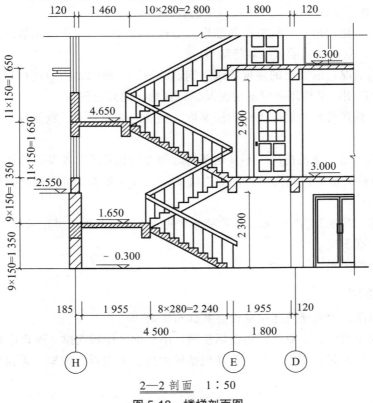

2—2 剖面 1∶50

图 5-18 楼梯剖面图

与楼梯平面图类似，在多层或高层建筑中，若中间各层楼梯构造相同，则相同的部分可以省略，可只画出底层、一个中间层（标准层）和顶层的剖面，之间用折断线分开。若楼梯间的屋面没有特殊之处，一般不在楼梯剖面图中表示，可用折断线省略（见图 5-18）；如有特殊需要，可按实际情况表达。

5.2　结构施工图的识读

5.2.1　结构施工图纸的组成

建筑的承重结构系统称为建筑结构，简称"结构"。组成承重结构系统的各个构件称为结构构件，主要包括基础、墙体、梁、板、柱等。结构施工图就是表达建筑物承重构件的布置、尺寸、形状、构造等相互关系及配筋信息的图样，简称"结施"。结构施工图主要包括结构设计总说明、结构平面图和结构构件（基础、柱、梁、板、墙等承重构件）详图。

1. 结构设计总说明

结构设计总说明以文字叙述为主，主要说明结构设计的依据、结构形式、构件材料及要求、构造做法、施工要求等，一般包括以下内容：

① 工程概况：建设地点、抗震设防烈度、结构抗震等级、荷载选用情况、结构形式、结构设计使用年限、砌体结构质量控制等级等。

② 选用材料情况：混凝土的强度等级、钢筋的级别、砌体结构中块材和砌筑砂浆的强度等级，钢结构中选用的结构用钢材的情况及焊条或螺栓的要求等。

③ 上部结构构造要求：混凝土保护层厚度、钢筋的锚固要求、钢筋接头要求、钢结构焊缝要求等。

④ 地基基础情况：地质情况、不良地基的处理方法和要求、地基持力层要求、基础的形式、地基承载力特征值或桩基的单桩承载力特征值、试桩要求、沉降观测要求及地基基础的施工要求等。

⑤ 施工要求：对施工顺序、方法、质量标准的要求及与其他工种配合施工方面的要求等。

⑥ 选用的标准图集。

⑦ 其他必要的说明。

2. 结构平面图

① 基础平面图，工业建筑还包括设备基础布置图。

② 楼层结构平面图，工业建筑还包括柱网、吊车梁、柱间支撑、连系梁布置图等。

③ 屋面结构平面布置图，工业建筑还包括屋面板、天沟板、屋架、天窗架及屋面支撑系统布置图等。

3. 构件详图

① 基础、柱、梁及板的断面详图，基础断面详图应尽可能与基础平面图布置在同一张图纸上，便于对照施工。

② 楼梯结构详图。

③ 屋面结构详图。

④ 其他详图，如天沟、雨篷等。

5.2.2　混凝土构件中的钢筋

1. 钢筋的类别

如图 5-19 所示，根据钢筋的位置和作用，混凝土构件中的钢筋可分为以下几种：

① 受力筋：构件中最主要的受力钢筋，主要承受拉应力和压应力，用于梁、板、柱、墙等钢筋混凝土构件受力区域中。受力筋是通过结构计算确定的，分为直筋和弯起钢筋两种。

② 箍筋：也称钢箍，用来固定受力筋的位置，并承受一部分斜拉应力，多用于梁和柱内。

③ 架立筋：用来固定梁内箍筋的位置，与受力筋、箍筋一起形成钢筋骨架，一般只在梁内使用。

④ 分布筋：用于板或墙内，与板内受力筋垂直布置，用来固定受力筋的位置，同时将承受的重量均匀地传给受力筋，并抵抗热胀冷缩所引起的温度变形。分布筋是按照构造要求配置的。

⑤ 其他钢筋：构件因在构造上的要求或施工安装需要而配置的钢筋，如拉结筋、马镫筋、预埋锚固筋、吊环等。

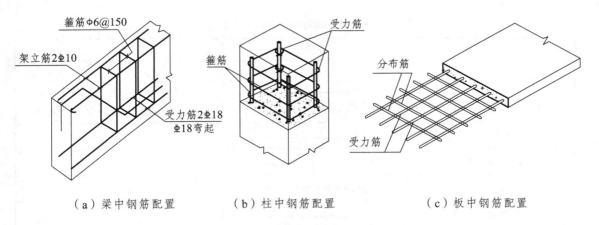

（a）梁中钢筋配置　　　　（b）柱中钢筋配置　　　　（c）板中钢筋配置

图 5-19　钢筋配置构造示意图

2. 钢筋的弯钩

由于螺纹钢与混凝土之间具有良好的黏结力，所以钢筋末端不需要做弯钩。光圆钢筋两端需要做弯钩，以加强钢筋与混凝土之间的黏结力，避免钢筋受拉滑动。常见的钢筋弯钩形式如图 5-20 所示。

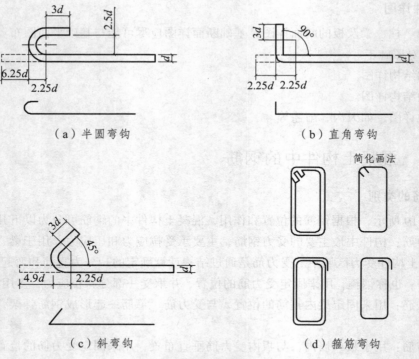

（a）半圆弯钩   （b）直角弯钩

（c）斜弯钩   （d）箍筋弯钩

图 5-20　常见钢筋弯钩形式

3. 钢筋的图示

根据《建筑结构制图标准》（GB/T 50105—2010）的规定，钢筋在图中的表示方法应符合表 5-4 的规定。

表 5-4　钢筋的一般表示方法

序号	名称	图例	说明
1	钢筋横断面	●	
2	无弯钩的钢筋端部		下图表示长短钢筋投影重叠时，短钢筋的端部用 45°短斜线表示
3	半圆弯钩的钢筋端部		—
4	带直钩的钢筋端部		—
5	带丝扣的钢筋端部		—
6	无弯钩的钢筋搭接		—
7	带半圆弯钩的钢筋搭接		—
8	带直弯钩的钢筋搭接		—

4. 钢筋的标注

在结构施工图中，需要标注钢筋的根数、级别、直径及相邻钢筋的间距，其标注方法如图 5-21 所示。

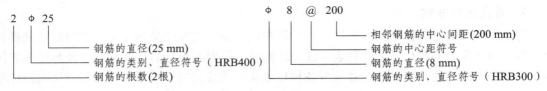

图 5-21 钢筋的标注

5. 钢筋的混凝土保护层厚度

为了使钢筋不发生锈蚀，保证钢筋与混凝土之间具有足够的黏结强度，混凝土构件中钢筋的表面必须具有足够厚度的混凝土保护层。钢筋外皮至混凝土外缘的距离称为混凝土保护层，简称保护层。设计使用年限为 50 年的钢筋混凝土结构，最外层钢筋的保护层厚度应符合表 5-5 的规定；设计使用年限为 100 年的钢筋混凝土结构，最外层钢筋的保护层厚度为表 5-5 中数值的 1.4 倍。

表 5-5 混凝土保护层的最小厚度（单位：mm）

环境类别		板、墙、壳	梁、柱、杆
一		15	20
二	a	20	25
	b	25	35
三	a	30	40
	b	40	50

注：① 混凝土强度等级不大于 C25 时，表中保护层厚度应增加 5 mm。
② 钢筋混凝土基础宜设置混凝土垫层，基础中钢筋的混凝土保护层厚度应从垫层顶面算起，且不应小于 40 mm。

5.2.3 钢筋混凝土结构施工图平面整体表示方法

钢筋混凝土结构施工图平面整体表示方法简称为"平法"。概括来讲，平法的表达形式就是把结构构件的尺寸和配筋等，按照平面整体表示方法制图规则，整体直接表达在各类构件的结构平面布置图上，再与标准构造详图相配合，即构成一套完整的结构设计施工图。平法系列图集包括：

① 11G101-1《混凝土结构施工图平面整体表示方法制图规则和构造详图（现浇混凝土框架、剪力墙、梁、板）》。

② 11G101-2《混凝土结构施工图平面整体表示方法制图规则和构造详图（现浇混凝土板式楼梯）》。

③ 11G101-3《混凝土结构施工图平面整体表示方法制图规则和构造详图（独立基础、条形基础、筏形基础及桩基承台）》。

5.2.3.1 柱平法施工图制图规则

柱平法施工图是在柱平面布置图上采用列表注写方式或截面注写方式表达相关信息的施工图。柱平面布置图可采用适当比例单独绘制，也可与剪力墙平面布置图合并绘制。

1. 列表注写方式

列表注写方式是在柱平面布置图上，分别在同一编号的柱中选择一个（有时需要选择几个）截面标注几何参数代号；在柱表中注写柱编号、柱段起止标高、几何尺寸及与轴线之间的位置关系、配筋的具体数值，并配以各种柱截面形状及其箍筋类型图的方式，来表达柱平法施工图，如图5-22所示。

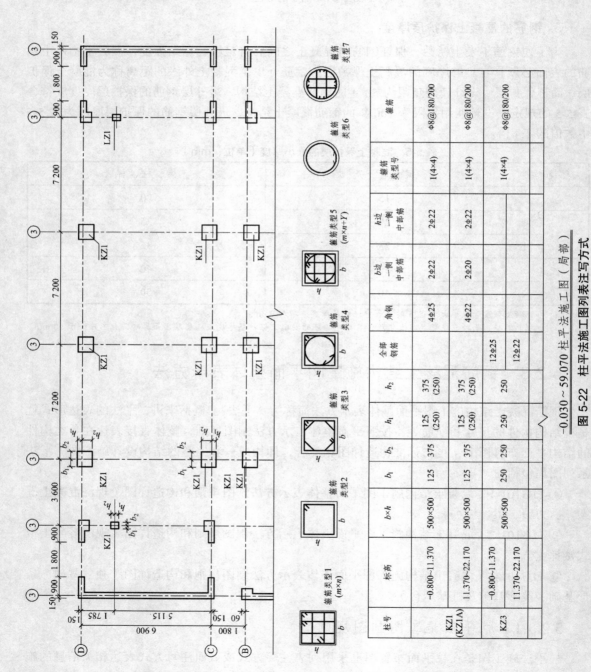

图 5-22　-0.030～59.070 柱平法施工图列表注写方式（局部）

（1）柱编号

柱编号由柱类型代号和序号组成，应符合表 5-6 的规定。

表 5-6　柱编号

柱类型	代号	序号
框架柱	KZ	××
框支柱	KZZ	××
芯柱	XZ	××
梁上柱	LZ	××
剪力墙上柱	QZ	××

注：编号时，当柱的总高、分段截面尺寸和配筋均对应相同，仅截面与轴线的关系不同时，仍可将其编为同一柱号，但应在图中注明截面与轴线的关系。

（2）各柱段起止标高

通常由柱根部往上以变截面位置或截面未变但配筋改变处为界分段注写。框架柱和框支柱的根部标高是指基础顶面标高；芯柱的根部标高是指根据结构实际需要而定的起始位置标高；梁上柱的根部标高是指梁顶面标高；剪力墙上柱的根部标高为墙顶面标高。

（3）柱截面尺寸及与轴线关系

对应于各柱段分别注写柱截面尺寸及与轴线关系的几何参数。方柱截面尺寸为 $b \times h$（宽度×高度），圆柱截面尺寸为 D（直径），与轴线位置关系为 b（或 D）$=b_1+b_2$，h（或 D）$=h_1+h_2$。芯柱定为随框架柱，不需要注写其与轴线之间的几何关系。

（4）柱纵筋

柱纵筋应分角筋、截面 b 边一侧中部筋和 h 边一侧中部筋三项分别注写。对于采用对称配筋的矩形截面柱，可仅注写一侧中部筋，对称边省略不注。当柱纵筋直径相同、各边根数也相同时，也可以将纵筋总数只注写在"全部纵筋"一栏中，其余项不注写。

（5）柱箍筋类型号及箍筋肢数

在箍筋类型栏内注写柱箍筋类型号及箍筋肢数。具体工程所设计的箍筋类型图以及箍筋复合的具体方式需画在表的上部或适当的位置，并在其上标注与表中对应的 b、h 和类型号。当为抗震设计时，确定箍筋肢数时要满足对柱纵筋"隔一拉一"以及箍筋肢距的要求。矩形柱箍筋复合方式及肢数见图 5-23 所示。

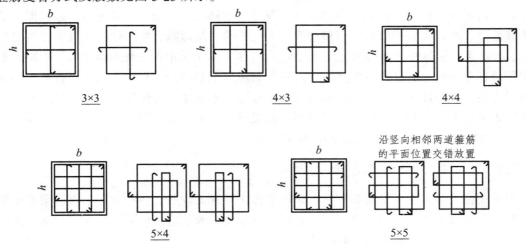

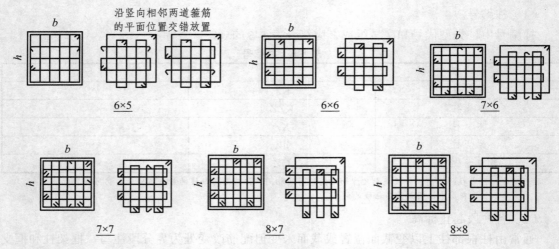

沿竖向相邻两道箍筋的平面位置交错放置

6×5　　　6×6　　　7×6

7×7　　　8×7　　　8×8

图 5-23　矩形柱箍筋复合方式及肢数

（6）柱箍筋

注写柱箍筋钢筋的级别、直径及间距。当为抗震设计时，用斜线"/"区分柱段端部箍筋加密区与柱身非加密区长度范围内箍筋的不同间距。当框架节点核心区内箍筋与柱段端部箍筋配置不同时，应在括号内注明核心区箍筋直径和间距。例如 φ10@100/200（φ12@100）表示柱中箍筋为 HPB300 级钢筋，直径 φ10，加密区间距为 100，非加密区间距为 200；框架节点核心区箍筋为 HPB300 级钢筋，直径 φ12，间距为 100。

2. 截面注写方式

截面注写方式是在柱平面布置图的柱截面上，分别在同一编号的柱中选择一个截面，画出比例放大的截面图，并以直接注写截面尺寸和配筋具体数值的方式来表达柱平法施工图，如图 5-24 所示。截面注写方式中放大比例的柱截面中显示的纵筋、箍筋配置情况应与实际情况一致，并应表达清楚、直观、易于查阅。

截面注写方式与列表注写方式表达的内容相同，柱编号的规则一致。这里值得注意的是：采用截面注写方式表达时，可分为集中标注和原位标注。集中标注用一条斜线引出，标注柱编号、截面尺寸（$b×h$）、角部纵筋和箍筋情况等，箍筋注写方法与列表注写一致，但不必注写箍筋肢数，具体箍筋的肢数可直接查看放大比例的柱截面图；原位标注在放大比例的柱截面上直接注写，标注柱截面与轴线关系（b_1、b_2、h_1、h_2）及中部筋配置情况等。当矩形截面柱采用对称配筋时，可仅在一侧注写中部筋，对称边不必注写。当柱全部纵筋直径、等级相同时，可在集中标注中注写全部纵筋，在原位标注中不必注写柱纵筋，具体纵筋的配置情况可直接查看放大比例的柱截面图。当在某些框架柱的一定高度范围内，在其内部的中心设置芯柱时，在芯柱的编号之后还应注写芯柱的起止标高。

5.2.3.2　梁平法施工图制图规则

梁平法施工图是在梁平面布置图上采用平面注写方式或截面注写方式来表达梁截面尺寸和钢筋配置的施工图。其中，梁平面布置图应分别按梁的不同结构层，将全部梁和与其相关联的柱、墙、板一起采用适当比例绘制。

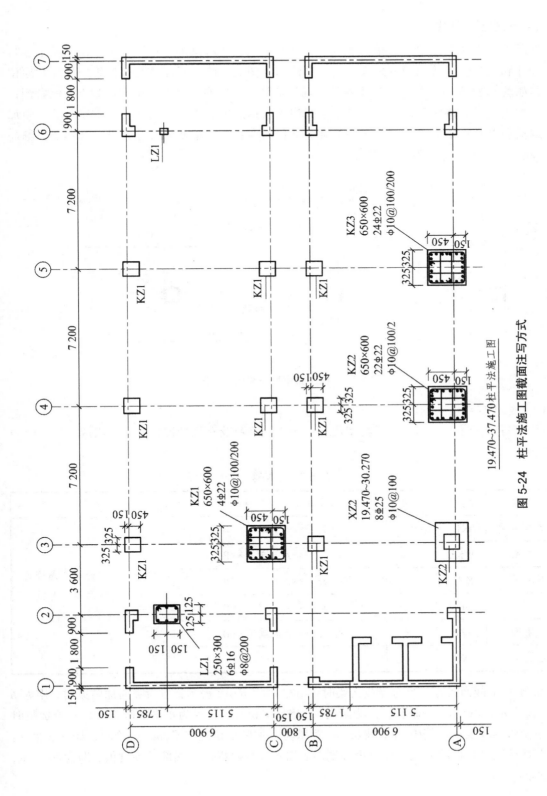

图 5-24　柱平法施工图截面注写方式

1. 平面注写方式

平面注写方式是在梁平面布置图上，分别在不同编号的梁中各选一根梁，以在其上注写截面尺寸和配筋具体数值的方式来表达梁平法施工图的方法。平面注写包括集中标注和原位标注，如图 5-25 所示。集中标注表达梁的通用数值，注写在从梁上引出的一条直线的右侧；原位标注表达梁的特殊数值，主要指集中标注未表达的内容（如梁底配筋、支座负筋、附加吊筋或箍筋）及集中标注不适用于梁的某些部位的内容（如梁截面尺寸、梁上部钢筋、箍筋等）。施工时，原位标注值取值优先。

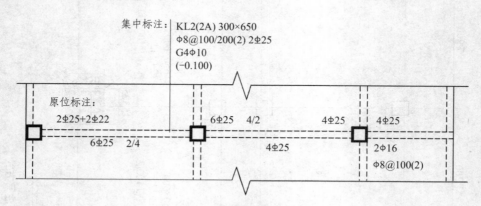

图 5-25 梁的集中标注和原位标注

（1）集中标注注写内容

① 注写梁编号。梁编号由梁类型代号、序号、跨数及有无悬挑代号几项组成，应符合表 5-7 的规定。

表 5-7 梁编号

梁类型	代号	序号	跨数及是否带悬挑	备注
楼层框架梁	KL	××	（××）、（××A）或（××B）	
屋面框架梁	WKL	××	（××）、（××A）或（××B）	
框支梁	KZL	××	（××）、（××A）或（××B）	（××A）表示一端有悬挑；
非框架梁	L	××	（××）、（××A）或（××B）	（××B）表示两端有悬挑；
井字梁	JZL	××	（××）、（××A）或（××B）	悬挑端不计入跨数
悬挑梁	XL	××	—	

② 注写梁截面尺寸。当为等截面梁时，用宽×高（$b×h$）表示；当为竖向加腋梁时，用 $b×h$ GY$c_1×c_2$ 表示，其中 c_1 为腋长，c_2 为腋高，如图 5-26 所示；当为水平加腋梁时，一侧加腋时用 $b×h$ PY$c_1×c_2$ 表示，其中 c_1 为腋长，c_2 为腋宽，加腋部位应在平面图中绘制，如图 5-27 所示；当有悬挑梁且根部和端部的高度不同时，用斜线分隔根部与端部的高度值，即为 $b×h_1/h_2$，如图 5-28 所示。

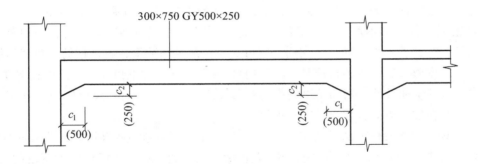

图 5-26　竖向加腋梁截面尺寸注写示意

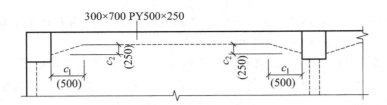

图 5-27　水平加腋梁截面尺寸注写示意

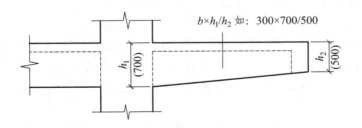

图 5-28　悬挑梁不等高截面尺寸注写示意

③ 注写梁箍筋。包括钢筋级别、直径、加密区与非加密区间距及肢数等，箍筋肢数应写在括号内。箍筋加密区与非加密区的不同间距及肢数应用斜线"/"分隔；若两者箍筋肢数相同，则只需注写斜线后面非加密区箍筋的肢数即可；若梁箍筋为同一种间距及肢数，则不需用斜线分隔，只注写一种间距及肢数即可。

例如：$\phi10@100（4）/150（2）$表示箍筋为 HPB300 级钢筋，直径 10 mm，加密区间距 100 mm，四肢箍，非加密区间距 150 mm，两肢箍；$\phi8@100/150（2）$表示箍筋为 HPB300 级钢筋，直径 8 mm，加密区间距 100 mm，非加密区间距 150 mm，均为两肢箍；$\phi8@100（2）$表示箍筋为 HPB300 级钢筋，直径 8 mm，梁全长箍筋间距均为 100 mm，为两肢箍。

梁的加密区在每跨梁段的两端支座附近，抗震框架梁、框支梁的加密区范围可查看相应的标准构造详图；抗震设计中的非框架梁、悬挑梁、井字梁及非抗震设计中的各类梁的加密区箍筋数量应注写在前面。

例如：某非框架梁箍筋为 $18\phi10@100/150（2）$，表示箍筋为 HPB300 级钢筋，直径 10 mm，在梁段的两端各有 18 个箍筋，间距为 100 mm，梁段跨中部分箍筋间距为 150 mm，均为两肢箍。

④ 注写梁上部纵向钢筋（通长筋或架立筋）。当上部纵筋分多排布置时，应用斜线"/"将各排钢筋分开；若上部纵筋直径相同，则可注写全部纵筋数量，各排钢筋根数用斜线"/"隔开注写。同排通长筋有多种直径时，应用加号"+"相连，并把角筋写在前面；架立筋应写在括号内，以区别通长筋。当同排纵筋中既有通长筋又有架立筋时，应用加号"+"将两者相连，通长筋写在加号前面，架立筋写在加号后面。

例如：4Φ22 2/2 表示上部通长筋为 4 根直径 22 mm 的 HRB400 级钢筋，分两排布置，上下排各 2 根，上排 2 根钢筋为角筋；2Φ22+（2Φ16）表示梁上部配置了 2 根直径 22 mm 的 HRB400 级通长筋和 2 根直径 16 mm 的 HRB400 级架立筋，其中 2 根通长筋为角筋。

当梁的上部纵筋和下部纵筋为全跨相同，且多数跨配筋相同时，这时可以在上部纵筋后面加注下部纵筋值，用分号"；"将两者隔开，少数跨不同者，可以在原位标注中注写。

例如：2Φ22；4Φ25 表示梁的上部配置了 2 根直径为 22 mm 的 HRB400 级通常角筋，下部配置了 4 根直径为 25 mm 的 HRB400 级深入支座的通长筋。

⑤ 注写梁侧面纵向钢筋。梁侧面纵向钢筋是指构造钢筋或受扭钢筋，当梁腹板高度 $h_w \geq 450$ mm 时，须配置纵向构造钢筋，在配筋数量前加"G"表示；当需要配置纵向受扭钢筋时，在配筋数量前加"N"表示。侧面纵向钢筋注写的数量是指梁两个侧面的总配筋值，且两侧要对称配筋。

例如：G4Φ12 表示梁的两个侧面共配置了 4 根直径为 12 mm 的 HPB300 级构造钢筋，每侧各配置 2 根；N6Φ18 表示梁的两个侧面共配置了 6 根直径为 18 mm 的 HRB335 级受扭钢筋，每侧各配置 3 根。

⑥ 注写梁顶面标高高差。梁顶面标高高差是指相对于结构层楼面标高的高差值，对于位于结构夹层的梁是指相对于结构夹层楼面标高的高差值。有高差时，需将其写入括号内，无高差时不注写。当梁顶面标高高于结构层楼面标高时为正值，反之为负值。

（2）原位标注注写内容

① 注写梁支座上部纵筋。梁支座上部纵筋是指梁支座负筋和包括通长筋在内的所有纵筋，注写在梁的上方且靠近支座处，其注写规则同梁上部通长筋。当梁中间支座两边的上部纵筋不同时，须在支座两边分别注写；当梁中间支座两边的上部纵筋相同时，可仅在支座一边注写配筋值，另一边省略不注。

② 注写梁下部纵筋。梁下部纵筋的注写规则同梁上部通长筋，当梁集中标注中已经注写了梁下部纵筋时，则不需在梁下部重复原位标注。当梁下部纵筋不全部伸入支座时，应将梁支座下部纵筋减少的数量写在括号内，且用负数表示，具体截断位置可查看相应的标准构造详图。

例如：梁下部纵筋注写为 2Φ25+2Φ22（-2）/5Φ25，表示上排纵筋为 2Φ25 和 2Φ22，其中 2Φ22 不伸入支座，下排纵筋为 5Φ25 且全部伸入支座。

当梁设置竖向加腋时，加腋部位下部斜纵筋应在支座下部以 Y 打头注写在括号内，如图 5-29 所示。当梁设置水平加腋时，加腋内上、下部斜纵筋应在加腋支座上部以 Y 打头注写在括号内，上下部斜纵筋之间用"/"分隔，如图 5-30 所示。

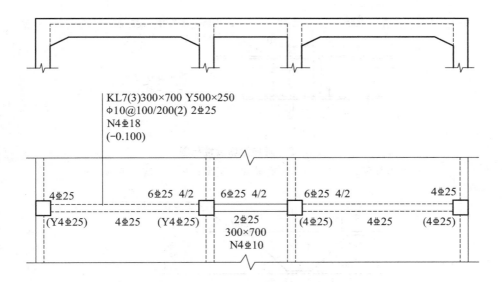

图 5-29 梁竖向加腋平面注写方式示意

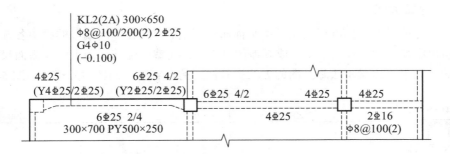

图 5-30 梁水平加腋平面注写方式示意

③ 注写梁中附加箍筋或吊筋。附加箍筋或吊筋应在梁两侧对称配置，将附加箍筋或吊筋直接画在平面图中主梁上，用直线引注梁两侧的总配筋值，附加箍筋的肢数注写在括号内，如图 5-31 所示。当多数附加箍筋或吊筋相同时，可在梁平法施工图上统一注明，少数与统一注明值不同时，再原位引注。附加箍筋或吊筋的几何尺寸应按标准构造详图，结合其所在位置的主梁和次梁截面尺寸确定，如图 5-32、图 5-33 所示。

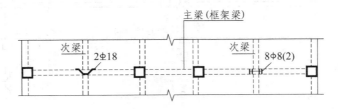

图 5-31 附加箍筋和吊筋注写示意

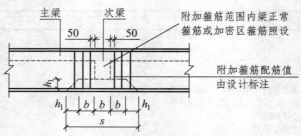

图 5-32　附加箍筋设置范围

s—附加箍筋设置范围；*b*—次梁截面宽度；h_1—主次梁截面高差

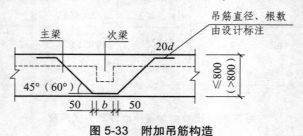

图 5-33　附加吊筋构造

b—次梁截面宽度；*d*—吊筋直径

④ 注写局部与集中标注内容不同的数值。

2. 截面注写方式

截面注写方式是在分标准层绘制的梁平面布置图上，分别在不同编号的梁中各选择一根梁用剖面号引出配筋详图，画在本图纸或其他图纸上，并在截面配筋详图上注写截面尺寸和配筋具体数值的方式来表达梁平法施工图的方法。其注写的内容同平面注写方式，如图 5-34 所示。

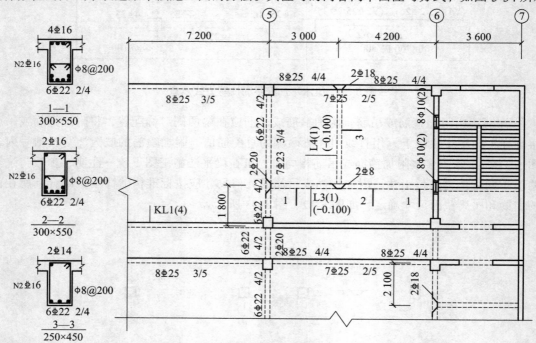

图 5-34　梁平法施工图截面注写方式

用单边截面号画在梁段相应的位置处表示该处截取的梁截面，每一跨梁段截面选取的典型位置有 3 处，分别为跨中和两端支座处。如若干截面配筋完全相同，则其单边截面号可取相同编号，统一绘制一个梁截面配筋图即可。

截面注写方式梁截面中画出的配筋应与实际情况对应，并应直观、形象。在截面注写方式中注写梁箍筋时，可不注写箍筋肢数，在截面图中直接观察即可。截面注写方式既可以单独使用，也可与平面注写方式结合使用。当表达异形截面梁的尺寸与配筋时，用截面注写方式比较方便。

5.2.3.3　有梁楼盖平法施工图制图规则

有梁楼盖平法施工图是在以梁为支座的楼面板和屋面板平面布置图上，采用平面注写的表达方式表达板平法施工图。板平面注写方式主要包括板块集中标注和板支座原位标注，如图 5-35 所示。

1. 板平面布置图的坐标

为方便设计表达和施工识图，规定结构平面的坐标方向。

① 当两向轴网正交布置时，图面从左至右为 X 方向，从下至上为 Y 方向。

② 当轴网转折时，局部坐标方向顺轴网转折角度做相应转折。

③ 当轴网向心布置时，切向为 X 方向，径向为 Y 方向。

④ 对于平面布置比较复杂的区域，其平面坐标方向应由设计者另行规定并在图上明确表示。

2. 板块集中标注

（1）注写板块编号

对于普通楼面，两向均以一跨为一个板块；对于密肋楼盖，两向主梁（框架梁）均以一跨为一个板块（非主梁密肋不计）。所有板块应逐一编号，相同编号的板块可选其一做集中标注，其他板块仅注写置于圆圈内的板编号及其他信息。同一编号板块的类型、板厚和贯通纵筋均相同，但板面标高、跨度、平面形状及板支座上部非贯通纵筋可以不同，这些不同的内容应进行原位标注。

板块编号由类型代号和序号组成，应符合表 5-8 的规定。

表 5-8　板块编号

板块类型	代号	序号
楼面板	LB	××
屋面板	WB	××
悬挑板	XB	××

（2）注写板厚

板厚注写为 $h=×××$（为垂直于板面的厚度），如 $h=100$，表示板厚为 100 mm。当悬挑板的端部改变截面厚度时，应斜线分隔根部与端部的高度值，注写为 $h=××/××$，如 $h=100/80$，表示悬挑板根部厚度为 100 mm，端部厚度为 80 mm。当设计已在图注中统一注明板厚时，此项可不注写。

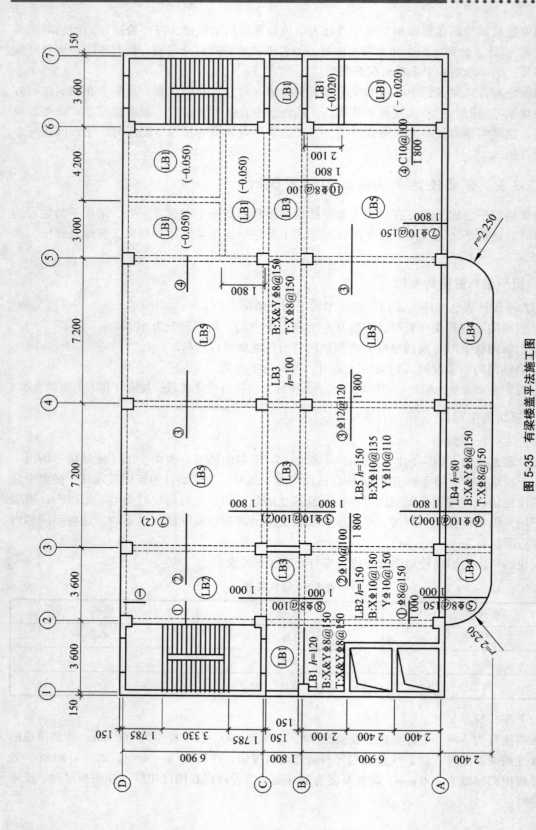

图 5-35　有梁楼盖平法施工图

（3）注写板块贯通纵筋

贯通纵筋按板块的下部和上部分别注写，当板块上部不设贯通纵筋时则不注写上部。以 B 代表下部，以 T 代表上部，B&T 代表下部与上部，X 向贯通纵筋以 X 打头注写，Y 向贯通纵筋以 Y 打头注写，两向贯通纵筋配置相同时则以 X&Y 打头注写。如图 5-36 所示表示 3 号楼板板厚为 100mm，下部 X 方向和 Y 方向贯通纵筋均为 ±8@150，上部 X 方向贯通纵筋为 ±8@150，上部 Y 方向没有贯通纵筋。

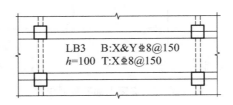

图 5-36　板块贯通纵筋标注

当为单向板时，分布筋可不注写，而在图中统一说明。当贯通纵筋采用两种直径钢筋"隔一布一"设置时，将两种钢筋直径用斜线"/"分隔开，如 B：X&Y±8/10@150 表示板下部 X 方向和 Y 方向贯通纵筋均为直径 8 mm 和 10 mm 两种规格的钢筋交错布置，间距 150 mm，也就是说同直径的钢筋间距为 300 mm。当在某些板内（如悬挑板 XB 的下部）配置有构造钢筋时，则 X 向以 Xc 打头注写，Y 向以 Yc 打头注写。当 Y 向采用放射配筋时（切向为 X 向，径向为 Y 向），钢筋间距值不唯一，此时应注明配筋间距的定位尺寸。

（4）注写楼面标高高差

楼面标高高差是指相对于结构层楼面标高的高差，应将其注写在括号内，高于结构层楼面标高为正值，反之为负值，没有高差不必注写。

3. 板支座原位标注

板支座原位标注的内容包括上部非贯通纵筋和悬挑板上部受力钢筋，具体标注应符合相应的要求。

① 板支座原位标注的钢筋，应在配置相同跨的第一跨表达，当在梁悬挑部位单独配置时，则应在原位表达。

② 用一根中粗实线表示非贯通钢筋，线段上方注写钢筋编号（用圆圈数字表示）、配筋值、横向连续布置跨数。

③ 在括号内注写非贯通筋横向布置的跨数：（××）表示横向布置的跨数，（××A）表示横向布置的跨数及一端的悬挑部位，（××B）表示横向布置的跨数及两端的悬挑部位。当仅为一跨时，可不注写横向布置的跨数。

④ 中间支座上部非贯通纵筋沿支座中线向两侧跨内伸出的长度，应分别注写在线段的下方位置。当向支座两侧对称伸出时，可仅在支座一侧线段下方标注伸出长度，另一侧不注，如图 5-37 所示。

⑤ 对线段画至对边贯通全跨或贯通全悬挑长度的上部通长纵筋，贯通全跨或伸出至全悬挑一侧的长度值不注写，只注明非贯通一侧的伸出长度值，如图 5-38 所示。

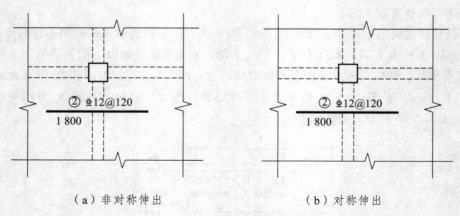

（a）非对称伸出　　　　　　　　（b）对称伸出

图 5-37　板支座上部非贯通纵筋

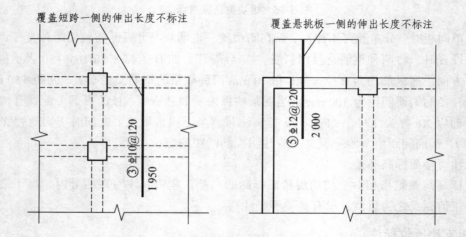

图 5-38　板支座非贯通筋贯通全跨或伸出至悬挑端

⑥ 在板平面布置图中，不同部位的板支座上部非贯通纵筋及悬挑板上部受力钢筋，可仅在一个部位注写，对其他相同者则仅需在代表钢筋的线段上注写编号及横向连续布置的跨数即可。

⑦ 板与支座上部非贯通纵筋垂直且绑扎在一起的构造钢筋或分布钢筋，应由设计者在图中注明。

⑧ 当板支座为弧形，支座上部非贯通纵筋呈放射状分布时，设计者应注明配筋间距度量位置并加注"放射分布"四字，必要时应补绘平面配筋图，如图 5-39 所示。

⑨ 当板的上部已配置贯通纵筋，但需增配板支座上部非贯通纵筋时，应结合已配置的同向贯通纵筋的直径与间距采取"隔一布一"方式配置。"隔一布一"方式配置时，非贯通纵筋的标注间距与贯通纵筋的标注间距应相同，两者组合后的实际间距为各自标注间距的 1/2。当设定贯通纵筋为纵筋总截面面积的 50% 时，两种钢筋应采取相同直径；当设定贯通纵筋大于或小于总截面面积的 50% 时，两种钢筋则取不同直径。

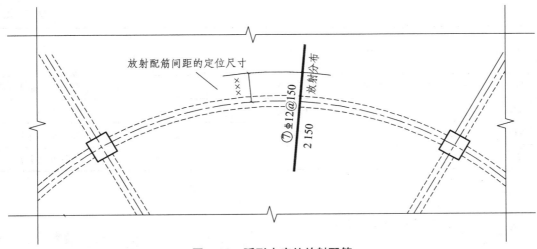

图 5-39　弧形支座处放射配筋

例如：板上部已配置贯通纵筋 ⚌12@200，该跨同向配置的上部支座非贯通纵筋为④⚌12@200，表示在该支座上部设置的实际纵筋为⚌12@100，其中 1/2 为贯通纵筋，1/2 为④号非贯通纵筋（伸出长度值略）。板上部已配置贯通纵筋⚌10@200，该跨同向配置的上部支座非贯通纵筋为⑨⚌12@200，表示在该支座上部设置的实际纵筋为⚌10 和 ⚌12 间隔布置，二者之间间距为 100。

⑩当支座一侧设置了上部贯通纵筋，另一侧仅设置了上部非贯通纵筋时，如果支座两侧设置的纵筋直径、间距相同，施工时应将二者联通，避免各自在支座上部分别锚固。

5.2.3.4　板式楼梯平法施工图制图规则

现浇混凝土板式楼梯平法施工图有平面注写、剖面注写和列表注写三种表达方式，来表达板式楼梯梯板的尺寸和配筋情况，与楼梯相关的平台板、梯梁、梯柱的注写方式可分别参见前面板、梁、柱的平法施工图表示方法。

1. 板式楼梯类型

板式楼梯的类型见表 5-9 和图 5-40 所示。

表 5-9　板式楼梯类型

楼梯代号	适用范围		是否参与结构整体抗震计算	示意图
	抗震构造措施	适用结构		
AT	无	框架、剪力墙、砌体结构	不参与	图 5-40（a）
BT	无	框架、剪力墙、砌体结构	不参与	图 5-40（b）
CT	无	框架、剪力墙、砌体结构	不参与	图 5-40（c）
DT	无	框架、剪力墙、砌体结构	不参与	图 5-40（d）
ET	无	框架、剪力墙、砌体结构	不参与	图 5-40（e）
FT	无	框架、剪力墙、砌体结构	不参与	图 5-40（f）
GT	无	框架结构	不参与	图 5-40（g）

楼梯代号	适用范围		是否参与结构整体抗震计算	示意图
	抗震构造措施	适用结构		
HT	无	框架、剪力墙、砌体结构	不参与	图 5-40（h）
ATa	有	框架结构	不参与	图 5-40（i）
ATb	有	框架结构	不参与	图 5-40（j）
ATc	有	框架结构	参与	图 5-40（k）

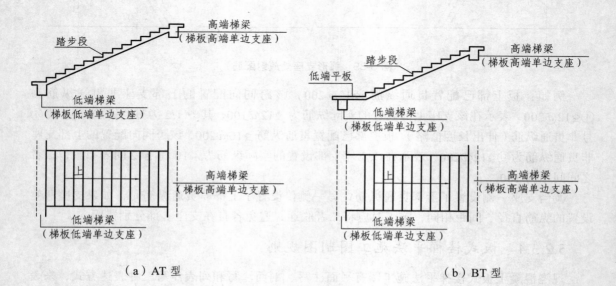

（a）AT 型   （b）BT 型

（c）CT 型   （d）DT 型

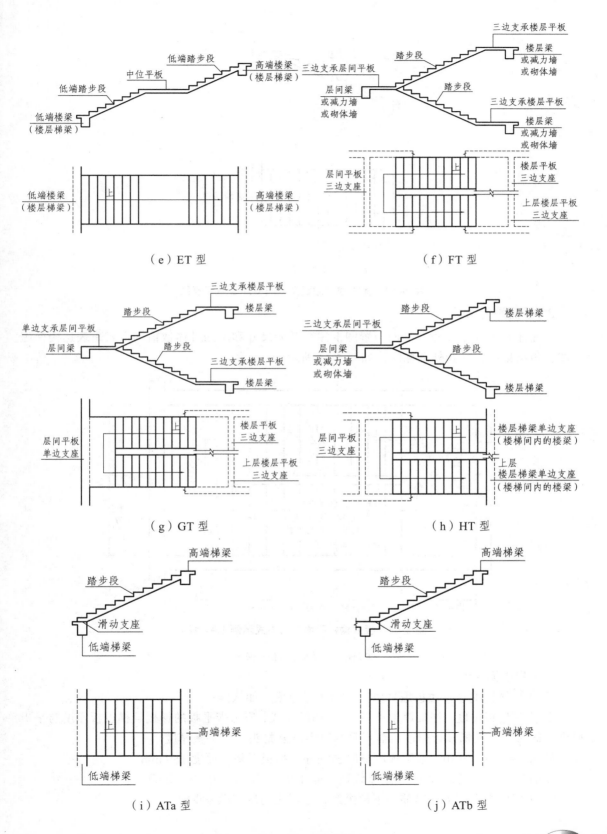

（e）ET 型

（f）FT 型

（g）GT 型

（h）HT 型

（i）ATa 型

（j）ATb 型

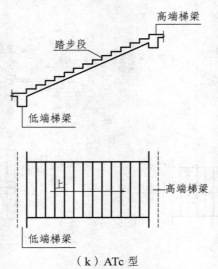

（k）ATc 型

图 5-40　板式楼梯截面形状与支座位置示意图

2. 平面注写方式

平面注写方式是在楼梯平面布置图上注写截面尺寸和配筋具体数值的方式来表达楼梯施工图，包括集中标注和外围标注，如图 5-41 所示。

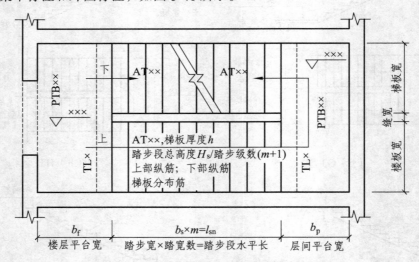

图 5-41　板式楼梯平面注写方式示例（AT 型）

PTB—平台板；TL—梯梁

（1）集中标注内容

① 注写楼板编号。楼板编号由代号与序号组成，如 AT××。

② 注写楼板厚度。楼板厚度注写为 $h=××$ 的形式，当为带平板的梯板且梯段板厚度与平板厚度不同时，可在梯段板厚度后面括号内以字母 P 打头注写平板厚度。

例如：$h=50$（P150）表示梯段板厚 50 mm，梯板平板段厚度 150 mm。

③ 注写踏步段总高度 H_s 和踏步级数（$m+1$），二者之间用"/"分隔。

④ 注写梯板支座上部纵筋和下部纵筋，二者之间用"/"分隔。

⑤ 注写梯板分布筋。以 F 打头注写分布钢筋的具体数值，该项也可在图中统一说明。

例如：平面图中梯板类型及配筋的完整标注示例如下（AT 型）：

AT1，*h*=100	（梯板编号 AT1，梯板厚度 100mm）
1800/12	（踏步段总高度 1 800 mm/踏步级数 12 级）
Φ10@200；Φ12@150	（上部纵筋配置 Φ10@200；下部纵筋配置 Φ12@150）
Fφ8@250	（梯板分布筋配置 φ8@250，当此项在图中统一说明时可不注写）

（2）外围标注内容

楼梯外围标注内容包括楼梯间的平面尺寸、楼层结构标高、层间结构标高、楼梯上下方向、梯板的平面几何尺寸、平台板配筋、梯梁及梯柱的配筋等。

3. 剖面注写方式

剖面注写方式需在楼梯平法施工图中绘制楼梯平面布置图和楼梯剖面图，注写方式分为平面注写和剖面注写两部分内容，如图 5-42 所示。

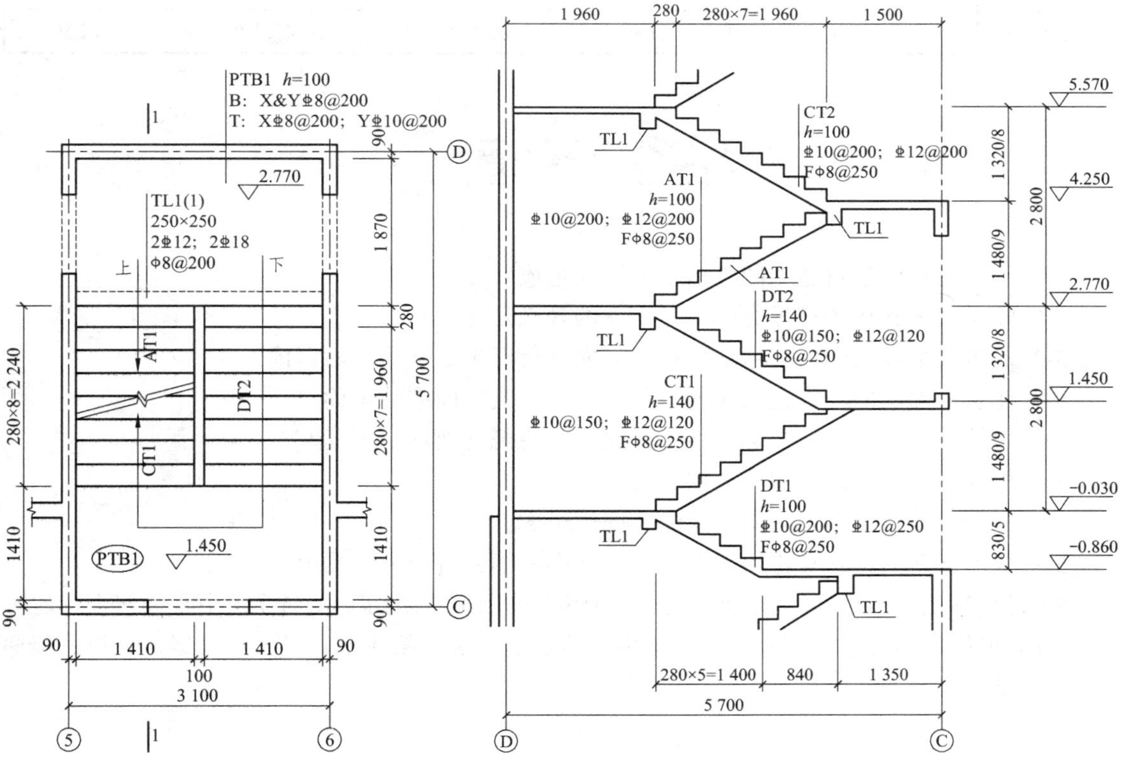

（a）平面图（一层楼梯间示意）　　（b）1—1 剖面图（局部示意）

图 5-42　楼梯平法施工图剖面注写方式示例

（1）平面注写内容

楼梯平面注写内容包括楼梯间的平面尺寸、楼层结构标高、层间结构标高、楼梯上下方向、梯板平面几何尺寸、梯板编号、平台板配筋、梯梁及梯柱配筋等。

（2）剖面注写内容

包括梯板集中标注、梯梁和梯柱编号、梯板水平及竖向尺寸、楼层结构标高、层间结构标高等。梯板集中标注的内容包括梯板编号、梯板厚度、梯板配筋和梯板分布筋四项。梯板集中标注的注写规则与平面注写方式中对应内容的注写规则一致。

4. 列表注写方式

列表注写方式，是用列表方式注写梯板截面尺寸和配筋具体数值来表达楼梯平法施工图。列表注写方式的具体要求同剖面注写方式，只是将剖面注写方式中梯板的集中标注内容和踏步段总高度及踏步级数改为列表方式表达，见表 5-10 所示。

表 5-10　列表注写方式示例

梯板编号	踏步高度/踏步级数	板厚 h	上部纵筋	下部纵筋	分布筋
AT1	1 480/9	100	Φ10@200	Φ12@200	Φ8@250
CT1	1 480/9	140	Φ10@150	Φ12@120	Φ8@250
CT2	520/8	100	Φ10@200	Φ12@200	Φ8@250
DT1	830/5	100	Φ10@200	Φ12@200	Φ8@250
DT2	520/8	140	Φ10@150	Φ12@120	Φ8@250

思考与练习题

5-1　一套完整的建筑施工图纸由哪些图样组成？

5-2　施工图中常用的符号有哪些？表达的含义是什么？

5-3　建筑总平面图的内容包括哪些？如何进行建筑总平面图的识读？

5-4　建筑平面图的内容包括哪些？如何进行建筑平面图的识读？

5-5　建筑立面图的内容包括哪些？如何进行建筑立面图的识读？

5-6　楼梯平面图和剖面图是如何表达的？

5-7　一套完整的结构施工图纸由哪些图样组成？

5-8　根据钢筋的位置和作用，混凝土构件中的钢筋可分为哪几种？

5-9　根据《建筑结构制图标准》（GB/T 50105—2010）的规定，钢筋在图中是如何表达的？

5-10　根据钢筋混凝土结构施工图平面整体表示方法，阐述柱、梁、有梁楼盖、板式楼梯平法施工图制图规则。

6　土木工程施工技术

■ 知识目标

1. 掌握常见的边坡护坡技术；
2. 了解井点降水的类型、原理及适用范围；
3. 了解基坑开挖方法；
4. 掌握换土垫层法采用的垫层材料及其适用工况；
5. 掌握各种浅基础的施工要点；
6. 熟悉预制桩的制作、起吊、运输和堆放；
7. 掌握砖墙的组砌形式、砌筑工艺、质量要求；
8. 熟悉模板的基本要求、分类，了解模板的构造；
9. 掌握钢筋的进场验收和存放；
10. 了解混凝土的制备要求、搅拌机械和搅拌制度；
11. 熟悉混凝土的运输方式及机械设备；
12. 熟悉混凝土的浇筑、养护方法及养护时间要求。

■ 能力目标

1. 根据边坡工程实际，能确定合适的边坡支护技术；
2. 根据基坑工程实际，能确定合适的基坑支护方法，选择合适的降排水类型；
3. 掌握浅基础的施工要点；
4. 熟悉预制桩的制作、起吊、运输和堆放，掌握各种预制桩沉桩施工方法；
5. 能够对砖墙砌筑施工进行管理和检查；
6. 能够对钢筋进场进行验收，并合理存放；
7. 能够在现场选用合适的方式对混凝土进行养护。

■ 学前导读

　　土木工程施工是生产建筑产品的活动。建筑产品包括各种建筑物和构筑物，它与其他工业产品相比，具有独特的要求和特点。施工是一个复杂的过程，按施工图施工、按规范要求施工、遵从施工工序对保证工程质量是至关重要的。土木工程施工一般包括施工技术和施工组织两大部分，它需要研究最有效地建筑各类建筑产品的理论、方法和规律，以科学的施工组织设计为先导，以先进可靠的施工技术为后盾，实现工程项目质量、安全、成本和进度的科学要求。本部分内容主要介绍施工技术相关的内容。

6.1 基坑工程施工

6.1.1 土方边坡与边坡护坡技术

在进行放坡开挖基坑时，为了保证边坡的稳定，根据不同土质的物理性质、开挖深度、土体含水量等，土质边坡的坡率允许值应根据经验，按工程类比的原则并结合已有稳定边坡的坡率值分析确定。

施工中除应正确确定边坡外，还要进行护坡，以防边坡发生滑动。土坡的滑动一般是指土方边坡在一定范围内整体沿某一滑动面向下和向外移动而丧失其稳定性（见图 6-1）。边坡失稳往往是在外界不利因素影响（如边坡土因失水过多而松散，或因地面水冲刷）下触发和加剧的，可采取边坡护面措施进行防护。坡面保护方法有帆布或塑料膜覆盖法、坡面挂网法、挂网抹浆法、土袋压坡法等，如图 6-2 所示。

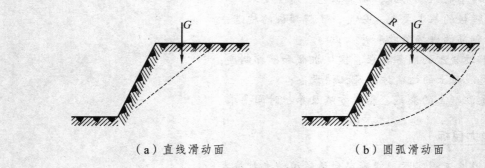

（a）直线滑动面　　　　　　　　（b）圆弧滑动面

图 6-1　土坡的滑动

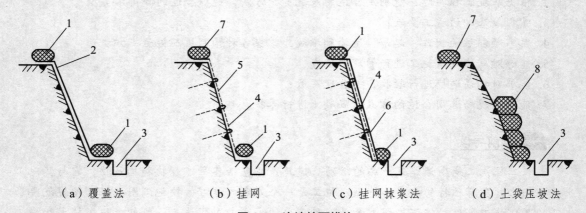

（a）覆盖法　　　（b）挂网　　　（c）挂网抹浆法　　　（d）土袋压坡法

图 6-2　边坡护面措施

1—压重（砌砖或土袋）；2—塑料膜；3—排水沟；4—插筋；
5—铅丝网；6—钢丝网抹水泥砂浆 2～3 cm；7—挡水堤；8—装土草袋

基坑放坡开挖往往比较经济，但在场地狭小地段施工不允许放坡时，一般应采用垂直开挖，同时做好基坑支护，减少对邻近建筑或地下设施的不利影响，保证施工安全。基坑支护的形式，应根据开挖深度、土质条件、地下水位、开挖方法、相邻建（构）筑物等情况进行选择和设计。

基坑支护一般用于城市深基础施工中大型基坑垂直下挖而不放坡的情况，常用的基坑支护形式见图 6-3 所示。衬板式支撑是采用水平衬板（方木和木板组成立木横撑结构）挡土，并加楔使其紧贴坑壁，见图 6-3（a）。此外，还有采用支护桩的悬臂式、拉锚式、锚杆式、斜撑式等方式，见图 6-3（b）、（c）、（d）、（e）。支护桩可采用现场灌注桩、预制钢筋混凝土桩、钢板桩、水泥土搅拌桩等，称为排桩支护。排桩支护可采用单排桩也可采用双排桩复合的形式，可采用单一类型桩也可采用两种类型桩复合的形式，如图 6-4 ~ 图 6-6 所示。如基坑较深、挡土高度较大时，只靠桩入土部分抵抗土方压力不能满足要求，需在桩顶设拉锚或用斜撑支顶。如果基坑深度超过 10 m 时，则需在桩的中间部位用锚杆或锚索将桩固定，锚杆或锚索可用钻孔灌注混凝土锚固。但无论哪种挡土桩都会增加基础工程造价。

采用支护桩施工的程序是：先按挖土区尺寸放线定位，然后打入预制桩或钻孔灌注桩，待桩打完或灌注桩达到要求强度后，再进行土方开挖。

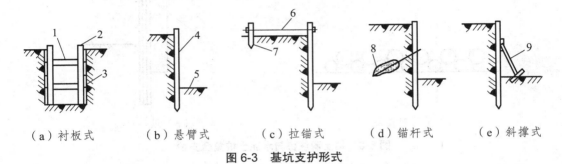

（a）衬板式　　　（b）悬臂式　　　（c）拉锚式　　　（d）锚杆式　　　（e）斜撑式

图 6-3　基坑支护形式

1—横撑；2—立木；3—衬板；4—桩；5—坑底；6—拉条；7—锚固桩；8—锚杆（锚索）；9—斜撑

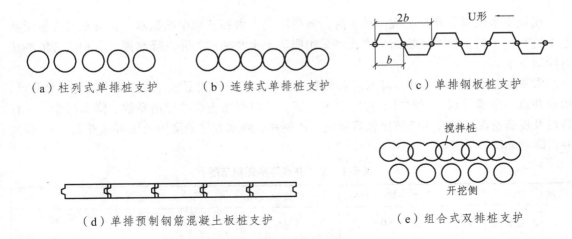

（a）柱列式单排桩支护　　　（b）连续式单排桩支护　　　（c）单排钢板桩支护

（d）单排预制钢筋混凝土板桩支护　　　（e）组合式双排桩支护

图 6-4　排桩支护的类型及平面布置

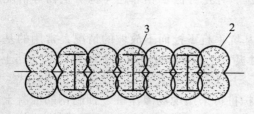
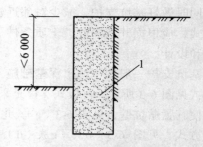

（a）加劲与非加劲水泥土搅拌桩复合　　　（b）水泥土墙纵剖面（单位：mm）

图 6-5　劲性水泥土墙支护

1—水泥土墙；2—水泥土搅拌桩；3—H 型钢

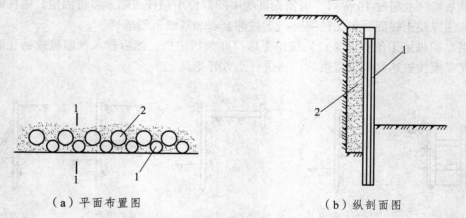

（a）平面布置图　　　　　　　　　　（b）纵剖面图

图 6-6　挡土灌注桩与水泥土桩复合支护

1—挡土灌注桩；2—水泥土桩

6.1.2　基坑降排水

在地下水位以下开挖基坑（槽）时，要排除地下水和基坑中的积水，保证挖方在较干状态下进行。一般工程的基坑施工中，多采用明沟集水井抽水、井点降水或二者相结合的办法排除地下水。

常采用集水井降水、井点降水或者两者结合的办法排除地下水。井点降水法有轻型井点、喷射井点、电渗井点、管井井点和深井井点等。可以根据土层的渗透系数、降水深度、工程特点及设备情况，做技术经济比较后确定。各种井点降水方法的适用范围可参考表 6-1。轻型井点降水如图 6-7 所示。

表 6-1　各种井点降水适用范围

项次	井点类型	土层渗透系数/（m/d）	降低水位深度/m	适用土质
1	单层轻型井点	0.1～50	3～6	黏质粉土、砂质粉土、粉砂、含薄层粉砂的粉质黏土
2	多层轻型井点	0.1～50	6～12	黏质粉土、砂质粉土、粉砂、含薄层粉砂的粉质黏土

项次	井点类型	土层渗透系数/（m/d）	降低水位深度/m	适用土质
3	喷射井点	0.1～2	8～20	黏质粉土、砂质粉土、粉砂、含薄层粉砂的粉质黏土
4	电渗井点	<0.1	5～6	黏土、黏质黏土
5	管井井点	20～200	根据选用的水泵而定	黏质粉土、粉砂、含薄层粉砂的粉质黏土、各类砂土、砾砂
6	深井井点	10～250	>15	黏质粉土、粉砂、含薄层粉砂的粉质黏土、各类砂土、砾砂

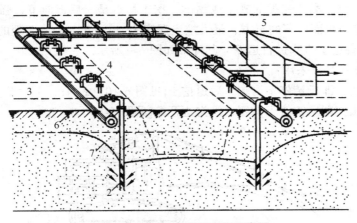

图 6-7　轻型井点降低水位示意图

1—井点管；2—滤管；3—集水总管；4—弯联管；5—水泵房；

6—原有地下水位线；7—降低后地下水位线

6.1.3　基坑的开挖

基础土方的开挖分为两类，人工挖方和机械挖方。人工挖方主要适用于小型土方工程（小型基坑、基槽等），机械挖土中配合桩与桩之间较小间隙和避免地基土扰动的基底修土、局部加深和边角及边坡的尺寸修整等。

一般建筑的地下室土方工程，基槽深度超过 2.5 m 的住宅工程，条形基础槽宽超过 3 m 或土方量超过 500 m³ 的其他工程，宜采用机械挖方。对于大型基坑，由于工程量大、劳动繁重，施工时宜用机械开挖。常用的土方开挖施工机械种类繁多，有推土机、铲运机、反铲挖土机、正铲挖土机、拉铲挖土机、抓铲挖土机等。在土木工程施工中，以推土机和反铲挖掘机应用最广，也具有代表性。

1. 推土机施工

推土机是土方工程施工的主要机械之一，是在履带式拖拉机上安装推土板等工作装置而成的机械。推土板有索式和液压操纵两种。图 6-8 所示是液压操纵的推土机外形图。它除了可以升降推土板外，还可调整推土板的角度，因此具有更大的灵活性。

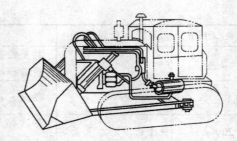

图 6-8　液压操纵推土机外形图

2. 反铲挖掘机施工

反铲适用于开挖一类至三类的砂土或黏土，挖土特点是：后退向下，强制切土。反铲挖掘机主要用于开挖停机面以下的土方，最大挖土深度为 4 ~ 6 m，经济合理的挖土深度为 2 ~ 4 m。反铲也需配备运土汽车进行运输，其外形如图 6-9 所示。

反铲的开挖方式可以采用：

① 沟端开挖法，即反铲停于沟端，后退挖土[见图 6-10（a）]；

② 沟侧开挖法，即反铲停于沟侧，沿沟边开挖[见图 6-10（b）]。

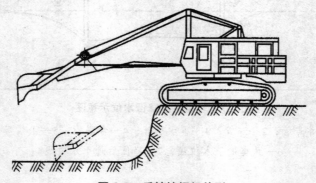

图 6-9　反铲挖掘机外形

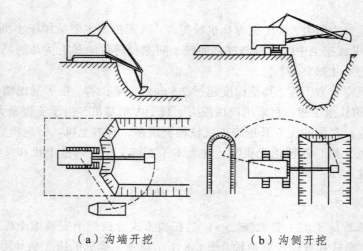

（a）沟端开挖　　　　　　（b）沟侧开挖

图 6-10　反铲开挖方式

6.2 基础的施工

6.2.1 浅基础施工

依埋置深度的不同，基础可分为浅基础及深基础两大类。大多数普通建筑物基础的埋置深度不会很大，可以用普通开挖基坑（槽）及集水井排水的方法施工，这类基础称为浅基础。常见的浅基础包括灰土基础、三合土基础、砖基础、毛石基础、混凝土和毛石混凝土基础、钢筋混凝土独立基础、钢筋混凝土条形基础、钢筋混凝土筏板基础、箱形基础等。

1. 钢筋混凝土独立基础施工

钢筋混凝土独立基础按其构造形式，可分为现浇柱锥形基础、阶梯形基础和预制柱杯口基础，预制柱杯口基础又可分为单肢柱和双肢柱杯口基础、低杯口和高杯口基础。

现浇柱基础施工：在混凝土浇灌前应先进行验槽；轴线、基坑尺寸和土质应符合设计规定；坑内浮土、积水、淤泥、杂物应清除干净；局部软弱土层应挖去，用灰土或砂砾回填并夯实至与基底相平。在基坑验槽后应立即浇灌垫层混凝土，以保护地基。混凝土宜用表面振动器进行振捣，要求表面平整。当垫层达到一定强度后，在其上弹线、支模、铺放钢筋网片，底部用与混凝土保护层同厚度的水泥砂浆块垫塞，以保证钢筋位置正确。

在基础混凝土浇灌前，应将模板和钢筋上的垃圾、泥土和油污等杂物清除干净；对模板的缝隙和孔洞应予堵严；木模板表面要浇水湿润，但不得积水。对于锥形基础，应注意锥体斜面坡度的正确，斜面部分的模板应随混凝土浇捣分段支设并顶压紧，以防模板上浮变形，边角处的混凝土必须注意捣实。严禁斜面部分不支模，用铁锹拍实。

基础混凝土宜分层连续浇灌完成。对于阶梯形基础，分层厚度为一个台阶高度，每浇完一台阶应停 0.5 ~ 1 h，以便使混凝土获得初步沉实，然后再浇灌上层。每一台阶浇完，表面应基本抹平。

基础上有插筋时，应将插筋按设计位置固定，以防浇捣混凝土时产生位移。基础混凝土浇灌完，应用草帘等覆盖并浇水加以养护。

2. 钢筋混凝土筏板基础施工

筏板基础浇筑前，应清扫基坑、支设模板、铺设钢筋。木模板要浇水湿润，钢模板面要涂隔离剂。

对于梁板式筏板基础，混凝土浇筑方向应平行于次梁长度方向；对于平板式筏板基础则应平行于基础长边方向。混凝土应一次浇灌完成，若不能整体浇灌完成，则应留设垂直施工缝，并用木板挡住。施工缝留设位置：当平行于次梁长度方向浇筑时，应留在次梁中部 1/3 跨度范围内；对平板式可留设在任何位置，但施工缝应平行于底板短边且不应在柱脚范围内。梁高出底板部分应分层浇筑，每层浇灌厚度不宜超过 200 mm。当底板上或梁上有立柱时，混凝土应浇筑到柱脚顶面，留设水平施工缝，并预埋连接立柱的插筋。继续浇筑混凝土前，应对施工缝进行处理，水平施工缝与垂直施工缝的处理相同。

混凝土浇灌完毕，在基础表面应覆盖草帘和洒水养护，并不少于 7 d。待混凝土强度达到设计强度的 25% 时，即可拆除梁的侧模。当混凝土基础达到设计强度的 30% 时，应进行基坑回填。基坑回填应在四周同时进行，并按基底排水方向由高到低分层进行。

6.2.2　桩基础施工

建筑物应尽量采用天然浅基础，当土层软弱或受经济、技术等原因制约时，就得采用深基础。常见深基础包括桩基础、墩基础、沉井基础、地下连续墙等，其中以桩基础应用最广。桩基础具有承载能力大、抗震性能好、沉降量小等特点，桩基础的使用可以在施工中减少大量土方支撑和排水降水设施，施工方便，一般均能获得较好的技术经济效果，广泛应用于高层建筑基础和软弱地基中的多层建筑基础。

6.2.2.1　预制桩施工

预制桩包括钢筋混凝土预制桩（包括预应力混凝土预制桩）、钢管预制桩等，其中以钢筋混凝土预制桩应用较多。本节以钢筋混凝土预制桩为例介绍桩的施工工艺，其他桩型施工方法类似，不再重复。

钢筋混凝土预制桩常用的截面形式有混凝土方形实心截面、圆柱体空心截面、预应力混凝土管形桩。方形桩边长通常为 200 ~ 500 mm，长 7 ~ 25 m。如需打设 30 m 以上的桩，或者受运输条件和桩架限制时，可将桩分成几段预制，在施工过程中根据需要逐段接长。预应力混凝土管桩是采用先张法预应力、掺加高效减水剂、使用高速离心蒸汽养护工艺的空心管桩，包括预应力混凝土管桩（PC）、预应力混凝土薄壁管桩（PTC）和预应力高强混凝土管桩（PHC）三大类，外径为 300 ~ 1 000 mm，每节长度为 4 ~ 12 m，管壁厚为 60 ~ 130 mm，与实心桩相比可大大减轻桩的自重。

预制桩施工包括预制、起吊、运输、堆放和沉桩等过程，还应根据工艺条件、土质情况、荷载特点等综合考虑，以便拟订合适可行的施工方法和技术组织措施。

1. 钢筋混凝土桩的预制、起吊、运输和堆放

（1）钢筋混凝土桩的预制

钢筋混凝土桩的预制程序是：施工准备（包括现场准备）→支模→绑扎钢筋骨架、安设吊环→浇筑混凝土→养护至 30% 强度拆模→达 100% 强度后运输、堆放。

对于长度较小（长度在 10 m 以内）的钢筋混凝土预制桩可在预制工厂预制；对于较长的预制桩，可在施工现场附近预制，如条件许可也可以在施工现场内就地预制。现场预制多采用工具式木模板或钢模板，支在坚实平整的地坪上，模板应平整牢靠，尺寸准确。制作预制桩有并列法、间隔法、重叠法和翻模法等，现场预制多用间隔重叠法生产，桩头部分使用钢模堵头板，并与两侧模板相互垂直，桩与桩间用塑料薄膜、油毡、水泥袋纸或刷废机油、滑石粉隔离剂隔开，邻桩与上层桩的混凝土须待邻桩或下层桩的混凝土达到设计强度的 30% 以后才进行浇筑，重叠层数一般不宜超过四层。混凝土空心管桩采用成套钢管模胎在工厂用离心法制成。

长桩可分节制作，单节长度应满足桩架的有效高度、制作场地条件、运输与装卸能力等方面的要求，并应避免在桩尖接近硬持力层或桩尖处于硬持力层中接桩。

　　桩中的钢筋应严格保证位置的正确，桩尖应对准纵轴线，钢筋骨架主筋连接宜采用对焊或电弧焊；主筋接头配置在同一截面内的数量，对于受拉钢筋，不得超过 50%；相邻两根主筋接头截面的距离应大于 35 倍的主筋直径，并不小于 500 mm。桩顶 1 m 范围内不应有接头。

　　混凝土强度等级应不低于 C30，粗骨料用 5～40 mm 碎石或卵石，用机械拌制混凝土，坍落度不大于 60 mm，混凝土浇筑应由桩顶向桩尖方向连续浇筑，不得中断，并应防止另一端的砂浆积聚过多，并用振捣器仔细捣实。接桩的接头处要平整，使上下桩能互相贴合对准。浇筑完毕应覆盖洒水养护不少于 7 d，如用蒸汽养护，在蒸养后，尚应适当自然养护，达到设计强度等级后方可使用。

　　（2）钢筋混凝土桩的起吊

　　当桩的混凝土达到设计强度标准值的 70% 后方可起吊，吊点应设在设计规定的位置，如无吊环且设计又无规定时，应按照起吊弯矩最小的原则确定绑扎位置，如图 6-11 所示。在吊索与桩间应加衬垫，起吊应平稳提升，采取措施保护桩身质量，防止撞击和受振动。

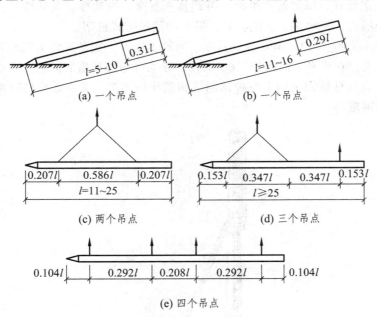

图 6-11　吊点的合理位置（单位：m）

　　（3）钢筋混凝土桩的运输

　　桩运输时的强度应达到设计强度标准值的 100%。长桩运输可采用平板拖车、平台挂车或汽车后挂小炮车运输；短桩运输亦可采用载重汽车，现场运距较近，亦可采用轻轨平板车运输。装载时桩支承应按设计吊钩位置或接近设计吊钩位置叠放平稳并垫实，支撑或绑扎牢固，以防运输中晃动或滑动；长桩采用挂车或炮车运输时，桩不宜设活动支座，行车应平稳，并掌握好行驶速度，防止任何碰撞和冲击。严禁在现场以直接拖拉桩体方式代替装车运输。

　　如要提前起吊和沉桩，必须采取必要的措施并经验算合格后方可进行。

　　（4）钢筋混凝土桩的堆放

　　堆放场地应平整坚实，排水良好。桩应按规格、桩号分层叠置，垫木与吊点应保持在同一横断面上，且各层垫木应上下对齐，并支承平稳，堆放层数不宜超过 4 层。运到打桩位置堆放，应布置在打桩架附设的起重钩工作半径范围内，并考虑到起重方向，避免空中转向。

2. 打桩机械设备

打桩所用的机械设备主要由桩锤、桩架及动力装置三部分组成。桩锤是对桩施加冲击力，将桩打入土中的机具；桩架的主要作用是支持桩身和桩锤，将桩吊到打桩位置，并在打入过程中引导桩的方向，保证桩锤沿着所要求的方向冲击；动力装置包括启动桩锤用的动力设施，如卷扬机、锅炉、空气压缩机等。

（1）桩　锤

施工中常用的桩锤有落锤、单动汽锤、双动汽锤、柴油桩锤和振动桩锤等。桩锤的类型应根据施工现场情况、机具设备条件以及工作方式和工作效率等条件来选择。对于钢筋混凝土桩，按照经验选择锤重时，锤重与桩重之比为 1.5~2 时，能取得良好的效果。

（2）桩　架

桩架要求稳定性好，锤击落点准确，可调整垂直度，机动性、灵活性好，工作效率高。常用桩架有两种形式，一种是多功能桩架，另一种是履带式桩架。

多功能桩架（见图 6-12）由立桩、斜撑、回转工作台、底盘及传动机构等组成。它的机动性和适应性较大，在水平方向可作 360°回转，导架可伸缩和前后倾斜。底盘下装有铁轮，可在轨道上行走。这种桩架可用于各种预制桩和灌注桩施工。缺点是机构较庞大，现场组装和拆卸、转运较困难。

图 6-12　多功能桩架

履带式桩架（见图 6-13）以履带式起重机为底盘，增加了立柱、斜撑、导杆等。其行走、回转、起升的机动性好，使用方便，适用范围广，亦称履带式打桩机，可适应各种预制桩和灌注桩施工。

（3）动力设备

打桩机构的动力装置及辅助设备主要根据选定的桩锤种类而定。落锤以电源为动力，需配置电动卷扬机、变压器、电缆等；蒸汽锤以高压饱和蒸汽为驱动力，配置蒸汽锅炉、蒸汽绞盘等；气锤以压缩空气为动力源，需配置空气压缩机、内燃机等；柴油锤以柴油为能源，桩锤本身有燃烧室，不需外部动力设备。

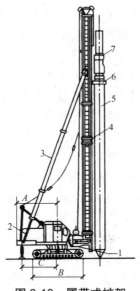

图 6-13　履带式桩架

1—立桩支撑；2—发动机；3—斜撑；4—立柱；5—桩；6—桩帽；7—桩锤

3. 锤击沉桩施工

（1）打桩顺序

在确定打桩顺序时，应考虑桩对土体的挤压位移对施工本身及附近建筑物的影响。为了保证打桩工程质量，防止周围建筑物受挤压土体的影响，打桩前应根据桩的密集程度、桩的规格、长短和桩架移动方便来正确选择打桩顺序。

打桩顺序一般有逐排打、自中间向两个方向对称打和自中央向四周打等三种，如图 6-14 所示。一般情况下，桩的中心距小于 4 倍桩的直径时，就要拟订打桩顺序；桩距大于 4 倍桩的直径时，打桩顺序与土体挤压情况关系不大。

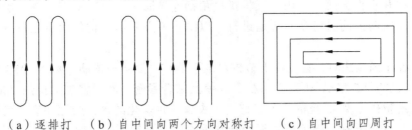

（a）逐排打　　（b）自中间向两个方向对称打　　（c）自中间向四周打

图 6-14　打桩顺序与土体挤密情况

逐排打桩，桩架单向移动，桩的就位与起吊均很方便，故打桩效率较高。但逐排打桩会使土体向一个方向挤压，导致土体挤压不均匀，后面的桩不宜打入，最终会引起建筑物的不均匀沉降。

当桩较密集时，即桩的中心距小于 4 倍桩的直径时，应采用自中央向四周打或自中间向两个方向对称打比较合理。这样，打桩时土体由中央向两侧或四周均匀挤压，易于保证施工质量。一般情况下均可采用。

当桩的规格、埋深、长度不同时，宜先大后小，先深后浅，先长后短打设。当一侧毗邻建筑物时，由毗邻建筑物处向另一方向打设。当基坑较大时，应将基坑分成数段，而后在各段内分别进行。当桩头高出地面时，桩机宜采用往后退打，否则可采用往前顶打。

（2）吊桩就位

按预定的打桩顺序，将桩架移动至桩位处并用缆风绳稳定，然后将桩运至桩架下，利用桩架上的滑轮组，由卷扬机将桩提升为直立状态。在桩的自重和锤重的压力下，桩便会沉入土中一定深度，待桩下沉达到稳定状态后，桩位和垂直度经全面检查和校正符合要求后，即可开始打桩。

（3）打桩

打桩时宜用"重锤低击"，这样可使桩锤对桩尖的冲击小，桩的回弹小，桩头不易损坏，并且大部分能量都能用于沉桩，可取得良好效果。桩开始打入时，桩锤落距应较小，一般为 0.5～0.8 m，使桩能正常沉入土中。待桩入土一定深度（约 1～2 m），桩尖不易产生偏移时，可适当增加落距，并逐渐提高到规定的数值，连续锤击，直至将桩锤击到设计规定的深度。

打桩过程应做好测量和记录，以便工程验收。用落锤、单动汽锤或柴油锤打桩时，从开始即需统计桩身每沉落 1 m 所需的锤击数。以一定落距击桩，每阵（10 击）的平均沉入值即为贯入度。当桩下沉接近设计标高时，一般要求其最后贯入度小于或等于设计承载力所要求的最小贯入度。

在打桩过程中，遇有贯入度剧变，桩身突然发生倾斜、位移或有严重回弹，桩顶或桩身出现严重裂缝或破碎等异常现象时，应暂停打桩，及时研究处理。

如果沉桩尚未达到设计标高，而贯入度突然变小，则可能土层中夹有硬土层，或遇到孤石等障碍物，此时切勿盲目施打，应会同设计勘探部分共同研究解决。此外，若打桩过程中断，则由于土的固结作用，使桩难以打入，因此应保证施打连续进行。

（4）接桩

钢筋混凝土预制长桩，受运输条件和桩架高度限制，一般分成若干节预制，分节打入，在现场进行接桩。常用接桩的方法有焊接法、法兰接法和硫黄胶泥锚接法等。焊接法接桩时，必须对准下节桩并垂直无误后，用点焊将拼接角钢连接固定，再次检查位置正确后，再进行焊接。施焊时，应两人同时对角对称地进行，以防止节点变形不均匀而引起桩身歪斜，焊缝要连续饱满。

采用硫黄胶泥锚接法时，首先将上节桩对准下节桩，使 4 根锚筋（Φ20～25）插入锚筋孔（孔径为锚筋直径的 2.5 倍），下落上节桩身，使其结合紧密。然后将桩上提约 200 mm（以 4 根锚筋不脱离锚筋孔为度），此时，安设好施工夹箍，将熔化的硫黄胶泥注满锚筋孔和接头平面上，然后将上节桩下落。当硫黄胶泥冷却并拆除施工夹箍后，可继续加荷施压。为保证硫黄胶泥锚接桩质量，应做到：锚筋应刷清并调直；锚筋孔内应有完好螺纹，无积水、杂物和油污；接桩时接点的平面和锚筋孔内应灌满胶泥；灌注时间不得超过 2 min。硫黄胶泥锚接法接桩，可节约钢材，操作简便，接桩时间比焊接法要大为缩短，但不宜用于坚硬土层中。

4. 振动沉桩法

振动沉桩法与锤击沉桩法基本相同，是用振动箱代替桩锤，将桩头套入振动箱连固的桩帽上或用液压夹桩器夹紧，借助固定于桩头上的振动沉桩机所产生的振动力，以减小桩与土壤颗粒之间的摩擦力，使桩在自重与机械力的作用下沉入土中。

振动沉桩法主要适用于砂石、黄土、软土和粉质黏性土，在含水砂层中的效果更为显著，但在砂砾层中采用此法时，尚需配以水冲法。沉桩工作应连续进行，以防间歇过久难以沉下。

5. 静力压桩法

静力压桩法是用静力压桩机将预制钢筋混凝土桩分节压入地基土层中成桩。该法为液压操作，自动化程度高；行走方便，运转灵活，桩位定点精确，可提高桩基施工质量；施工无噪声、无振动、无污染，沉桩采用全液压夹持桩身向下施加压力，可避免打碎桩头，混凝土强度等级可降低 $1 \sim 2$ 级，配筋比锤击法可省钢筋 40% 左右；施工速度快，比锤击法可缩短工期 1/3。静力压桩法适于软土、填土及一般黏性土层中应用，特别适合于居民稠密、危房附近和环境保护要求严格的地区沉桩，但不宜用于地下有较多孤石、障碍物或有 2 m 以上硬隔离层的情况，以及单桩竖向承载力超过 1 600 kN 的情况。

静力压桩机由压拔装置、行走机构及起吊装置等组成，如图 6-15 所示。压桩时，桩机就位系利用行走装置完成，它是由横向行走（短船行走）、纵向行走（长船行走）和回转机构组成的。把船体当作铺设的轨道，通过横向和纵向油缸的伸程和回程使桩机实现步履式的横向和纵向行走。当横向两油缸一只伸程、另一只回转时可使桩机实现小角度回转。桩用起重机吊运或用汽车运至桩机附近，再利用桩机自身设置的起重机，可将预制混凝土桩吊入夹持器中，夹持油缸将桩从侧面夹紧，压桩油缸伸程，把桩压入土层中。伸长完后，夹持油缸回程松夹，压桩油缸回程，重复上述动作，可实现连续压桩操作，直至把桩压入预定深度土层中。如桩长不够，可压至桩顶离地面 $0.5 \sim 1.0$ m，用硫黄砂浆锚接将桩接长。一般下部桩留 50 mm 直径锚孔，上部桩顶伸出锚筋，长 $15d \sim 20d$，硫黄砂浆锚接方法同锤击法。当桩歪斜时，可利用压桩油缸回程，将压入土层中的桩拔出，实现拔桩作业。

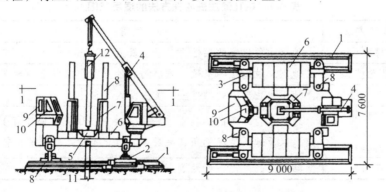

图 6-15 全液压式静力压桩机压桩（单位：mm）

1—长船行走机构；2—短船行走及回转机构；3—支腿式底盘结构；4—液压起重机；
5—夹持与压板装置；6—配重铁块；7—导向架；8—液压系统；9—电控系统；
10—操纵室；11—已压入下节桩；12—吊入上节桩

静力压桩的施工顺序为：了解施工现场情况→编制施工方案→桩堆场地平整→制桩→压桩→检测压桩对周围土体的影响→测定桩位位移情况→验收。

施工时，压桩机应根据土质情况配足额定重量，桩帽、桩身和送桩的中心线应重合。压桩应连续进行，用硫黄胶泥接桩间歇不宜过长（正常气温下为 $10 \sim 18$ min）；接桩面应保持干净，浇筑时间不应超过 2 min，上下桩中心线应对齐，偏差不大于 10 m；节点矢高不得小于 1‰桩长。

压桩应控制好终止条件，对纯摩擦桩，终压时以设计桩长为控制条件；对长度大于 21 m 的端承摩擦型静压桩，应以设计桩长控制为主，终压力值作对照。对一些设计承载力较高的桩基，终压力值宜尽量接近压桩机满载值。对长 14～21 m 的静压桩，应以终压力达满载值为终压控制条件；对桩周土质较差且设计承载力较高的，宜复压 1～2 次为佳；对长度小于 14 m 的桩，宜连续多次复压，特别对长度小于 8 m 的短桩，连续复压的次数应适当增加。

静力压桩单桩竖向承载力，可通过桩的终止压力值大致判断，但因土质的不同而异。桩的终止压力不等于单桩的极限承载力，要通过静载对比试验来确定一个系数，然后再利用系数和终止压力，求出单桩竖向承载力标准值。如判断的终止压力值不能满足设计要求，应立即采取送桩加深处理或补桩，以保证桩基的施工质量。

6.2.2.2　灌注桩施工

灌注桩是在施工现场的桩位上先成孔，然后在孔内灌注混凝土或加入钢筋骨架后再灌注混凝土而形成的桩。与预制桩相比，灌注桩不受土层变化的限制，而且不用截桩与接桩，避免了锤击应力，桩的混凝土强度及配筋只要满足设计与使用要求即可，因此，灌注桩具有节约材料、成本低、施工无振动、无挤压、噪声小等优点。但灌注桩施工操作要求严格，施工后混凝土需要一定的养护期，不能立即承受荷载，施工工期较长，在软土地基中易出现颈缩、断裂等质量事故。

根据成孔方法的不同，灌注桩可分为钻孔灌注桩、套管成孔灌注桩、挖孔灌注桩等。

根据地质条件的不同，钻孔灌注桩又可分为干作业成孔和湿作业（泥浆护壁）成孔两种施工方法。钻孔灌注桩成孔方法的使用范围如表 6-2。

表 6-2　钻孔灌注桩成孔方法的适用范围

钻孔灌注桩成孔方法		适用条件
干作业成孔	螺旋钻	地下水位以上的黏性土、砂土及人工填土
	钻孔扩底	地下水位以上的坚硬、硬塑的黏性土及中密以上的砂土
	机动洛阳铲	地下水位以上的黏性土、黄土及人工填土
湿作业成孔	冲抓钻 冲击钻 回转钻	地下水位以下的黏性土、粉土、砂土、填土、碎（砾）石土及风化岩层，以及地质情况复杂、夹层多、风化不均、软硬变化较大的岩层
	潜水钻	黏性土、淤泥、淤泥质土及砂土

6.3　砌筑工程施工

6.3.1　砖砌体施工与质量要求

6.3.1.1　砖墙的组砌形式

一块砖有 3 对两两相等的面，面积最大的面叫大面；较细长的一面叫条面；最短小的一面叫丁面。砖砌入墙体后，条面与墙长平行的叫顺砖；丁面与墙长平行的叫丁砖。根据顺砖与丁砖的不同组合，普通砖墙有一顺一丁、三顺一丁、梅花丁及其他组砌形式，如图 6-16 所示。烧结多孔砖宜采用一顺一丁或梅花丁的砌筑形式，上下皮垂直灰缝相互错开 1/4 砖长。

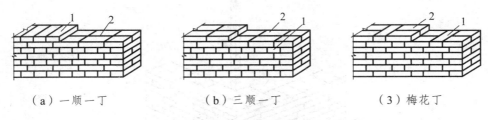

（a）一顺一丁　　　　　（b）三顺一丁　　　　　（3）梅花丁

图 6-16　砖墙的组砌形式

一顺一丁也称满丁满条组砌法，由一皮顺砖、一皮丁砖组砌而成，上下皮之间竖向灰缝都相互错开 1/4 砖长。这种组砌方法整体性较好，砌筑效率较高，是最常用的一种组砌形式。

三顺一丁组砌法是采用三皮顺砖间隔一皮丁砖的组砌而成，上下皮顺砖搭接半砖长，丁砖与顺砖搭接 1/4 砖长。山墙与檐墙的丁砖层不能在同一皮砖上，以利于错缝搭接。这种组砌方法砌筑效率高，墙面易于平整，多用于砌筑混水墙。

梅花丁砌法是在同一皮砖上采用两块顺砖间隔一块丁砖，上下皮砖的竖向灰缝错开 1/4 砖长的方法。这种砌法整体性较好，灰缝整齐美观，但砌筑效率较低。

此外，还有全顺砌法、全丁砌法和两平一侧砌法。全顺砌法即全部采用顺砖砌筑，每皮砖上下搭接 1/2 砖长，适用于半砖墙的砌筑。全丁砌法即全部采用丁砖砌筑，每皮砖上下搭接 1/4 砖长，适用于圆形烟囱和窨井的砌筑。当设计要求砌 180 mm 或 300 mm 厚砖墙时，可采用两平一侧砌法，即连续砌筑两皮顺砖或丁砖，然后侧面贴砌一层侧砖（条面向下），每砌筑两皮砖后，将平砌砖和侧砖里外互换，顺砖层上下皮搭接 1/2 砖长，丁砖层上下皮搭接 1/4 砖长。

6.3.1.2　砖墙的砌筑工艺

砖墙的砌筑工艺一般包括：找平、弹线、摆砖样、立皮数杆、盘角、挂准线、砌筑、勾缝、楼层轴线标高引测及控制等工序。

（1）找平和弹线

砌墙前，应先在基础顶面或楼面上用水泥砂浆或细石混凝土找平，然后根据龙门板上引出的控制轴线弹出墙身轴线、边线及门窗洞口的位置。

（2）摆砖样

摆砖样也叫摆底，是在弹好线的基面上按照组砌方式用干砖试摆，调整灰缝宽度，尽量使门窗洞口、砖垛等处符合砖的模数，减少砍砖，使砌体灰缝均匀，组砌得当。摆砖样在清水墙的砌筑中尤为重要。

（3）立皮数杆

皮数杆上划有每皮砖和灰缝的厚度，以及门窗洞、过梁、楼板等的标高，如图 6-17 所示。皮数杆立于墙的转角处，其基准标高用水准仪校正。如果墙的长度很大，可每隔 10～20 m 再立一根。立皮数杆可以控制每皮砖砌筑的竖向尺寸，并使铺灰、砌砖的厚度均匀，保证砖皮水平。

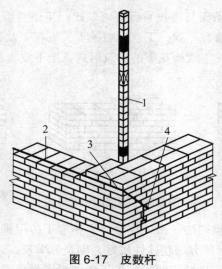

图 6-17   皮数杆

1—皮数杆；2—准线；3—竹片；4—圆铁钉

（4）盘大角和挂准线

墙角是保证墙面横平竖直的主要依据，可根据皮数杆上的标识先砌筑墙角部分，保证其垂直平整，称为盘角。盘角不要超过 5 皮砖，并应"三皮一吊，五皮一靠"，即每砌筑 3 皮砖用吊锤吊一下垂直度，每砌筑 5 皮砖用靠尺靠一下平整度，保证墙角砌筑的垂直度和平整度。然后在两盘角之间拉准线，依准线砌筑中间墙身，且应随砌随盘角。砌筑一砖墙时可单面挂准线，砌筑一砖半及以上的墙体时则应双面挂准线，做到"上跟线，下跟棱"，"左右平，上下齐"，保证墙体的双面平整度和垂直度。

（5）砌筑和勾缝

砖墙砌筑宜采用"三一"砌砖法，即"一铲灰、一块砖、一挤揉"的操作方法，其步骤为：取砖、铲灰、铺灰、挤揉。通过挤揉使灰缝砂浆饱满。对砌筑质量要求不高的墙体，也可采用铺灰挤浆法砌筑，其步骤为：铲灰、铺灰、取砖、挤揉。铺灰长度不得超过 750 mm，施工气温超过 30 ℃时，铺灰长度不得超过 0.5 m。

勾缝是砌清水墙的最后一道工序，起到保护墙面和增加墙面美观的作用。砌筑砂浆随砌随勾缝称为原浆勾缝，一般用作内墙面勾缝；整个墙体砌完后，用 1∶1 水泥砂浆或加色砂浆勾缝称为加浆勾缝，一般用作外墙面勾缝。勾缝要求横平竖直，色泽深浅一致，不得有空缝、裂缝、丢缝和黏结不牢等现象。

（6）楼层轴线标高引测及控制

砌筑时应保证各层墙体轴线重合。因此，应根据龙门板上的标准轴线将房屋的轴线引测到外墙基上。2 层以上墙体的轴线可用经纬仪或线锤将墙体轴线引测到楼层上，同时还应根据图纸上的轴线尺寸用钢尺进行校核。

各层标高除可用皮数杆控制外，还应弹出室内水平线进行控制。当底层墙体砌到一定高度后，在各墙的里墙角处，用水准仪根据龙门板上±0.000 标高处，引出统一标高的测量点，一般比室内地坪高 200～500 mm（一般取 500 mm），然后在相邻两墙角的控制点间弹出水平线，用来控制底层过梁、圈梁和楼板的标高。第 2 层墙体砌到一定高度后，先从底层水平线用钢尺往上量出第 2 层的第 1 个标志点，然后以此标志为准，用水准仪定出各墙面水平线以控制第 2 层的各标高，依次类推，引测上面各层标高控制线。另外，各层轴线及高程均应从第 1 层引测，以避免累积误差。

6.3.1.3 砖墙砌筑的质量要求

良好的砌筑质量能够使得砌体具有良好的整体性、稳定性和良好的受力性能。砌筑工程质量的基本要求主要有：灰缝横平竖直，砂浆饱满均匀，砌砖错缝搭接，交接接槎可靠。

（1）灰缝横平竖直

砖砌体抗压性能好，而抗剪和抗拉性能差，砌筑时应使砌体均匀受压，不产生剪切水平推力，砌体灰缝应横平竖直。否则，在竖向荷载作用下，沿砂浆与砖块结合面会产生剪应力，当剪应力超过砂浆抗剪强度时，灰缝受剪破坏，随之对相邻砖块形成推力或挤压作用，致使砌体结构受力情况恶化。因此，砌筑时应做到每块砖要放平，每皮砖要在一个平面上，每块砖的位置要放准，上下对齐，保证墙面平整垂直，避免游丁走缝，影响墙体外观质量。砌筑过程中应"三皮一吊，五皮一靠"，把砌筑误差消灭在操作过程中，以保证墙面的垂直平整。砖砌体的位置及垂直度允许偏差应符合表 6-3 的要求。

表 6-3　砖砌体的位置及垂直度允许偏差值

项次	项目		允许偏差/mm	检验方法
1	轴线位置偏移		10	用经纬仪和尺检查或用其他测量仪器检查
2	垂直度	每层	5	用 2 m 托线板检查
		全高 ≤10 m	10	用经纬仪、吊线和尺检查，或用其他测量仪器检查
		全高 >10 m	20	

（2）砂浆饱满均匀

水平灰缝要求砂浆饱满，厚薄均匀，保证砖块均匀受力并使砖块紧密结合，以避免砖块因受力不均而产生弯曲和剪切破坏。砂浆的饱满程度用砂浆饱满度来表示，砂浆饱满度是指砖底面与砂浆的黏结面积占砖底面积的百分比。砂浆饱满度用百格网检查，每检验批抽查不应少于 5 处，每处检测 3 块砖，取其平均值，要求砂浆饱满度不小于 80%。水平灰缝和竖向灰缝厚度均不应小于 8 mm，也不应大于 12 mm，一般宜为 10 mm。

（3）砌砖错缝搭砌

砌筑时砖块排列应遵守上下错缝、内外搭砌的原则，避免出现连续的垂直通缝，以提高砌体的整体性、稳定性和承载能力。错缝或搭砌长度一般不小于 60 mm，若小于 25 mm 则可视为通缝。同时应考虑砌筑方便、少砍砖的要求，合理选择组砌形式。

（4）交接接槎可靠

砖墙的转角处和交接处应同时砌筑，当无可靠措施时，严禁内外墙分砌施工。对不能同时砌筑而又必须留置的临时间断处应砌成斜槎，斜槎的高度不宜超过一步架高，斜槎的水平投影长度不应小于高度的 2/3，如图 6-18 所示。

非抗震设防及抗震设防烈度为 6 度、7 度地区的临时间断处，当不能留置斜槎时，除转角外，可留置直槎，但直槎必须做成阳槎，并加设拉结钢筋，如图 6-19 所示。拉结钢筋的数量为每 120 mm 墙厚放置 1Φ6 拉结钢筋（120 mm 厚墙应放置 2Φ6 拉结钢筋）；间距沿墙高不得超过 500 mm；埋入长度从留槎处算起每边均不应小于 500 mm，对抗震设防烈度为 6 度、7

度的地区，则不应小于 1 000 mm，且钢筋末端应做成 90°弯钩。

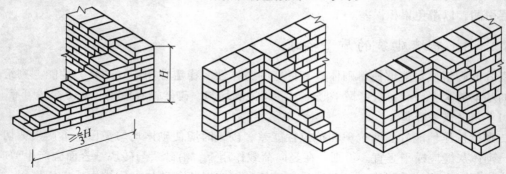

图 6-18　斜槎的留置

砖砌体接槎施工时，必须将接槎处的表面清理干净，浇水湿润，并填实砂浆，保持灰缝平直。

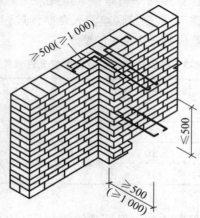

图 6-19　直槎的留置（单位：mm）

6.3.1.4　构造柱的施工

构造柱的施工顺序为：绑扎构造柱钢筋→砌砖墙→支设构造柱模板→浇灌构造柱混凝土。在浇灌构造柱混凝土前，必须将砖墙浇水湿润，钢模板则须刷隔离剂，同时清理模板内的砂浆残块、砖渣等杂物。混凝土坍落度一般以 50～70 mm 为宜。构造柱混凝土浇灌可以分段进行，每段高度不宜大于 2 m，或每个楼层分两次浇筑。在施工条件较好，且能确保混凝土浇灌密实的情况下，亦可每层一次浇灌。振捣构造柱混凝土时，宜用插入式振动器分层振捣。在该层构造柱混凝土振捣完毕后，才能进行上一层的施工。

构造柱与砖墙连接的马牙槎内的混凝土、砖墙灰缝的砂浆都必须饱满密实。砖墙水平灰缝的砂浆饱满度不得低于 80%，构造柱内钢筋混凝土保护层厚度宜为 20 mm，且不应小于 15 mm。

6.3.2　砌筑脚手架工程

1. 脚手架搭的设基本要求

砌筑用脚手架是砌筑过程中工人进行操作和堆放材料的一种临时设施。砌筑施工时，不利用脚手架所能砌到的高度为 1.2 ~ 1.4 m，称为可砌高度。超出可砌高度，就必须搭设相应高度的脚手架，以便能够继续砌筑。

对脚手架的基本要求如下：

① 宽度适当，不得小于 1.5 m，一般 2 m 左右，应能满足工人施工操作、材料堆放及运输的要求。

② 构造简单，便于搭拆、搬运，能多次周转使用。

③ 取材方便，因地制宜，节省材料。

④ 具有足够的强度、刚度和稳定性，在各种荷载作用下，不产生变形、倾斜和摇晃。

2. 脚手架的分类

① 按用途分：有砌筑用脚手架、装修用脚手架、混凝土工程用脚手架（包括模板支撑架）。

② 按材料分：有木脚手架、竹脚手架、金属脚手架等。

③ 按搭设位置分：有外脚手架和里脚手架。

④ 按构造形式分：有多立杆式脚手架（分扣件式钢管脚手架和碗扣式钢管脚手架等）、门式脚手架、升降式脚手架、桥式脚手架、吊式脚手架及挂式脚手架等。

⑤ 按设置形式分：有单排脚手架、双排脚手架、多排脚手架、满堂脚手架及特形脚手架等。

3. 扣件式钢管脚手架

扣件式钢管脚手架通过扣件将立杆、水平杆、剪刀撑、抛撑、扫地杆、连墙件以及脚手板等组合在一起，如图 6-20 所示。它具有承载能力大、拆装方便、搭设高度大、周转次数多、摊销费用低等优点，因而得到广泛的应用，是目前应用最普遍的脚手架之一。扣件用于钢管之间的连接，其基本形式有直角扣件（十字扣）、旋转扣件（回转扣）和对接扣件（筒扣）3 种，如图 6-21 所示。

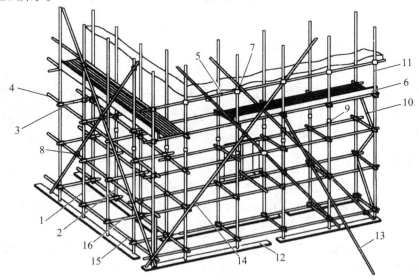

图 6-20 扣件式钢管脚手架

1—外立杆；2—内立杆；3—横向水平杆（小横杆）；4—纵向水平杆（大横杆）；5—栏杆；
6—挡脚板；7—直角扣件；8—旋转扣件；9—对接扣件；10—横向斜撑；11—主立杆；
12—垫板；13—抛撑；14—剪刀撑；15—纵向扫地杆；16—横向扫地杆

（a）直角扣件

（b）旋转扣件

（c）对接扣件

图 6-21　扣件形式

脚手板有钢脚手板（见图 6-22）、钢框镶板的钢木脚手板、木脚手板和竹脚手板等，质量一般不宜大于 30 kg。

图 6-22　钢脚手板

6.4　钢筋混凝土工程施工

6.4.1　模板工程

模板系统是混凝土结构工程施工过程中的临时性设施，主要由模板和支架两部分组成。模板的作用就是形成混凝土构件所需要的形状和几何尺寸，支架则用来保持模板的设计位置。模板系统对混凝土结构工程的质量、工期及成本都有着重要的影响。

1. 模板的基本要求

① 保证工程结构和构件各部位的形状、尺寸和相对位置的正确性。

② 具有足够的承载能力、刚度和稳定性，能可靠地承受浇筑混凝土的质量、侧压力和施工荷载。

③ 构造简单、装拆方便，便于钢筋的绑扎、安装和混凝土的浇筑和养护，能多次周转使用。

④ 接缝严密，不漏浆。

2. 模板的分类

（1）按材料分类

模板按所用材料不同，可分为木模板、钢木模板、胶合板模板、钢竹模板、钢模板、塑料模板、玻璃钢模板及铝合金模板等。

（2）按结构类型分类

模板按结构类型不同，可分为基础模板、柱模板、梁模板、楼板模板、楼梯模板、墙模板、壳模板和烟囱模板等。

（3）按施工方法分类

模板按施工方法不同，可分为现场装拆式模板、固定式模板和移动式模板等。现场装拆式模板多用定型模板和工具式支撑；固定式模板包括各种胎模，如土胎模、砖胎模、混凝土胎模等；移动式模板包括滑升模板、提升模板、水平移动式模板等。

3. 常用模板的构造

（1）木模板的构造

木模板通常事先做成拼板或定型板形式的基本构件，再把它们进行拼装形成所需要的模板系统，一般在加工厂或现场木工棚制成元件，然后再在现场拼装，如图 6-23 所示。拼板一般用宽度小于 200 mm 的木板，以保证混凝土干缩时缝隙均匀，再用 25 mm×35 mm 的拼条拼钉而成。由于使用位置不同、荷载差异较大，拼板厚度也不一致。作梁侧模使用时，一般采用 25 mm 厚木板制作；作梁底模使用时，拼板厚度可加大到 40～50 mm。定型模板则是将木板钉在边框上，制成固定尺寸的模板，一般长度为 700～1 200 mm，宽度为 200～400 mm。

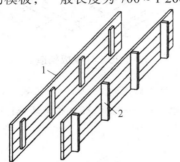

图 6-23　木模板拼板构造

1—板条；2—拼条

对于混凝土结构不同部位的构件，模板拼装构造也有所不同，常见结构构件模板如基础模板、柱模板、梁及现浇楼板模板、墙模板、楼梯模板等，其构造如图 6-24～图 6-28 所示。

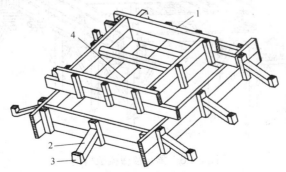

图 6-24　阶梯形基础模板构造

1—拼板；2—斜撑；3—木桩；4—铁丝

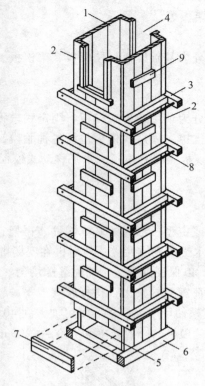

图 6-25　柱模板构造

1—内拼板；2—外拼板；3—柱箍；4—梁缺口；5—清理孔；
6—底部木框；7—盖板；8—拉紧螺栓；9—拼条

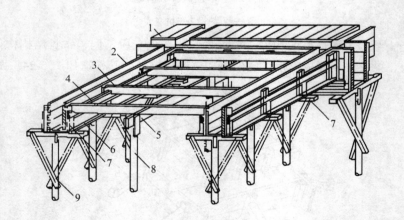

图 6-26　梁、楼板模板构造

1—楼板模板；2—梁侧模板；3—搁栅；4—横挡；5—牵杠；6—夹条；
7—短撑木；8—牵杠撑；9—支撑

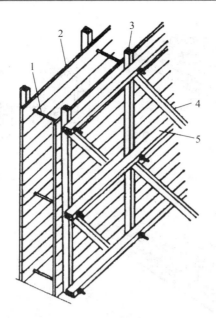

图 6-27 墙模板构造

1—对拉螺栓；2—侧板；3—纵檩；4—斜撑；5—横檩

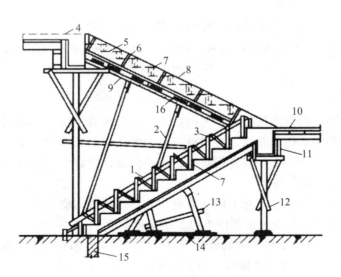

图 6-28 板式楼梯模板构造

1—反扶梯基；2—斜撑；3—木吊；4—楼面；5—外帮侧板；6—木挡；7—踏步侧板；8—挡木；
9—搁栅；10—休息平台；11—托木；12—琵琶撑；13—牵杠撑；14—垫板；15—基础；
16—楼段底模；17—梯级模板

（2）组合钢模板的构造

组合钢模板是一种工具式定型模板，由钢模板、连接件和支撑件等组成多种尺寸和几何形状，以适应各种类型建筑物的梁、板、柱、墙、基础等构件施工所需要的模板。钢模板包括平面模板、阴角模板、阳角模板和连接角模，如图 6-29 所示。

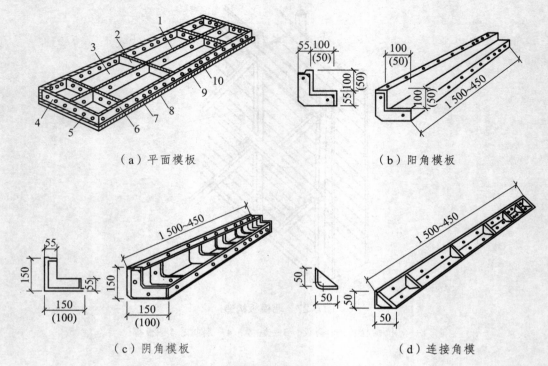

（a）平面模板   （b）阳角模板

（c）阴角模板   （d）连接角模

图 6-29 钢模板类型（单位：mm）

1—中纵肋；2—中横肋；3—面板；4—横肋；5—插销孔；6—纵肋；7—凸棱；

8—凸鼓；9—U 形卡孔；10—钉子孔

4. 模板的安装

模板的安装顺序一般为先下后上、先内后外、先支模后支撑、再紧固。按照图纸尺寸制作模板后，弹出构件中心线和边线，将模板对准边线和中心线进行安装，并用吊锤和钢尺或经纬仪等抄测校正，经检测无误后，用斜撑、水平撑及拉撑钉牢。最后检查模板是否稳固，校核模板几何尺寸及轴线位置。

当模板支撑在基土面上时，基土应平整夯实，满足承载力要求，并加设木垫板或混凝土垫板等措施，确保混凝土在浇筑过程中不会发生支撑下沉。

梁底模板跨度≥4 m 时，跨中梁底处应按设计要求起拱，如设计无要求，起拱高度为梁跨度的 1/1 000～3/1 000。主次梁交接时，先主梁起拱，后次梁起拱。

5. 模板的拆除

① 模板及其支架拆除时的混凝土强度，应符合设计要求，当设计无具体要求时，应符合下列规定：

侧模在混凝土强度能保证其表面及棱角不因拆除模板而受损坏后，方可拆除；

底模在混凝土强度符合表 6-4 的规定后，方可拆除。

② 多层楼板模板支柱的拆除，应按下列要求进行：上层楼板正在浇灌混凝土时，下一层楼板的模板支柱不得拆除，再下层楼板的支柱，仅可拆除一部分；跨度 4 m 及 4 m 以上的梁上均应保留支柱，其间距不得大于 3 m。

表 6-4　承重模板拆除时混凝土强度要求

结构类型	结构跨度/m	按设计的混凝土强度标准值的百分率计/%
板	≤2	≥50
	>2且<8	≥75
	≥8	≥100
梁、拱、壳	≤8	≥75
	>8	≥100
悬臂构件	≤2	≥100
	>2	≥100

6.4.2　钢筋工程

1. 钢筋的进场与存放

钢筋应有出厂质量证明或试验报告单，每捆（盘）钢筋均应有标牌。钢筋进场时以及存放了较长时间使用前，应按批号及直径分批验收，验收内容包括查对标牌、外观检查、进行力学性能试验，必要时还需进行化学成分分析或其他专项检验。钢筋见证取样时，钢筋端部要先截掉 50 cm 后再取试样，每组试样要分别标记，不得混淆。钢筋取样试样见图 6-30 所示。

图 6-30　钢筋见证取样试样

当钢筋运进施工现场后，必须严格按批分等级、牌号、直径、长度挂牌存放，并注明数量，不得混淆。钢筋应尽量堆入仓库或料棚内，条件不具备时，应选择地势较高、土质坚实、较为平坦的露天场地存放；在仓库或场地周围挖排水沟，以利排水。堆放时钢筋下面要加垫木，离地不宜少于 200 mm，以防钢筋锈蚀和污染。钢筋成品要分工程名称、构件名称、部位、钢筋类型、尺寸、钢号、直径和根数分别堆放，不能将几项工程的钢筋混放在一起，也不应靠近会产生有害气体的车间，以免污染和腐蚀钢筋，如图 6-31 所示。

（a）钢筋原材存放

（b）钢筋成品存放

图 6-31　钢筋的存放

2. 钢筋的现场加工

（1）圆盘钢筋调直

目前，建筑工程用圆盘钢筋多用钢筋调直机来调直，如图 6-32 所示。调直作业后应堆放好成品、切断电源、锁好开关箱、清理场地并做好机械的保养工作。

图 6-32　钢筋调直机

（2）钢筋弯曲成形

现场钢筋弯曲成形可采用钢筋弯曲机、四头弯筋机及手工弯曲机具来完成。常用的 GW40 型钢筋弯曲机如图 6-33 所示。

（a）GW40 型钢筋弯曲机　　　　　　　　　　　　　（b）弯制钢筋

图 6-33　钢筋弯曲

3. 钢筋的连接

（1）绑扎连接

绑扎连接是采用 20～22 号铁丝或镀锌铁丝将单根钢筋连接成钢筋网片或骨架，其中 22 号铁丝只用于绑扎直径 12 mm 以下的钢筋，如图 6-34 所示。

图 6-34　钢筋的绑扎连接

钢筋绑扎程序是：画线摆筋→穿筋→绑扎→安放垫块等。画线时应注意间距、数量，标明加密箍筋位置。板类摆筋顺序一般先排主筋后排负筋；梁类一般先摆纵筋。摆放有焊接接头和绑扎接头的钢筋应符合规范规定。有变截面的箍筋，应事先将箍筋排列清楚，然后安装纵向钢筋。

钢筋绑扎应符合下列规定：

①钢筋的交点须用铁丝扎牢。

②板和墙的钢筋网片，除靠外围两行钢筋的相交点全部扎牢外，中间部分的相交点可相隔交错扎牢，但必须保证受力钢筋不发生位移。双向受力的钢筋网片，须全部扎牢。

③梁和柱的箍筋，除设计有特殊要求外，应与受力钢筋垂直设置。箍筋弯钩叠合处，应沿受力钢筋方向错开设置。

④柱中的竖向钢筋搭接时，角部钢筋的弯钩应与模板成 45°（多边形柱为模板内角的平分角；圆形柱应与柱模板切线垂直）；中间钢筋的弯钩应与模板成 90°；如采用插入式振捣器浇注小型截面柱时，弯钩与模板的角度最小不得小于 15°。

⑤板、次梁与主梁交叉处，板的上部钢筋在上，次梁的上部钢筋居中，主梁的上部钢筋在下；当有圈梁或垫梁时，主梁的上部钢筋在圈梁或垫梁的上部钢筋之上。

（2）焊接连接

钢筋焊接方法有电弧焊、闪光对焊、电渣压力焊和电阻点焊。此外还有预埋件钢筋和钢板的埋弧压力焊及近年推广的钢筋气压焊等。电渣压力焊施工过程如图 6-35。

（a）安放焊机

（b）安放上部钢筋

（c）添加焊剂

（d）通电引弧造渣　　　　　（e）加压焊接　　　　　（f）焊接完毕

图 6-35　电渣压力焊施工过程

（3）机械连接

① 套筒挤压连接。

套筒挤压连接工艺的基本原理是：将两根待接钢筋插入钢连接套筒，采用专用液压压接钳侧向（或侧向和轴向）挤压连接套筒，使套筒产生塑性变形，从而使套筒的内周壁变形而嵌入钢筋螺纹，由此产生抗剪力来传递钢筋连接处的轴向力，形成套筒挤压连接。套筒挤压连接有径向挤压和轴向挤压两种，如图 6-36 所示。压接钳和套筒如图 6-37、图 6-38 所示。

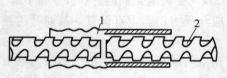 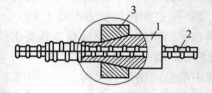

（a）径向挤压　　　　　　　　　　　（b）轴向挤压

图 6-36　钢筋套筒挤压连接

1—钢套筒；2—变形钢筋；3—压模

图 6-37　压接钳　　　　　　　　　图 6-38　挤压套筒

② 钢筋锥螺纹套筒连接。

钢筋锥螺纹套筒连接是把钢筋的连接端加工成锥形螺纹（简称丝头），通过锥螺纹连接套筒把两根带丝头的钢筋按规定的力矩值连接成一体的钢筋连接方法，如图6-39所示。

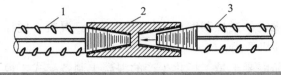

图 6-39　钢筋锥螺纹套筒连接

1—已连接的钢筋；2—锥螺纹套筒；3—未连接的钢筋

③ 钢筋直螺纹套筒连接。

钢筋直螺纹套筒连接是将两根待接钢筋端头切削或滚压出直螺纹，然后用带直内丝的直螺纹钢套筒将两钢筋端头按规定力矩拧紧的连接方法，如图6-40所示。这种连接方法具有接头强度高、质量稳定、施工方便、不用电源、全天候施工、对中性好、施工速度快等优点，是目前工程应用最广泛的粗钢筋连接方法。

图 6-40　钢筋直螺纹套筒连接

4. 钢筋的检查

钢筋工程属于隐蔽工程，在浇筑混凝土前应对钢筋及预埋件进行验收，并做好隐蔽工程记录。钢筋安装完毕后，应检查下列几个方面的内容：

① 根据设计图纸检查钢筋的型号、直径、形状、尺寸、根数、间距和锚固长度是否正确，特别是要注意检查负筋的位置。

② 检查钢筋接头的位置及搭接长度是否符合规定。

③ 检查混凝土保护层厚度是否符合要求。

④ 检查钢筋绑扎是否牢固，绑扎点位置是否正确，有无松动变形现象。

⑤ 钢筋表面不允许有油渍、漆污和颗粒状（片状）铁锈。

⑥ 安装钢筋时的允许偏差不得大于规范规定。

6.4.3　混凝土工程

1. 混凝土的制备

混凝土制备就是将各种组成材料拌制成质地均匀、颜色一致、具备一定流动性的混凝土拌合物。混凝土的配料是指将砂、水泥、石子、水按照一定的比例配置，以满足设计的混凝土强度要求。

混凝土的搅拌按照规定的搅拌制度在搅拌机中实现。混凝土搅拌机按其搅拌原理分为自落式搅拌机和强制式搅拌机两类。

目前推广使用的商品混凝土是工厂化生产的混凝土制备模式。根据混凝土生产能力、工艺安排、服务对象的不同，搅拌站可分为小型混凝土搅拌站和大型混凝土搅拌站。

投料顺序应从提高搅拌质量，减少叶片、衬板的磨损，减少拌合物与搅拌筒的黏结，减少水泥飞扬，改善工作环境，提高混凝土强度，节约水泥等方面综合考虑确定。常用投料方法有一次投料法、二次投料法和水泥裹砂法等。

一次投料法是目前最普遍采用的方法。它是将砂、石、水泥和水一起同时加入搅拌筒进行搅拌。为了减少水泥的飞扬和水泥的粘罐现象，对自落式搅拌机常用的投料顺序是将水泥装在料斗中，并夹在砂、石之间，一次上料，最后加水搅拌。

二次投料法又分为预拌水泥砂浆法和预拌水泥净浆法。预拌水泥砂浆法是先将水泥、砂和水加入搅拌筒内进行充分搅拌，成为均匀的水泥砂浆后，再加入石子搅拌成均匀的混凝土；预拌水泥净浆法是先将水泥和水充分搅拌成均匀的水泥净浆后，再加入砂和石搅拌成混凝土。国内外的试验表明：二次投料法搅拌的混凝土与一次投料法相比较，混凝土强度可提高约15%；在强度等级相同的情况下，可节约水泥15%～20%。

2. 混凝土的运输

混凝土运输分为地面运输、垂直运输和楼面运输三种情况。

① 混凝土地面运输：在我国，如采用预拌（商品）混凝土运输距离较远时，多用混凝土搅拌运输车（见图6-41）。混凝土如来自工地搅拌站，则多用载重约1 t的小型机动翻斗车（见图6-42），近距离亦用双轮手推车（见图6-43）。

② 混凝土垂直运输：我国多用塔式起重机、混凝土泵车、斗式提升机和井架等，如图6-44～图6-48所示。用塔式起重机时，混凝土多放在吊斗（见图6-49）中，这样可直接进行浇筑。如用混凝土泵，可铺设输送管道或采用布料机（见图6-50、图6-51）布料。

③ 混凝土楼面运输：布料机或塔吊配合吊斗在实现垂直运输的同时，也可实现混凝土的楼面运输；还可采用双轮手推车或机动灵活的小型机动翻斗车。

（a）侧面

（b）后面

图6-41　混凝土搅拌运输车

图 6-42 小型机动翻斗车

图 6-43 双轮手推车

图 6-44 塔式起重机

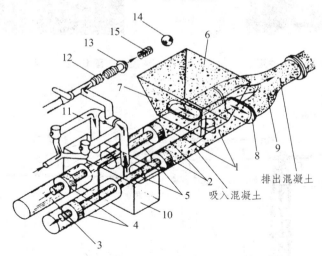

图 6-45 液压活塞式混凝土泵工作原理

1—混凝土缸；2—液压混凝土活塞；3—液压缸；4—液压活塞；5—活塞杆；6—料斗；
7—控制吸入的水平分配阀；8—控制排出的竖向分配阀；9—Y 形输送管；10—水箱；
11—水洗装置换向阀；12—水洗用高压软管；13—水洗用法兰；14—海绵球；15—清洗活塞

图 6-46　混凝土输送泵车

图 6-47　混凝土提升斗

图 6-48　井架

图 6-49　吊斗

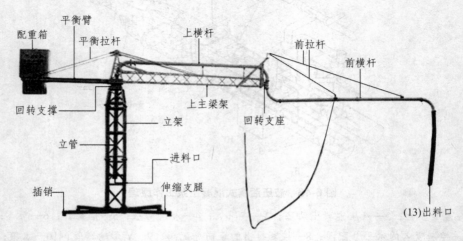

图 6-50　立柱式布料机

图 6-51　汽车式布料机

3. 混凝土的浇筑

（1）防止离析

浇筑混凝土时，如自由倾落高度过大，粗骨料在重力作用下，下落速度较快，可能形成混凝土的离析。为防止离析现象的产生，混凝土自由倾落高度不应大于 2 m，在竖向结构中限制自由倾落高度不宜超过 3 m，否则应沿串筒、斜槽、溜管或振动溜管等下料。

（2）浇筑层厚度

若混凝土浇筑厚度较大，必须进行分层浇筑，以保证振捣密实。每层浇筑厚度与振捣方法、结构的配筋情况有关，混凝土浇筑厚度应符合表 6-5 的规定。

表 6-5　混凝土浇筑层的厚度

序号	混凝土振捣方法		浇筑层厚度/mm
1	插入式振捣		振动棒作用部分长度的 1.25 倍
2	表面振捣		200
3	人工振捣	（1）在基础、无筋混凝土或配筋稀疏的结构中	250
		（2）在梁、墙板、柱结构中	200
		（3）在配筋密列的结构中	150

（3）浇筑间歇时间

混凝土浇筑应连续进行，如必须停歇，则其间歇时间应尽可能缩短，并应在前一层混凝土凝结之前浇筑完下一层的混凝土。间歇时间与水泥品种及混凝土凝结条件有关，最长间歇时间不得超过表 6-6 的规定，超过规定时间则须设置施工缝。

表 6-6　混凝土浇筑最长间歇时间

混凝土强度等级	最长间歇时间/min	
	<25 ℃	>25 ℃
<C30	210	180
>C30	180	150

4. 混凝土的振捣密实

振动密实成型方法的振动机械按其工作方式可分为：内部振动器、表面振动器、外部振动器和振动台，如图 6-52 所示。

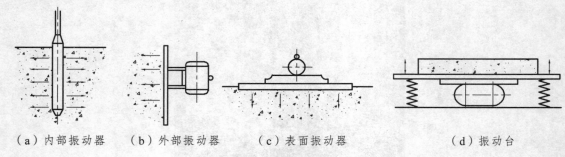

（a）内部振动器　　（b）外部振动器　　（c）表面振动器　　（d）振动台

图 6-52　振动机械示意图

5. 混凝土的养护

混凝土养护包括人工养护和自然养护。人工养护是指人为地在规定的温度[（20±2）℃]、湿度（在 95%以上）下的标准养护，通常对混凝土标准试块在标养室内（见图 6-53）进行人工养护或对混凝土预制构件采用蒸汽加热（见图 6-54）等方式的人工养护。自然养护是在平均气温高于 5 ℃的自然条件下，对混凝土采取的覆盖、浇水润湿、挡风、保温等养护措施。现场施工多为自然养护。

图 6-53　混凝土试块标准养护

图 6-54　混凝土预制构件的蒸汽养护

（1）自然养护

自然养护分洒水养护、塑料薄膜覆盖养护和喷涂薄膜养生液养护等。

① 洒水养护：用草帘、土工布、麻布片等蓄水材料将混凝土覆盖，并经常洒水使其保持湿润，如图 6-55 所示。

② 塑料薄膜覆盖养护：用塑料薄膜把混凝土构件覆盖或包裹起来养护，防止混凝土中水分蒸发，保证混凝土水化充分，如图 6-56 所示。

③ 喷涂薄膜养护剂养护：喷涂混凝土薄膜养护剂也称薄膜养生液（见图 6-57），是将氯乙烯-偏氯乙烯养护剂或过氯乙烯树脂塑料薄膜养护剂用喷枪喷涂在混凝土表面上，溶液挥发后在混凝土表面形成一层塑料薄膜，将混凝土与空气隔绝，阻止其中水分的蒸发以保证水化作用的正常进行。

（a）土工布覆盖养护

（b）草帘覆盖养护

图 6-55　洒水养护

（a）楼板养护

（b）柱子养护

图 6-56　塑料薄膜覆盖养护

图 6-57　薄膜养护剂

（2）自然养护时间

自然养护时间的长短取决于水泥品种，普通硅酸盐水泥和矿渣硅酸盐水泥拌制的混凝土不少于 7 d；掺有缓凝型外加剂或有抗渗要求的混凝土不少于 14 d。洒水养护时，洒水次数以能保证湿润状态为宜。

思考与练习题

6-1 常用的边坡护坡技术有哪些？

6-2 简述基坑土方开挖方法。

6-3 换土垫层法常用的垫层材料有哪些？

6-4 简述钢筋混凝土独立基础施工工艺。

6-5 简述钢筋混凝土预制桩施工工艺。

6-6 根据成孔方法的不同，灌注桩可分哪些种类？

6-7 砖墙是如何进行组砌的？

6-8 阐述砖墙的砌筑工艺。

6-9 砖墙砌筑质量的基本要求是什么？

6-10 脚手架有哪些种类？

6-11 简述模板的基本要求、分类及构造。

6-12 简述模板安装与拆除的基本要求。

6-13 钢筋的进场验收与存放有哪些要求？

6-14 钢筋的连接方式有哪些？

6-15 钢筋焊接连接方式有几种？

6-16 混凝土运输的方式及机械设备有哪些？

6-17 混凝土浇筑应该注意哪些方面的内容？

6-18 混凝土养护方式有哪几种？

7　桥梁工程

知识目标

1. 了解桥梁的作用与地位；
2. 了解桥梁的组成与分类；
3. 掌握主要桥梁类型。

能力目标

1. 正确区分各种桥梁的作用与组成；
2. 识别主要桥梁类型。

学前导读

桥梁工程在学科上属于土木工程中的一个分支。它与建筑工程一样，也是用石、砖、木、混凝土、钢筋混凝土、预应力混凝土和钢等材料建造的结构工程，在功能上是交通工程的咽喉。

7.1　桥梁工程概述

7.1.1　桥梁的作用与地位

随着我国国民经济与科学技术的迅速发展以及经济的全球化，大力发展交通运输事业、建立四通八达的现代交通网络，不仅有利于经济的进一步发展，同时，对促进文化交流、加强民族团结、缩小地区差别、巩固国防事业，也都有非常重要的意义。

我国自改革开放以来，桥梁建设得到了飞速的发展，这对改善人民的生活环境、改善外商的投资环境、促进经济的腾飞，起到了关键性的作用。

桥梁工程在工程规模上约占道路总造价的 10% ~ 20%，它同时也是保证全线通车的咽喉。在国防上同样是交通运输的咽喉，即使是现代化战争，在需要高度快速、机动的大规模的地面部队作战中，桥梁工程仍具有非常重要的战略地位。

随着科学技术的进步和经济、文化水平的提高，人们对桥梁建筑提出了更高的要求。我国幅员辽阔，大小山脉和江海湖泊纵横全国，经过几十年的努力，我国的桥梁工程无论在建设规模上，还是在科学技术水平上，均已跻身世界先进行列。各种功能齐全、造型美观的立交桥、高架桥，横跨长江、黄河等大江大河的特大跨度桥梁，如雨后春笋般频频建成。目前，随着国家公路"五纵七横"国道主干线的规划实施，几十千米长的跨海湾、海峡特大桥梁的宏伟工程已经摆在我们面前，并已逐渐开始建设。例如已建成通车的浙江宁波杭州湾跨海大桥，全长达 36 km，是目前世界上最长的跨海大桥，比连接巴林与沙特的法赫德国王大桥还长 11 km，成为继美国的庞恰特雷恩湖桥后世界第二长的桥梁。杭州湾大桥的开工建设使上海至宁波的公路距离缩短了 120 km。同时，大桥在设计中首次引入了景观设计的概念。景观设计师们借助西湖苏堤"长桥卧波"的美学理念，兼顾杭州湾水文环境特点，结合行车时司机和乘客的心理因素，确定了大桥总体布置原则。整座大桥平面为 S 形曲线，总体上看线形优美、生动活泼。从侧面看，在南北航道的通航孔桥处各呈一拱形，具有了起伏跌宕的立面形状。建成后的大桥，不仅是交通要道，同时也是一个绝佳的旅游休闲观光台，进一步体现了桥梁不仅是一种功能性结构物，还是一座立体造型令人赏心悦目的艺术工程，也是具有时代特征的景观工程，具有一种凌空宏伟的魅力。如图 7-1 所示为杭州湾跨海大桥全景图。

图 7-1　杭州湾大桥

回顾过去，展望未来，可以预见，在今后相当长的一个时期内，我们广大的桥梁建设者将在不断建造更多桥梁的同时，也将面临着建设更加新颖与复杂、经济与美观桥梁结构的挑战，肩负着国家光荣而艰巨的任务。

7.1.2　桥梁工程发展历程

我国的桥梁建筑已有数千年历史。中国历史上记载的第一座桥梁，是距今约 3000 年的渭水浮桥。它是为周文王（公元前 1185—前 1135 年）迎亲需要临时搭建的，用后被拆除。这个事实被唐《初学记》收录："周文王造舟于渭"。到了秦代，秦始皇修建了长达 400 m、68 孔的长安石桥。而石拱桥远于公元前 250 多年前就开始修造了。从考古发掘中，河南洛阳发现一座周代末年韩君墓，墓门为石拱结构的事件获得证实。公元 282 年建成的（石拱）旅人桥，是历史上记载的第一座石拱桥。最著名的石拱桥是隋代李春、李通带领能工巧匠所建造的河北赵县安济桥（俗称赵州桥，公元 591—599 年），全长 50.82 m，净跨 37.02 m，矢高 7.23 m，宽约 10 m，也是世界上最宏伟的石拱桥，并且使用至今依然巍然挺立。英国李约瑟教授指出：
"中国兴建石拱桥确实优先欧洲达千年以上，因为至铁路时代西方才出现一些可以相比的桥梁"，并认为是学安济桥创造的"数肩拱学派"对古今世界桥梁工程界产生了巨大影响，指出李春数肩拱桥建筑成了现代许多钢筋混凝土桥的祖先。另外有代表性的拱桥如北京永定河上的卢沟桥、苏州宝带桥等，都有其独到之处。其他类型的桥梁，如梁桥、悬索吊桥等，在我国古桥梁建筑中，也是不胜枚举的。

7.2　桥梁的组成和分类

桥梁是供公路、城市道路、铁路、渠道、管线等跨越水体、山谷或彼此间相互跨越的过程构筑物，是交通运输中重要的组成部分。

7.2.1　桥梁的组成

一般来说，桥梁由 4 个基本部分组成，即上部结构、下部结构、支座和附属设施。

1. 上部结构

上部结构也称为桥跨结构，是在线路中断时跨越障碍的主要承重结构，通常直接承受桥上的荷载。桥梁跨越幅度越大，桥上车辆荷载越大，则桥跨结构越复杂，施工也越困难。

（1）主体大梁

主体大梁是承受桥上载荷的主要构件，常由许多根梁组成（拱桥是拱圈，吊桥则是主缆索），这些梁沿桥的纵向（行车方向）首尾相接，沿桥的横向（河水流向）依次排列，共同组成主体大梁。

为了使各梁之间连接坚固，用多种横梁、系杆、盖板等，使纵横两个方向互相联系结成整体。

（2）桥面部分

大多数桥面是铺筑在主体大梁之上的，通常设有中央车道和两侧的人行道以及栏杆、栏板等。

2. 下部结构

桥梁的下部结构包括桥墩、桥台和基础。

（1）桥　墩

桥墩是设置在桥中间、支承上部结构并将其传来的恒载和车辆等活载再传至基础的结构物。在河中的桥墩，一部分露出水面支撑主梁，一部分浸入水中，下面与基础相连。上部称为墩帽，中部称为墩身，下部称为墩底。常见的桥墩类型有：重力式桥墩、薄壁空心桥墩、柱式与桩式桥墩、柔性桥墩。

其中，重力式桥墩即实体桥墩，主要靠自重来平衡外力，从而保证桥墩的强度和稳定性。重力式桥墩由墩帽、墩身、基础三部分组成，如图 7-2 所示。

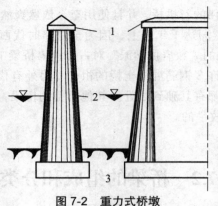

图 7-2　重力式桥墩

1—墩帽；2—墩身；3—基础

　　薄壁空心桥墩节省材料，空心桥墩的截面形式如图 7-3 所示，有圆形、圆端形、长方形等。墩高一股采用可滑模施工的变截面，即斜坡式立面布置。墩顶和墩底部分可设实心段，以便设置支座与传递荷载。

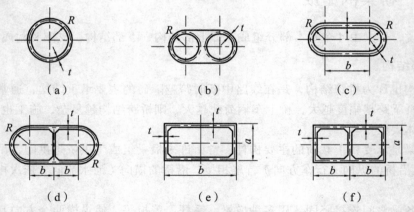

（a）　　　　　　　（b）　　　　　　　（c）

（d）　　　　　　　（e）　　　　　　　（f）

图 7-3　薄壁空心桥墩截面

　　柱式桥墩布置形式有单柱式、双柱式和多柱式，当墩身高大于 6～7 m 时，可设横向连系梁。柱式桥墩一般由基础之上的承台、墩身和墩帽组成，如图 7-4 所示。墩身的截面形式有圆形、方形、六角形或其他形等。柱式桥墩在公路桥中应用广泛。

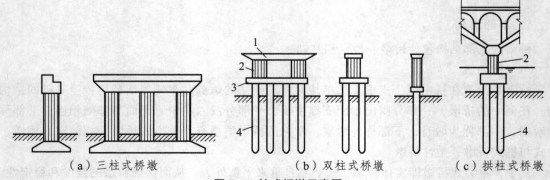

（a）三柱式桥墩　　　　　　　（b）双柱式桥墩　　　　　　　（c）拱柱式桥墩

图 7-4　柱式桥墩示意图

1—墩帽；2—柱；3—承台；4—桩

桩式桥墩是将钻孔桩基础向上延伸为桥墩的墩身,在桩顶浇注墩帽,如图 7-5 所示,它既是桩又是墩,一般都是钢筋混凝土的。

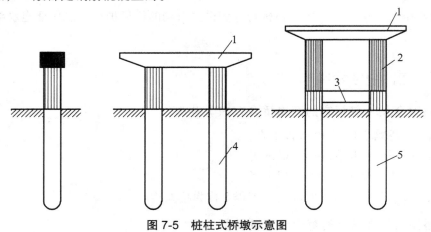

图 7-5　桩柱式桥墩示意图

1—顶帽;2—柱;3—系梁;4—桩柱;5—桩

柔性桥墩是指在墩帽上设置活动支座桥墩,桥梁热胀冷缩时产生的水平推力以及刹车制动力通过桥梁对桥墩的水平力,都因活动支座而使桥墩免于承受,其墩身也比刚性桥墩为细。为了承受竖向荷载,墩身要加设一些粗钢筋和采用高强度材料。

柔性桥墩也可以做成空心、薄壁的。世界上高达 146 m 的空心薄壁预应力钢筋混凝土柔性桥墩,壁厚仅 35～55 cm,比实体墩节省材料 70%。

（2）桥　　台

桥台是设置在桥两端,支承上部结构并将其传来的恒载和车辆等活载再传至基础的结构物。除了上述作用外,桥台还与路堤相衔接,并抵御路堤土压力,防止路堤坝土的坍落。

（3）基　　础

桥墩和桥台底部的奠基部分,通常称为基础。基础承担了从桥墩和桥台传来的全部荷载,并将其传至地基持力层,是桥梁能安全使用的关键。基础往往深埋于土层之中,并且需在水中作业,是施工比较困难的一个部分。桥梁的基础按照施工方法的不同,可以分为扩大基础、桩及管柱基础、沉井基础、地下连续墙基础和索口钢管桩基础。

3. 支　　座

一座桥梁中在桥跨结构与桥墩或桥台的支承处所设置的传力装置,称为支座。支座设在墩台顶,它不仅要传递很大的荷载,并且要保证桥跨结构能根据受力需要产生一定的变位。支座一般多用于梁式桥,在拱桥、刚架桥等形式桥梁中使用较少。

目前,桥梁支座大致分为简易垫层支座、钢支座、钢筋混凝土支座、橡胶支座及特种支座等,应根据桥梁的用途、跨径、结构物的高度等因素,视具体情况选用。

4. 附属设施

桥梁的基本附属设施主要包括桥面系、锥形护坡,此外根据需要还常常修筑护岸、导流结构物等附属工程。

桥面系包括行车道铺装、排水系统、防水系统、人行道（或安全带）、缘石、栏杆、护栏、照明灯具和伸缩缝等。它们多与车辆、行人直接接触，形成桥梁的行车部分，对桥梁的主要结构起保护作用。

在路堤与桥台衔接处，一般还在桥台两侧设置石砌的锥形护坡，以保证迎水部分路堤边坡的稳定。

7.2.2 桥梁的分类

1. 按桥梁全长（包括它的两岸桥台在内）分类

① 小桥——桥梁全长在 30 m 以下者。

② 中桥——桥梁全长在 30～100 m 者。

③ 大桥——桥梁全长在 100 m 以上者。

④ 特大桥——全长超过 500 m 的，工程上称为特大桥。

2. 按桥跨结构在承载时静力性质的特征分类

（1）板式桥

板式桥是公路桥梁中量大、面广的常用桥型，它构造简单、受力明确，可以采用钢筋混凝土和预应力混凝土结构；可做成实心和空心，就地现浇为适应各种形状的弯、坡、斜桥。因此，一般公路、高等级公路和城市道路桥梁中，广泛采用，尤其是建筑高度受到限制和平原区高速公路上的中、小跨径桥梁，特别受到欢迎，从而可以减低路堤填土高度，少占耕地和节省土方工程量。

（2）梁式桥

梁式桥在垂直荷载作用下，墩台只产生垂直反力，无水平反力的结构。

（3）拱 桥

拱桥是以承受轴向压力为主的拱圈或拱肋作为主要承重构件的桥梁，拱结构由拱圈（拱肋）及其支座组成。

（4）悬索桥

悬索桥的桥跨结构主要承载部分由柔性链或缆索构成，链或缆索在垂直荷载下承受拉力。悬索桥也称作吊桥。

（5）斜拉桥

斜拉桥作为一种拉索体系，比梁式桥的跨越能力更大，是大跨度桥梁的最主要桥型。

（6）刚架桥

刚架桥的墩台与桥跨连成刚性整体，常用钢筋混凝土构成，在垂直荷载下，墩台产生垂直及水平反力。

（7）联合体系桥

联合体系桥指其中同时有几个体系的主要静力特性互相联系并互相配合工作的桥梁。

3. 按桥跨可否活动分类

① 面定桥——桥跨不能开启。

② 活动桥——当建桥受到经济、技术或者其他影响时，不能建造得太高，因而通行船舶受到阻碍，为了解决这一矛盾，把桥造成活动的，以便在必要时，可以开启通行船只。

4. 按主要建桥材料分类

桥梁按主要建桥材料可分为木桥、钢桥、石桥、混凝土桥和钢筋混凝土桥。

5. 按桥面所处的位置分类

① 上承式桥——桥面位于结构（梁、拱）承载部分之上。
② 下承式桥——桥面位于两主梁或两肋之间，并将荷载传递于其下部的桥梁。

6. 按桥梁跨越的障碍分类

① 河川桥——跨越河流的桥。
② 跨线桥——跨越公路或铁路的桥。
③ 高架桥——横过山谷或深洼的桥。
④ 栈桥——升高道路到周围地面以上，在道路下方留有宽敞空间的桥。

7. 按桥梁使用功能分类

桥梁按使用功能分为铁路桥、公路桥、铁路公路两用桥、农用桥、人行桥、运水桥、专用桥（如管道、电缆）等。

7.3　主要桥梁类型介绍

结构工程上的受力构件，总离不开拉、压、弯三种基本受力方式。由基本构件所组成的结构物，在力学上也可以归结为梁式、拱式、悬吊式三种基本体系及它们之间的各种组合。现代的桥梁结构也一样，不过其内容更丰富，形式更多样，材料更坚固，技术更先进。下面介绍一下桥梁主要类型的特点：

7.3.1　梁式桥

梁式桥是一种在竖向荷载作用下无水平反力的结构。由于桥上的恒载和活载的作用方向与承重结构的轴线接近垂直，所以与同样跨径的其他结构体系比较，桥的梁上将产生最大的弯矩，通常需要抗弯能力强的材料来建造，如图 7-6 所示。

图 7-6　梁式桥

梁式桥种类很多，也是公路桥梁中最常用的桥型，其跨越能力可从 20 m 直到 300 m 之间。公路桥梁常用的梁式桥形式有：

按结构体系分为：简支梁、悬臂梁、连续梁、T 形刚构、连续刚构等；

按截面形式分为：T 形梁、箱形梁（或槽形梁）、桁架梁等。

（1）简支 T 形梁桥

T 形梁桥在我国公路上修建最多，早在 20 世纪 50、60 年代，我国就建造了许多 T 形梁桥，这种桥型对改善我国公路交通起到了重要作用。

1980 年代以来，我国公路上修建了几座具有代表性的预应力混凝土简支 T 形梁桥（或桥面连续），如河南的郑州、开封黄河公路桥，浙江省的飞云江大桥等，其跨径达到 62 m，吊装重 220 t。

（2）连续箱形梁桥

箱形截面能适应各种使用条件，特别适合于预应力混凝土连续梁桥、变宽度桥。因为嵌固在箱梁上的悬臂板，其长度可以较大幅度变化，并且腹板间距也能放大；箱梁有较大的抗扭刚度，因此，箱梁能在独柱支墩上建成弯斜桥；箱梁容许有最大细长度；应力值较低，重心轴不偏一边，同 T 形梁相比徐变变形较小。

（3）T 形刚构桥

这种结构体系有致命弱点。从 20 世纪 60 年代起到 80 年代初，我国公路桥梁修建了几座 T 形刚构桥，如著名的重庆长江大桥和泸州长江大桥。1980 年以后这种桥型基本不再修建了，这里不再赘述。

（4）连续刚构桥

连续刚构桥也是预应力混凝土连续梁桥之一，一般采用变截面箱梁。我国公路系统从 1980 年中期开始设计、建造连续刚构桥，至今方兴未艾。

7.3.2 拱式桥

拱式桥的主要承载结构是拱圈或拱肋。这种结构在竖向荷载作用下，桥墩或桥台将承受水平推力。同时，这种水平推力将显著减小拱内的弯矩作用。因此，与同跨梁式桥相比，拱式桥弯矩变形小，弯曲承载能力强，拱桥的跨越能力大，外形也比较美观，如图 7-7 所示。但应注意，为了确保拱桥的安全使用，下部结构必须能承受很大的水平推力。

图 7-7 拱桥

拱桥可用砖、石、混凝土等抗压性能良好的材料建造；大跨度拱桥则用钢筋混凝土或钢材建造，以承受发生的力矩。拱按拱圈的静力体系分为无铰拱、双铰拱、三铰拱。前二者为超静定结构，后者为静定结构。无铰拱的拱圈两端固结于桥台，结构最为刚劲，变形小，比有铰拱经济，结构简单，施工方便，是普遍采用的形式，但修建无铰拱桥要求有坚实的地基基础。双铰拱是在拱圈两端设置可转动的铰支承，结构虽不如无铰拱刚劲，但可减弱桥台位移等因素的不利影响，在地基条件较差和不宜修建无铰拱的地方，可采用双铰拱桥。三铰拱则是在双铰拱的拱顶再增设一铰，结构的刚度更差些，拱顶铰的构造和维护也较复杂，一般不宜作主拱圈。拱桥按结构形式可分为板拱、肋拱、双曲拱、箱形拱、桁架拱。拱桥为桥梁基本体系之一，一直是大跨径桥梁的主要形式。拱桥建筑历史悠久，20世纪得到迅速发展，50年代以前达到全盛时期。古今中外名桥（如赵州桥、卢沟桥、悉尼港桥、克尔克桥等）遍布各地，在桥梁建筑中占有重要地位，适用于大、中、小跨径的公路桥和铁路桥，更因其造型优美，常用于城市及风景区的桥梁建筑。

拱桥是我国最常用的一种桥梁形式，其式样之多，数量之大，为各种桥型之冠，特别是公路桥梁，据不完全统计，我国的公路桥中7%为拱桥。由于我国是一个多山的国家，石料资源丰富，因此拱桥以石料为主。建于公元1990年、跨径120 m的湖南乌巢河大桥，是当今世界跨径第一的石拱桥。我国建造的钢筋混凝土拱桥的形式更是数不胜数，式样之多当属世界之最，其中建造得比较多的是箱形拱、双曲拱、肋拱、

桁架拱、刚架拱等，它们大多数是上承式桥梁，桥面宽敞，造价低廉。

7.3.3 刚架桥

刚架桥的主要刚架承重结构是梁或板、立柱或竖墙整体结合在一起的刚架结构，在梁与柱的连接处具有很大的刚性。在竖向荷载作用下，梁主要承受弯矩，而在柱脚也有水平反力，其受力状态介于梁式桥和拱式桥之间。

对于同样的跨径，在相同的外力作用下，刚架桥的跨中正弯矩比一般梁式桥要小。根据这一特点，刚架桥跨中的构件高度就可以做得较小。这在城市中当遇到线路立体交叉或需跨越通航江河时，采用这种桥型能尽量降低线路标高以改善桥的纵坡。当桥面标高已确定时，它能增加桥下净空。对刚架桥，通常是采用预应力混凝土结构。

7.3.4 斜拉桥

斜拉桥由索塔、主梁、斜拉索组成。索塔形式有A形（见图7-8）、倒Y形、H形、独柱，材料有钢和混凝土的。主梁一般采用钢筋混凝土结构、钢-混凝土组合结构或钢结构，塔柱大都采用钢筋混凝土结构，而斜拉索则采用高强材料（高强钢丝或钢绞线）制成。斜拉索的两端分别锚固在主梁和索塔上，将主梁多点吊起，并将主梁的恒载和车辆荷载传递至塔柱，再通过塔柱基础传至地基。因而主梁在斜拉索的各点支承作用下，像多跨弹性支承的连续梁一样，梁中的弯矩值得以大大降低，这不但可使主梁尺寸大大减小，而且可以使结构自重显著减轻，既节省了结构材料，又能大幅度地增大桥梁的跨越能力。当然，斜拉索对梁的这种弹

性支撑作用，只有在斜拉索处于拉紧状态时才能得到充分发挥，因此必须在桥梁承受活载之前对斜拉索进行预拉。

图 7-8　索塔

斜拉索布置有单索面、平行双索面、斜索面等，如武汉长江二桥、白沙洲长江大桥均为钢筋混凝土双塔双索面斜拉桥。现代斜拉桥可以追溯到 1956 年瑞典建成的斯特伦松德桥，主跨 182.6 m。历经半个多世纪，斜拉桥技术得到空前发展，世界上已建成的主跨在 200 m 以上的斜拉桥有 200 余座，其中跨径大于 400 m 的有 40 余座。尤其 20 世纪 90 年代后，世界上建成的著名斜拉桥有：法国诺曼底斜拉桥（主跨 856 m）、南京长江二桥南汊桥钢箱梁斜拉桥（主跨 628 m），以及 1999 年日本建成的世界最大跨度的多多罗大桥（主跨 890 m）。

我国至今已建成各种类型的斜拉桥 100 多座，其中有 52 座跨径大于 200 m。20 世纪 80 年代末，我国在总结加拿大安那西斯桥的经验基础上，于 1991 年建成了上海南浦大桥（主跨为 423 m 的结合梁斜拉桥），开创了我国修建 400 m 以上大跨度斜拉桥的先河。我国已成为拥有斜拉桥最多的国家，在世界 10 大著名斜拉桥排名榜上，中国有 6 座，跨度在 600 m 以上的斜拉桥世界上仅有 6 座，中国占了 4 座。

斜拉桥根据跨度大小及经济上的考虑，可以建成单塔式、双塔式、多塔式等不同类型。通常当对桥截面及桥下净尺寸要求较高时，多采用三跨双塔式结构。

由我国自主设计建设的世界第一斜拉桥——苏通大桥已于 2008 年 6 月 30 日正式通车。这座大桥连接江苏南通与苏州两市，创造了最大规模群桩基础、最高桥塔、最大跨径、最长斜拉索 4 项斜拉桥世界纪录，攻克了 10 多项世界级关键技术难题，赢得了国际桥梁大会的最高奖项，而且也是改革开放 30 年建设成就的集中展现，如图 7-9 所示。

图 7-9　斜拉桥

7.3.5　悬索桥

悬索桥，也称为吊桥，采用悬挂在两端塔柱上的吊索作为主要的承载结构。在竖向荷载作用下，通过吊杆的荷载传递使吊索承受巨大的拉力，因此，通常需要在两岸桥台的后方修筑非常巨大的锚锭结构。悬索桥也是具有水平反力的结构。现代的悬索桥，广泛采用高强度钢缆索，以发挥其优异的抗拉性能。美国旧金山的金门大桥，建于 20 世纪 30 年代，用了 20 000 多根钢丝缆绳组成吊索，吊起桥梁的主体结构，如图 7-10。

图 7-10　悬索桥

当前，大跨度悬索桥公路桥、公路铁路两用桥主梁多采用钢制扁箱梁截面。与其他类型桥梁相比，悬索桥自重轻，但结构刚度差，在风荷载和车辆荷载作用下，易产生较大的变形和振动。悬索桥的历史就是克服变形和振动的历史，是提高桥梁刚度的历史。

7.3.6　组合体系桥

根据结构的受力特点，由几个不同体系的结构组合而成的桥梁称为组合体系桥，如梁和拱的组合体系，斜拉桥和悬索桥的组合体系等。所有这些组合，目的是充分利用各种类型桥梁受力特点，充分发挥其优越性，建造出符合要求、外观优美的桥梁来。

7.4 桥梁的总体规划与设计

7.4.1 桥梁设计的基本要求

与设计其他工程结构物一样，桥梁工程要按照"安全、适用、经济、美观"的基本原则进行设计，在设计中必须考虑下述各项要求：

1. 使用上的要求

桥上的行车道和人行道宽度应保证车辆和人群的安全畅通，并应满足将来交通量增长的需要。桥型、跨度大小和桥下净空应满足泄洪、安全通航或通车等要求。建成的桥梁应保证使用年限，并便于检查和维修。

2. 经济上的要求

桥梁设计应体现经济上的合理性。在设计中要进行详细周密的技术经济比较，使桥梁的总造价和材料等的消耗为最少。在技术经济比较中，应充分考虑桥梁在使用期间的运营条件及养护、维修等方面的问题。桥梁设计应根据因地制宜、就地取材、方便施工的原则，合理选用适当的桥型。此外，能满足快速施工要求以达到缩短工期的桥梁设计，不仅能降低造价，而且能提早通车，在运输上带来很大的经济效益。

3. 结构尺寸和构造上的要求

整个桥梁结构及各部分构件，在制造、运输、安装过程中应具有足够的强度、刚度、稳定性。桥梁结构的强度应使全部构件及连接件的材料抗力或承载力具有足够的安全储备。对于刚度的要求，应使桥梁在荷载作用下变形不超过规定的允许值。过度的变形会使结构连接松弛，而且挠度过大会导致高速行车困难，引起桥梁剧烈的振动，使行人不适，严重者会危及桥梁的安全。结构的稳定性，是要使桥梁结构在各种外力作用下，具有能够保持原来的形状和位置的能力。

4. 施工上的要求

桥梁结构要便于制造和架设。应采用先进的工艺技术和施工机械，以便于加快施工进度，保证工程质量和施工安全。

5. 美观上的要求

一座桥梁应具有优美的外形，应与周围的景致相协调。城市桥梁和游览地区的桥梁，可较多考虑建筑艺术上的要求。合理的结构布局和轮廓是美观的主要因素，决不应把美观片面地理解为豪华的细部装饰。

7.4.2 桥梁设计前的资料准备

桥梁设计前，一般需要作如下资料准备：

① 调查桥梁的使用任务，即桥上的交通种类和行车、行人的来往密度，以确定桥梁的荷载等级和行车道、人行道宽度等。

② 测量桥位附近的地形，制成地图。

③ 调查和测量河流的水文情况，包括河道性质、冲刷情况等，收集与分析历年洪水资料，测量河床横断面，调查河槽各部分形态标志，了解通航水位和通航需要的净空要求，以及河流上的水利设施对新建桥梁的影响。

④ 探测桥位的地址情况，包括岩土的分层标高、岩土的物理力学性质、地下水等，尤其是不良地质现象，如滑坡、断层、溶洞、裂隙等情况。

⑤ 调查当地施工单位的技术水平、施工机械等的装备情况以及施工现场的动力和电力供应情况。

⑥ 调查和收集建桥地点的气象资料以及河流上下游原有桥梁的使用情况等。

7.4.3　桥梁工程设计要点

1. 选择桥位

桥位在服从路线总方向的前提下，选择河道顺直、河床稳定、水面较窄、水流平稳的河段。中、小桥的桥位服从路线要求，而路线的选择服从大桥的桥位要求。

2. 确定桥梁总跨径与分孔数

总跨径的长度要保证桥下有足够的过水断面，可以顺利地宣泄洪水，通过流冰。根据河床的地质条件，确定允许冲刷深度，以便适当压缩总跨径长度，节省费用。

分孔数目及跨径大小要考虑桥的通航需要、工程地质条件的优劣、工程总造价的高低等因素。一般是跨径越大，总造价越大，施工亦越困难。桥道标高也在确定总跨径、分孔数的同时予以确定。设计通航水位及通航净空高度是决定桥道标高的主要因素，一般在满足这些条件的前提下，尽可能地取低值，以节约工程造价。

3. 桥梁的纵横断面布置

桥梁的纵断面布置是指在桥的总跨度与桥道标高确定以后，来考虑路与桥的连接线形和连接的纵向坡度。连接线形一般应根据两端桥头的地形和线路要求而定。纵向坡度是为了桥面排水，一般控制在 3% ~ 5%，桥梁横断面布置包括桥面宽度、横向坡度、桥跨结构的横断面布置等。

4. 公路桥型的选择

桥型选择是指选择什么类型的桥梁，是梁式桥还是拱桥，是刚架桥还是斜拉桥，是多孔桥还是单跨桥等。分析一般应从安全实用与经济合理等方面综合考虑，选出最优的桥型方案，实际操作中，往往需要准备多套可能的桥型方案，综合比较分析之后，才能找出符合要求的最优方案。

思考与练习题

7-1　什么是梁式桥?

7-2　你居住周围有什么类型的桥?

7-3　你所知的桥梁之最有哪些?

8 其他土木工程介绍

知识目标

1. 了解建筑内部给排水系统分类；
2. 了解建筑内部给排水系统组成方式；
3. 掌握建筑内部给排水系统组成；
4. 了解防洪工程、农田水利工程的特点及组成；
5. 熟悉水力发电工程的特点及组成；
6. 熟悉水电站的分类；
7. 掌握水电建筑物的组成及作用；
8. 熟悉港口工程的组成与分类；
9. 掌握港口水工建筑物的类型及作用。

能力目标

1. 正确区分不同类型的土木工程；
2. 能简单描述出不同土木工程间的区别与联系；
3. 掌握各种土木工程现有施工特点，创新施工方法，改善各工程的用途，提高各工程的功能。

学前导读

给水排水工程、防洪工程、农田水利工程、水力发电工程、港口工程是土木工程学科中的重要分支，在国民建设中占有举足轻重的作用。本章对这些工程的作用和特点分别做简单介绍。

8.1 给水排水工程

给水排水工程可以分为城市公用事业和市政工程的给水排水工程、大中型工业企业的给水排水及水处理、建筑给水排水工程。各类给排水工程在服务规模及设计、施工与维护等方面均有不同的特点。

建筑给水排水工程是直接服务于工业与民用建筑物内部及居住小区范围内的生活设施和生产设备的给水排水工程，是建筑设备工程的重要内容之一。其工程整体由建筑内部给水、建筑内部排水、建筑消防给水、居住小区给水排水、建筑水处理及特种用途给水排水等部分组成。其功能的实现依靠各种材料和规格的管道、卫生器具与各类设备和构筑物的合理选用，管道系统的合理布置设计，精心的设计与认真的维护管理等。它是为适应中国城市建设现代化程度与人民幸福生活福利设施水平不断提高而形成的一门内容不断充实和更新的工程技术科学。

8.1.1 给水工程

建筑内部的给水工程是将城市给水管网或自备水源给水管网的水引入室内，经配水管送至生活、生产和消防用水设备，并满足各用水点对水量、水压和水质的要求。

8.1.1.1 建筑内部给水系统的分类

建筑内部给水系统按用途基本上可分为三类：

1. 生活给水系统

供民用、公共建筑和工业企业建筑内的饮用、烹调、盥洗、洗涤、沐浴等生活上的用水。要求水质必须严格符合国家规定的饮用水质标准。

2. 生产给水系统

因各种生产的工艺不同，生产给水系统种类繁多，主要用于生产设备的冷却、原料洗涤、锅炉用水等。生产用水对水质、水量、水压以及安全方面的要求由于工艺不同，差异很大。

3. 消防给水系统

供层数较多的民用建筑、大型公共建筑及某些生产车间的消防设备用水。消防用水对水质要求不高，但必须按建筑防火规范保证有足够的水量与水压。

根据具体情况，有时将上述三类基本给水系统或其中两类基本系统合并成：生活-生产-消防给水系统、生活-消防给水系统、生产-消防给水系统。

根据不同需要，有时将上述三类基本给水系统再划分，例如：生活给水系统分为饮用水系统、杂用水系统；生产给水系统分为直流给水系统、循环给水系统、复用水给水系统、软化水给水系统、纯水给水系统；消防给水系统分为消火栓给水系统、自动喷水灭火给水系统。

8.1.1.2 建筑内部给水系统的组成

建筑内部给水系统由下列各部分组成，如图 8-1 所示。

1. 引入管

对一幢单独建筑物而言，引入管是室外给水管网与室内管网之间的联络管段，也称进户管。对于一个工厂、一个建筑群体、一个学校区，引入管系指总进水管。

2. 水表节点

水表节点是指引入管上装设的水表及其前后设置的闸门、泄水装置等总称。闸门用以关闭管网，以便修理和拆换水表；泄水装置为检修时放空管网、检测水表精度及测定进户点压力值。水表节点形式多样，选择时应按用户用水要求及所选择的水表型号等因素决定。

分户水表设在分户支管上，可只在表前设阀，以便局部关断水流。为了保证水表计量准确，在翼轮式水表与闸门间应有 8～10 倍水表直径的直线段，其他水表约为 300 mm，以使水表前水流平稳。

3. 管道系统

管道系统是指建筑内部给水水平或垂直干管、立管、支管等。

4. 给水附件

给水附件指管路上的闸阀等各式阀类及各式配水龙头、仪表等。

5. 升压和贮水设备

在室外给水管网压力不足或建筑内部对安全供水、水压稳定有要求时，需设置各种附属设备，如水箱、水泵、气压装置、水池等升压和贮水设备。

6. 室内消防

按照建筑物的防火要求及规定需要设置消防给水时，一般应设消火栓消防设备。有特殊要求时，另专门装设自动喷水灭火或水幕灭火设备等。

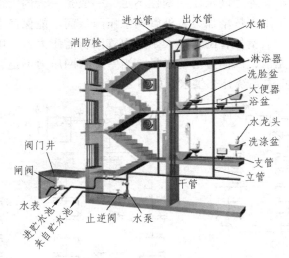

图 8-1　建筑内部给水系统的组成

8.1.1.3　建筑内部给水系统的给水方式

给水方式即给水系统的供水方案。典型给水方式有以下几种。

1. 直接给水方式

当室外给水管网提供的水压、水量和水质都能满足建筑要求时，可直接把室外管网的水引向建筑各用水点，这样可充分利用室外管网提供的条件进行给水，该给水方式称为直接给水方式，如图 8-2 所示。

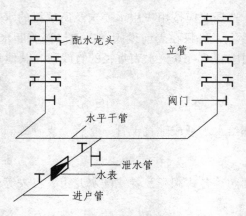

图 8-2 直接给水方式示意图

在初步设计时，给水系统所需压力（自室外地面算起）可估算确定（高层建筑除外）：一层为 100 kPa，二层为 120 kPa，二层以上每增加一层增加 40 kPa。对于引入管或室内管道较长或层高超过 3.5 m 时，上述值应适当增加。

2. 设水箱的给水方式

这种给水方式适用于室外管网水压周期性不足，一般是一天内大部分时间能满足要求，只在用水高峰时刻，由于用水量增加，室外管网水压降低而不能保证建筑的上层用水，并且允许设置水箱的建筑物。当室外管网压力大于室内管网所需压力时，则由室外管网直接向室内管网供水，并向水箱充水，以储备一定水量。当室外管网压力不足，不能满足室内管网所需压力时，则由水箱向室内系统补充供水，如图 8-3 所示。

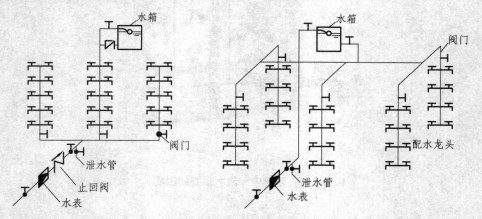

图 8-3 设水箱的给水方式示意图

这种给水方式的优点是系统比较简单，投资较省；充分利用室外管网的压力供水，节省电耗；同时，系统具有一定的储备水量，供水的安全可靠性较好。缺点是系统设置了高位水箱，增加了建筑物的结构荷载，并给建筑设计的立面处理带来了一定难度；同时，若管理不当，水箱的水质易受到污染。

3. 设水泵的给水方式

这种给水方式适用于室外管网水压经常性不足的生产车间、住宅楼或者居住小区集中加压供水系统。当室外管网压力不能满足室内管网所需压力时，利用水泵进行加压后向室内给水系统供水，当建筑物内用水量较均匀时，可采用恒速水泵供水；当建筑物内用水不均匀时，宜采用自动变频调速水泵供水，以提高水泵的运行效率，达到节能的目的，如图8-4所示。

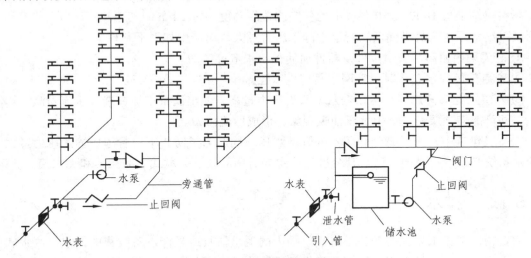

图 8-4 设水泵的给水方式示意图

这种给水方式避免了以上设水箱的缺点，但由于市政给水管理部门大多明确规定不允许生活用水水泵直接从室外管网吸水，而必须设置断流水池。断流水池可以兼作储水池使用，从而增加了供水的安全性。

4. 设水池、水泵和水箱的给水方式

这种给水方式适用于当室外给水管网水压经常性或周期性不足，又不允许水泵直接从室外管网吸水并且室内用水不均匀。利用水泵从储水池吸水，经加压后送到高位水箱或直接送给系统用户使用。当水泵供水量大于系统用水量时，多余的水充入水箱储存；当水泵供水量小于系统用水量时，则由水箱出水，向系统补充供水，以满足室内用水要求。

这种给水方式由水泵和水箱联合工作，水泵及时向水箱充水，可以减小水箱容积。同时在水箱的调节下，水泵的工作稳定，能经常在高效率下工作，节省电耗。停水、停电时可延时供水，供水可靠，供水压力较稳定。缺点是系统投资较大，且水泵工作时会带来一定的噪声干扰。

5. 设气压给水装置的给水方式

这种给水方式适用于室外管网水压经常不足，不宜设置高位水箱或水塔的建筑（如隐蔽的国防工程、地震区建筑、建筑艺术要求较高的建筑等），但对于压力要求稳定的用户不适宜。

气压给水装置是利用密闭储罐内空气的压缩或膨胀使水压上升或下降的特点来储存、调节和压送水量的给水装置，其作用相当于高位水箱和水塔，但其位置可根据需要较灵活地设在高处或低处。水泵从储水池吸水，经加压后送至给水系统和气压水罐内；停泵时，再由气压水罐向室内给水系统供水，由气压水罐调节储存水量及控制水泵运行。

这种给水方式的优点是设备可设在建筑物的任何高度上，安装方便，具有较大的灵活性，水质不易受污染，投资省，建设周期短，便于实现自动化等。缺点是给水压力波动较大，管

理及运行费用较高，且调节能力小。

8.1.1.4　高层建筑给水系统

高层建筑是指 10 层及 10 层以上的住宅或建筑高度超过 24 m 的其他建筑。高层建筑如果采用同一给水系统，势必使低层管道中静水压力过大，而产生如下不利现象。

① 需要采用耐高压管材配件及器件而使得工程造价增加。

② 开启阀门或水龙头时，管网中易产生水锤。

③ 低层水龙头开启后，由于配水龙头处压力过高，使出流量增加，造成水流喷溅，影响使用，并可能使顶层龙头产生负压抽吸现象，形成回流污染。

在高层建筑中，为了充分利用室外管网水压，同时为了防止下层管道中静水压力过大，其给水系统必须进行竖向分区。其分区形式主要有串联式、并联式、减压式和无水箱式。

8.1.2　排水工程

建筑物内部排水系统的任务是将建筑物内的卫生器具或生产设备收集的污水、废水和屋面的雨雪水，迅速地排至室外及市政污水管道，或排至室外污水处理构筑物处理后再予以排放。建筑物内部装设的排水管道，按其所接纳排除的污、废水性质，可分为三类：生活排水管道、工业废水管道、建筑内部雨水管道。

生活排水管道用以排除人们日常生活中的盥洗、洗涤的生活废水和生活污水。生活污水大多排入化粪池，而生活废水则直接排入室外合流制下水管道或雨水管道中。

工业废水管道用以排除生产工艺过程中的污水、废水。由于工业生产门类繁多，污、废水性质极其复杂，因此又可按其污染程度分为生产污水和生产废水两种。前者仅受到轻度污染，如循环冷却水等；后者受到的污染程度较为严重，通常需要经过厂内处理后才能够排放。

建筑物内部的雨水管道用以接纳排除屋面的雨雪水，一般用于高层建筑和大型厂房的屋面雨雪水的排除。

上述三大类污水、废水，如果分别设置管道排出建筑物外，称建筑分流制排水；如果将其中两类或者三类污水、废水合流排出，则称建筑合流制排水。确定建筑排水的分流或合流体制，应注意建筑物与市政的排水体制是否适应，必须综合考虑经济技术情况。具体考虑的因素有：建筑物排放污水、废水的性质，市政排水体制和污水处理设施的完善程度，污水是否回用，室内排水点和排出建筑的位置等。

一般建筑物内部排水系统由下列部分组成，如图 8-5 所示。

1. 卫生器具或生产设备受水器

它是建筑内部排水系统的起点，污水、废水从器具排水栓经器具内的水封装置或器具排水管连接的存水弯排入排水管系。

2. 排水管系

由器具排水管（连接卫生器具和横支管之间的一段短管，除坐式大便器地漏外，其间包括存水弯）、有一定坡度的横支管、立管、埋设在室内的总干管和排出到室外的排出管等组成。

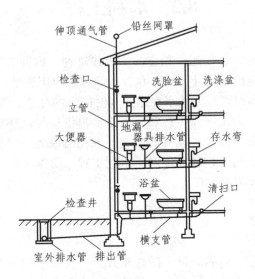

图 8-5 建筑排水系统示意图

3. 通气管系

有伸顶通气立管、专用通气内立管、环形通气管等几种类型。其主要作用是让排水管与大气相通，稳定管系中的气压波动，使水流畅通。

4. 清通设备

一般有检查口、清扫口、检查井以及带有清通门的弯头或三通等设备，作为疏通排水管道之用。

5. 抽升设备

民用建筑中的地下室、人防建筑物、高层建筑的地下技术层、某些工业企业车间或半地下室、地下铁道等地下建筑物内的污、废水不能自流排至室外时必须设置污水抽升设备。如水泵、气压扬液器、喷射器将这些污废水抽升排放以保持室内良好的卫生环境。

6. 室外排水管道

自排水管接出的第一检查井后至城市下水道或工业企业排水主干管间的排水管段即为室外排水管道，其任务是将建筑内部的污、废水排送到市政或厂区管道中去。

7. 污水局部处理构筑物

当建筑内部污水未经处理不允许直接排入城市下水道或水体时，在建筑物内或附近应设置局部处理构筑物予以处理。

我国目前多采用在民用建筑和有生活间的工业建筑附近设化粪池，使生活粪便污水经化粪池处理后排入城市下水道或水体。污水中较重的杂质如粪便、纸屑等在池中数小时后沉淀形成池底污泥，三个月后污泥经厌氧分解、酸性发酵等过程后脱水熟化便可清掏出来。

8.2 水利工程

为了充分利用水利资源，必须建造相应的工程建筑物，这种工程建筑物叫水工建筑物。研究水利资源利用的一般理论及设计、施工和管理问题的应用科学，称为水利工程学。

水利工程的目的是控制或调整天然水在空间和时间上的分布，防止和减少旱涝洪水灾害，合理开发和利用水利资源，为工农业生产和人民生活提供良好的环境和物质条件。水利工程原来是土木工程的一个分支，由于其本身的发展，现在已成为一门相对独立的学科，但仍与土木工程有密切的联系。水利工程包括：农田水利工程、防洪工程、水力发电工程、治河工程、内河航道工程、跨流域调水工程。

8.2.1 防洪工程

防洪包括防御洪水危害人类的对策、措施和方法。它是水利科学的一个分支，主要研究对象包括水的自然规律，河道、洪泛区状况及其演变。防洪工作的基本内容可分为：建设、管理、防汛和科学研究。

防洪工程是控制、防御洪水以减免洪灾损失所修建的工程，主要有堤、河道整治工程、分洪工程和水库等。按照功能和兴建的目的可以分为挡、泄和蓄几类：

挡：主要是运用工程措施挡住洪水对保护对象的侵袭，如河堤、湖堤、海堤、闸、围堤等。

泄：主要增加泄洪能力，常用的措施有修筑河堤、整治河道、开辟分洪道等。

蓄：主要作用是拦蓄调节洪水，削减洪峰，减轻下游防洪负担，如水库、分洪区工程等。开辟分洪区，分蓄河道超额洪水，一般适用于人口较少地区，也是河流防洪系统中重要的组成部分。

一条河流或一个地区的防洪任务，通常由多种措施结合构成的工程系统来承担，本着除害与兴利相结合、局部与整体统筹兼顾、蓄泄兼筹、综合治理等原则，统一规划。一般在上、中游干支流山谷区修建水库拦蓄洪水，调节径流；山丘地区广泛开展水土保持，蓄水保土，发展农林牧业，改善生态环境；在中、下平原地区，修筑堤防，整治河道，治理河口，并因地制宜修建分蓄洪工程，以达到减免洪灾的目的。

1. 堤

堤是沿河、渠、湖、海岸边或行洪区、分洪区、围垦区边缘修筑的挡水建筑物，如图 8-6 所示。其作用为：防御洪水泛滥，保护居民、田地和各种设施；限制分洪区、行洪区的淹没范围；围垦洪泛区或海滩，增加土地开发利用的面积；抵挡风浪或抗御海潮；约束、控制河道水流，加大流速，以利于泄洪排沙。在河流水系较多的地区，把沿干流修的堤称为干堤，沿支流修的堤称为支堤；形成围堰的堤称为围堤，沿海岸修建的堤称为海堤或海塘。

世界各国堤防以土堤为最多。为加强土堤的抗冲击性能，也常在土堤临水坡砌石或用其他材料护坡。石堤以块石砌筑，堤的断面比土堤小。

根据防洪的要求，堤可以单独使用，也可以配合其他工程，或组成防洪工程系统，联合运用。堤防工程是防洪系统中的一个重要组成部分，不论新建、改建还是加固原有堤防系统，都需要进行规划、设计。

图 8-6 防洪堤

2. 河道整治

河道整治是按照河道演变规律，因势利导，调整、稳定河道主流位置，改善水流、泥沙运动和河床冲淤部位，以适应防洪、航运、供水、排水等国民经济建设要求的工程措施。河道整治包括：控制调整河势，截弯取直，河道展宽和疏浚等。

河道整治要遵循以下原则：上下游、左右岸统筹兼顾；依照河势演变规律因势利导，并抓紧演变过程中的有利时机；河槽、滩地要综合治理；根据需要与可能，分清主次，有计划、有重点地布设工程；对于工程结构和建筑材料，要因地制宜，就地取材，以节省投资。

河道整治的主要措施有：

① 修建建筑物，控制调整河势，如修建丁坝、顺坝、锁坝、护岸、潜坝、鱼嘴等，有的还用环流建筑物。一般在河道凹岸修建整治建筑物，以稳定滩岸，改善不利河湾，固定河势流路。

② 实施河道裁弯工程，此种方法主要用于比较弯曲的河道。

③ 实施河道展宽工程，主要用于堤距过窄的或有少数突出山嘴的卡口河段，通过退堤展宽河道。

④ 实施疏浚，可通过爆破、机械开挖及人工开挖完成。在平原河道，多采用挖泥船等机械疏浚，切除弯道内的不利滩嘴，以提高河道的通航能力。在山区河道，通过爆破和机械开挖，拓宽、疏浚水道，切除有害石梁、暗礁，以整治滩险，满足航运要求。

3. 分洪工程

分洪工程一般由进洪设施与分洪道、蓄滞洪区、避洪措施、泄洪排水设施等部分组成。以分洪道为主的亦称分洪道工程，在我国又称减河；以蓄滞洪区为主的亦称分洪区或蓄洪区。

进洪设施设于河道的一侧，一般是在被保护区上游附近、河势较为稳定的河道凹岸，用于分泄超过河道安全泄量的超额流量。

分洪道是引导超额洪水进入承泄区的工程，只有过洪能力，没有明显的挑蓄作用。分洪道根据泄洪出路不同可分为四类，即：分洪入海、分洪入蓄洪区、分洪入邻近其他河道、绕过保护区会原河道的分洪道。

蓄洪区是利用平原湖泊、洼地滞蓄调节洪水的区域，其范围一般由围堤划定。蓄洪区在世界上大江大河的防洪中广为应用，工程较简单，施工期短，投资较少。我国有些蓄洪区在大水年蓄洪，小水年垦殖，这样的蓄洪区称为蓄洪垦殖区。

避洪工程是在分洪区应用时，为保障区内人民生命安全，并减少财产损失而兴建的工程。它是分洪蓄洪工程的重要组成部分，主要包括安全区、安全台、避水楼房、转移道路、桥梁和交通工具、救生设备、通信设备和预报警系统。

排水泄洪工程是为及时有效地排出分洪区内的分洪水量而设置的工程措施。排水方式有自流排（如排水涵闸）和堤排（如机电排水站）两种。

4. 水 库

水库用于坝、堤、水闸、堰等工程，是于山谷、河道或低洼地区形成的人工水域。

8.2.2 农田水利工程

农田水利工程是为发展农业生产服务的水利事业，其基本任务是通过水利工程技术措施，改变不利于农业生产发展的自然条件，为农业高产高效服务。农田水利工程的主要内容是：① 采取蓄水、引水、跨流域调水等措施调节水资源的时空分布，为充分利用水、土资源和发展农业创造良好条件；② 采取灌溉、排水等措施调节农田水分状况，满足农作物需水要求，改良低产土壤，提高农业生产水平。

农田水利工程就是通过兴修为农田服务的水利设施，包括灌溉、排水、除涝和防治盐、渍灾害等，建设旱涝保收、高产稳定的基本农田，主要内容是：整修田间灌排渠系，平整土地，扩大田块，改良低产土壤，修筑道路和植树造林等。小型农田水利建设的基本任务，是通过兴修各种农田水利工程设施和采取其他各种措施，调节和改良农田水分状况和地区水利条件，使之满足农业生产发展的需要，促进农业的稳产高产。中国有悠久的农田水利建设历史。早在夏商时期，人们就把土地规划成井田。井田即方块田，把土地按相等的面积作整齐划分，灌溉渠道布置在各块耕地之间。五代两宋时期建设了太湖圩田。明清时期建设了江汉平原的垸田及珠江三角洲的基围等。这些小型农田水利形式在以后得到继承和发展。至 20 世纪 50 年代初期，中国修建了许多近代灌溉工程，干支级渠道比较顺直整齐，但对田间渠系和田块没有及时进行建设和整修，田间工程配套不全。旱作灌区，土地不平整，大畦漫灌，水量浪费严重；水稻灌区串灌串排现象普遍存在，不仅影响合理灌溉、排水晒田，而且造成肥料流失、水量浪费。另一方面，田块面积小，形状不规则，与农业机械化生产很不适应。中国开展农田水利建设的主要经验有：① 全面规划。② 因地制宜地制订具体建设规划。③ 规划以治水为中心，实行山、水、田、林、路综合治理。④ 建设规划与中小流域治理规划相结合。

农田水利工程主要是灌溉工程和排涝工程，具体由取水工程、灌溉泵站和排水泵站、渠道工程和渠系建筑物组成。

8.2.2.1 取水工程

取水工程的主要作用是将河水引入渠道，以满足农田灌溉、水力发电、工业及生活供水等需要。因取水工程位于渠道的首部，所以也称为渠首工程。取水工程可分为无坝取水、有坝取水、水库取水、水泵站引水四类。

无坝取水（见图 8-7）的主要建筑物是进水闸。为便于引水和防止泥沙进入渠道，进水闸一般设在河道的凹岸。取水角度应小于 90°。一般来说，设计取水流量不超过河流流量的 30%，否则难以保证各用水时期都能引取足够的流量。无坝取水工程虽然简单，但由于没有调节河流水位和流量的能力，完全依靠河流水位高于渠道的进口高程而自流引水，因此引水流量受河流水位变化的影响很大。必要时，可在渠道前修顺坝，以增加引水流量。

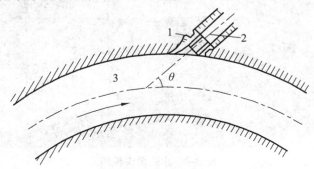

图 8-7 无坝取水示意图

1—进水闸；2—干渠；3—河流

有坝取水（见图 8-8）是一种修建水坝或节制闸，以调剂河道水位的一种取水方式。当河流流量能满足灌溉用水要求时，只是河水位低于灌区需要的高程时，适于采用这种取水方式。与无坝取水相比较，其主要优点是可避免河流水位变化的影响，并且能稳定引水流量，主要缺点是建闸坝费用较高，河床也需要有适合的地质条件。

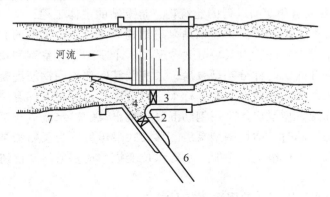

图 8-8 有坝取水示意图

1—壅水坝；2—进水闸；3—排沙闸；4—沉沙池；5—导水墙；6—干渠；7—堤防

水库取水既可调节流量又可抬高水位。由于灌溉区位置不同，可采取不同的取水方式。

在平原地区的下游河道，由于枯水位低于灌区高程，自然条件或经济条件又不适合修建闸坝工程，只有修建水泵站引水灌溉。引水流量依水泵能力而定。

8.2.2.2 灌溉泵站和排水泵站

泵站建筑物由排灌泵站的进水、出水、泵房等建筑物组成。泵站建筑物应根据不同类型泵站的特点、灌排渠系布置、水文、气象、地形、地质及水源与能源等条件，在满足灌排要求的情况下，进行合理布置，达到安全、高效、经济的目的，如图 8-9。

图 8-9　水轮泵工程图

泵站由以下几部分组成：

① 进水建筑物：包括引水渠道、前池、进水池等。其主要作用是衔接水源地与泵房，改善流态，减少水力损失，为主泵创造良好的引水条件。

② 出水建筑物：有出水池和压力水箱两种主要形式。出水池是连接压力管道和灌排干渠的衔接建筑物，起消能稳流作用。压力水箱是连接压力管道和压力涵管的衔接建筑物，起汇流排水的作用。这种结构形式适用于排水泵站。

③ 泵房：安装主机组和辅助设备的建筑物，是泵站的主体工程，其主要作用是为主机组和运行人员提供良好的工作条件。排灌泵站泵房结构形式较多，常用的有固定式和移动式两种。固定式泵房按基础形式的特点又可分为分基型、干室型、湿室型和块基型四种。泵房基础与水泵机组基础分开建筑时称分基型泵房。泵房及其底部均用钢筋混凝土浇筑成封闭的整体，在泵房下部形成一个无水的地下室，称干室型泵房。若泵房下部有一个与前池相通并充满水的地下室，则称湿室型泵房。当用钢筋混凝土把水泵的进水流道与泵房的底板浇成一块整体，并作为泵房的基础时，称块基型泵房。移动式泵房可分为泵船和泵车两种。泵房结构形式的确定，主要根据主机组结构性能、水源水位变幅、地基条件及枢纽布置，通过技术经济比较，择优选定。

排灌泵站的建筑布置因泵站的用途而有不同。

① 灌溉泵站：站址通常选择在灌区较高处，使其控制面积最大，渠系及其建筑物布置方便，工程量小，投资省。当水源处岸坡平缓，水源和灌区相距较远且高程相差较大时，进水建筑物通常采用有引水渠道的布置形式；当水源处岸坡较陡，站址与灌区的距离及控制高程接近时，其进水建筑物常采用无引水渠道的方式布置。泵房应按防洪要求设计。

② 排水泵站：站址一般选在地势较低的内湖或洼地出口处，使泵站能够排出较大区域的涝水。设计时应充分考虑自排，做到自排与堤排相结合，这类泵站常采用闸、（泵）站结合的方式布置。

③ 排灌结合泵站（见图 8-10）：有闸、（泵）站分建式和闸、（泵）站合建式两种布置形式。分建式布置是指闸、（泵）站分开建筑，利用排水闸、灌溉闸、泄水闸等的联合运用，实现排

灌结合。合建式布置是将闸、（泵）站建筑在同一基础上，在泵房主泵流道的进出口外侧设置闸门，兼作自排泄水和灌溉引水的涵闸，利用闸门改变流向，进行灌排作业。这种方式比分建式工程紧凑，设闸（门）少，投资省，运用方便。

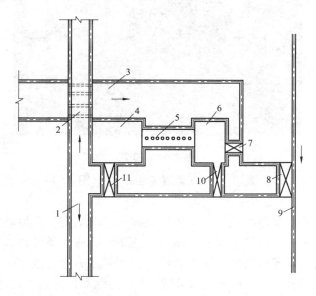

图 8-10　排灌结合泵站布置图

1—灌溉渠；2—交叉建筑物；3—排水渠；4—管理所；5—泵房；6—仓库；
7—3 号闸；8—防洪闸；9—汉江；10—2 号闸；11—1 号闸

8.2.2.3　渠道工程和渠系建筑物

渠系建筑物是为使渠道正常工作和发挥其各种功能而在渠道上兴建的水工建筑物，又称灌区配套建筑物，分为：① 控制、调节和配水建筑物，用于调节水位，分配流量，如节制闸、分水闸、斗门等。② 交叉建筑物，用以穿越河渠、洼谷、道路及障碍物，如渡槽、倒虹吸管、涵洞、隧洞等。③ 泄水建筑物，如泄水闸、退水闸、溢流堰等。④ 落差建筑物，即落差集中处的连接建筑物，如跌水、陡坡和跌井等。⑤ 冲沙和沉沙建筑物，如冲沙闸、沉沙池。⑥ 量水建筑物，如量水堰、量水槽等，也可利用其他水工建筑物量水。⑦ 专门建筑物和安全设备，如利用渠道落差发电的水电站，通航渠道上的码头、船闸和为人、畜免于落水而设的安全护栏。渠系建筑物数量多、总体工程量大、造价高，故应向定型化、标准化、装配化和机械化施工等方面发展。

以下仅就渠道、渡槽、倒虹吸管、跌水及陡坡作简要介绍。

1.　渠　　道

渠道是灌溉、发电、航运、给水与排水等广为采用的输水建筑物，它是具有自由水面的人工水道（见图 8-11）。

图 8-11　渠道

渠道按用途可分为：灌溉渠道、动力渠道（引水发电用）、供水渠道、排水渠道和通航渠道等。

渠道设计包括：渠道线路的选择、断面形式和尺寸的确定、渠道的防渗设计等。渠道线路选择是渠道设计的关键，可结合地形、地质、施工、交通等条件初选几条线路，通过技术经济比较，择优选定。渠道选线的一般原则是：① 尽量避开挖方或填方过大的地段，最好能做到挖方和填方基本平衡；② 避免通过滑坡区、透水性强和沉降量大的地段；③ 在平坦地段，线路应力求短直，受地形条件限制，必须转弯时，其转弯半径不宜小于渠道正常水面宽的 5 倍；④ 通过山岭，可选用隧洞，遇山谷，可用渡槽或倒虹吸管穿越，应尽量减少交叉建筑物。

渠道断面形状，在土基上呈梯形，两侧边坡根据土质情况和开挖深度或建筑高度确定，一般用 1∶1～1∶2，在岩基上接近矩形。

2. 渡　槽

渡槽是输送渠道水流跨越河流、渠道、道路、山谷等障碍的架空输水建筑物，是灌区水工建筑物中应用最广的交叉建筑物之一，主要由输水的槽身、支承结构、基础及进出口建筑物等部分组成。渡槽除用于输送渠道水流外，还可以供排洪和导流之用。

目前常用的渡槽形式，按施工方法分为现浇整体式渡槽、预制装配式渡槽及预应力渡槽等；按建筑材料分类，则有木渡槽、砌石渡槽、砼渡槽及钢筋砼渡槽等；按槽身结构形式分有矩形渡槽、U 形渡槽、梯形渡槽、椭圆形渡槽及圆管形渡槽等；按支承结构的形式分为梁式渡槽、拱式渡槽（见图 8-12）、桁架式渡槽、组合式渡槽、悬吊式渡槽或斜拉式渡槽。

渡槽总体布置工作包括：槽址位置的选择，槽身支承结构的选择，基础及进出口的布置。渡槽水力计算任务是合理确定槽底纵坡、槽身断面尺寸、计算水头损失，根据水面衔接计算确定渡槽进出口高程。

一般先按通过最大流量 Q 拟定适宜的槽身纵坡和槽身净宽 B、净高 h，后根据通过设计流量计算水流通过渡槽的总水头损失值 Z，如 Z 等于规划规定的允许水头损失，则可确定最后的纵坡、B、h 值，进而定出有关高程和渐变段长等。纵坡 i 加大，则有利于缩小槽身断面，减少工程量，但过大的纵坡，会加大沿程水头损失，降低渠水位的控制高程，还可能使上、下游渠道受到冲刷。

图 8-12　拱式渡槽

3. 倒虹吸管

倒虹吸管是在渠道同道路、河渠或谷地相交时，修建的压力输水建筑物。它与渡槽相比，具有造价低且施工方便的优点，不过它的水头损失较大，而且运行管理不如渡槽方便。它应用于修建渡槽困难，或需要高填方建渠道的场合；在渠道水位与所跨的河流或路面高程接近时，也常用倒虹吸管。

倒虹管由进口、管身、出口三部分组成，分为斜管式和竖井式。

（1）进口段

进口段包括：渐变段、闸门、拦污栅，有的工程还设有沉沙池。

进口段要与渠道平顺衔接，以减少水头损失。渐变段可以做成扭曲面或八字墙等形式，长度为 3~4 倍渠道设计水深。闸门用于管内清淤和检修。不设闸门的小型倒虹吸管，可在进口侧墙上预留检修门槽，需用时临时插板挡水。拦污栅用于拦污和防止人畜落入渠内被吸进倒虹吸管。

在多泥沙河流上，为防止渠道水流携带的粗颗粒泥沙进入倒虹吸管，可在闸门与拦污栅前设置沉沙池。对含沙量较小的渠道，可在停水期间进行人工清淤，对含沙量大的渠道，可在沉沙池末端的侧面设冲沙闸，利用水力冲淤。沉沙池底板和侧墙可用浆砌石或混凝土建造。

（2）出口段

出口段的布置形式与进口段基本相同。单管可不设闸门；若为多管，可在出口段侧墙上预留检修门槽。出口渐变段比进口渐变段稍长。由于倒虹吸管的作用，水头一般都很小，管内流速仅在 2.0 m/s 左右，因而渐变段的主要作用在于调整出口水流的流速分布，使水流均匀平顺地流入下游渠道。

（3）管身

管身断面可为圆形或矩形。圆形管因水力条件和受力条件较好，大、中型工程多采用这种形式。矩形管仅用于水头较低的中、小型工程。根据流量大小和运用要求，倒虹吸管可以设计成单管、双管或多管。管身与地基的连接形式及管身的伸缩缝和止水构造等与土坝坝下埋设的涵管基本相同。在管路变坡或转弯处应设置镇墩。为防止管内淤沙和放空管内积水，应在管段上或镇墩内设冲沙放水孔（可兼作进入孔），其底部高程一般与河道枯水位齐平。管路常埋入地下或在管身上填土。当管路通过冰冻地区时，管顶应在冰冻层以下；穿过河床时，应置于冲刷线以下。管路所用材料可根据水头、管径及材料供应情况选定，常用浆砌石、混凝土、钢筋混凝土及预应力钢筋混凝土等，其中，后两种应用较广。

4. 跌　水

跌水根据落差大小，分为单级跌水（见图 8-13）和多级跌水（见图 8-14）两种形式。跌水由进口、跌水墙、侧墙、消力池和出口部分组成。

图 8-13　单级跌水

图 8-14　多级跌水

5. 陡 坡

当渠道要通过坡度过陡的地段时，为了保持渠道的设计纵坡，避免大填方和深挖方，可将水流的落差集中，并修建建筑物来连接上下游渠道，这种建筑物称为落差建筑物，主要有跌水和陡坡两类。凡是水流自跌水口流出后，呈自由抛投状态，最后落入下游消力池内的为跌水；而水流自跌水口流出后，受陡槽的约束而沿槽身下泄的叫陡坡。

8.2.3 水力发电工程

水力发电的突出优点是以水为能源，水可周而复始地循环供应，是永不会枯竭的能源。更重要的是水力发电不会污染环境，成本比火力发电的成本低。世界各国都尽量开发本国的水能资源。

水电站是将水能转换为电能的综合工程设施，一般包括由挡水、泄水建筑物形成的水库和水电站引水系统、发电厂房、机电设备等。水库的高水位水经引水系统流入厂房推动水轮发电机组发出电能，再经升压变压器、开关站和输电线路输入电网。

8.2.3.1 水电站

水电站按水能来源分为：利用河流、湖泊水能的常规水电站；利用电力负荷低谷时的电能抽水至上水库，待电力负荷高峰期再放水至下水库发电的抽水蓄能电站；利用海洋潮汐能发电的潮汐电站；利用海洋波浪能发电的波浪能电站。按对天然径流的调节方式分为：没有水库或水库很小的径流式水电站、水库有一定调节能力的蓄水式水电站。按水电站水库的调节周期分为多年调节水电站、年调节水电站、周调节水电站和日调节水电站。年调节水电站是将一年中丰水期的水贮存起来供枯水期发电用。其余调节周期的水电站含义类推。按发电水头分为高水头水电站、中水头水电站和低水头水电站，世界各国对此无统一规定。中国称水头 70 m 以上的电站为高水头电站，水头 30～70 m 的电站为中水头电站，水头 30 m 以下的电站为低水头电站。按装机容量分为大型、中型和小型水电站。中国规定装机容量大于 75 万千瓦为大（1）型水电站，25 万～75 万千瓦为大（2）型水电站，2.5 万～25 万千瓦为中型水电站，0.05 万～2.5 万千瓦为小（1）型水电站，小于 0.05 万千瓦为小（2）型水电站。按发电水头的形成方式分为：以坝集中水头的坝式水电站、以引水系统集中水头的引水式水电站，以及由坝和引水系统共同集中水头的混合式水电站。

1. 坝式水电站

坝式水电站是由河道上的挡水建筑物壅高水位而集中发电水头的水电站。坝式水电站（见图 8-15）由挡水建筑物、泄水建筑物、压力管道、厂房及机电设备等组成。由坝作挡水建筑物时多为中高水头水电站；由闸作挡水建筑物时多为低水头水电站。当水头不高且河道较宽阔时，可用厂房作为挡水建筑物的一部分，这类水电站又称河床式水电站，也属坝式水电站。坝式水电站和引水式水电站是水电开发的两种基本方式。坝式水电站适宜建在河道坡降较缓且流量较大的河段。由挡水建筑物形成的水库常可调节径流，其调节能力取决于调节库容与入库径流比值的大小。不少坝式水电站具有多年调节和年调节的水库；也有的坝式水电站水库容积很小，只能进行日调节甚至不能调节径流。不调节径流的水电站称为径流式水电站。

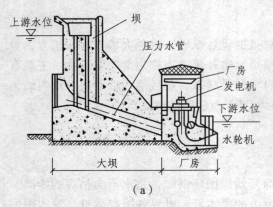

（a） （b）

图 8-15 坝式水电站

坝式水电站具有以下特点：① 具有日调节以上性能时，适宜担任电力系统的调峰、调频和备用任务，可增大电站的电力效益和提高供电质量。② 枢纽布置集中，便于运行管理。③ 不会像引水式水电站那样会出现脱水河段，相反其库区可增加河道水深，有利于通航。④ 对调节性能好的水电站，库水位变幅较大，低水位时减少了利用水头，有时会影响通航，在水轮机选择时要考虑低水头的影响。⑤ 水库淹没损失大。

坝式水电站按厂房与坝的相对位置可分为：① 坝后式。厂房在坝后，压力管道通过坝体，如中国的刘家峡水电站。② 坝内式。压力管道和厂房都在坝内，如中国的凤滩水电站。③ 厂房顶溢流式。厂房在溢流坝后，泄洪水流从厂房顶部越过，也有利用厂房顶作为泄洪道的底坎的，如厂坝连接采用下部结构完全脱开、厂房顶板为钢筋混凝土拉板简支在坝体上的新安江水电站。④ 岸边式。厂房设在下游岸边，引水道在坝侧地下，如中国的白山水电站（二期）。⑤ 地下式。引水道和厂房都在坝侧地下，如中国的白山水电站（一期）。⑥ 河床式。厂房本身是挡水建筑的一部分，如中国的大化水电站。

2. 引水式水电站

引水式水电站是自河流坡降较陡、落差比较集中的河段，以及河湾或相邻两河河床高程相差较大的地方，利用坡降平缓的引水道引水而与天然水面形成符合要求的落差（水头）发电的水电站，如图 8-16。

图 8-16 鲁布革水电站——引水式水电站

水电站的装机容量主要取决于水头和流量的大小。山区河流的特点是流量不大，但天然河道的落差一般较大，这样，发电水头可通过修造引水明渠或引水隧洞来取得，适合于修建引水式水电站。

引水式水电站包括大坝、泄洪建筑物和取水口建筑物。前者是为了取得调节库容，后者使库水通过取水口建筑物送入明渠经前池、压力钢管到厂房发电（或送入隧洞经调压井、压力钢管到厂房发电）。引水明渠或隧洞的线路需根据具体工程地形和地质条件确定。对天然落差较大的河道，明渠或隧洞常常沿河道岸边布置，如河道存有天然弯道时则可采用截弯取直的形式布置，以便充分取得这部分的集中落差。中国四川映秀湾一级水电站是具有相当规模的引水式水电站，装机 13.5 万千瓦，为地下式厂房。

3. 混合式水电站

混合式水电站是指由坝和引水道两种建筑物共同形成发电水头的水电站，即发电水头一部分靠拦河坝壅高水位取得，另一部分靠引水道集中落差取得。混合式水电站可以充分利用河流有利的天然条件，在坡降平缓河段上筑坝形成水库，以利径流调节，在其下游坡降很陡或落差集中的河段采用引水方式得到大的水头。这种水电站通常兼有坝式水电站和引水式水电站的优点和工程特点（见图 8-17）。

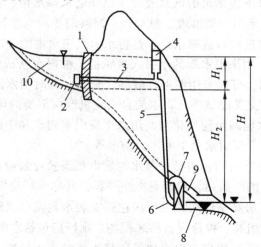

图 8-17　混合式水电站示意图

1—水坝；2—进水口；3—隧洞；4—测压井；5—斜井；6—钢管；
7—地下厂房；8—尾水梁；9—交通洞；10—水库

4. 抽水蓄能电站

抽水蓄能电站按上水库有无天然径流汇入分为：上水库水源仅为由下水库抽入水流的纯抽水蓄能电站，除抽入水流外还有天然径流汇入上水库的混合抽水蓄能电站，此外，还有由一河的下水库抽水至其上水库，然后放水至另一河发电的调水式抽水蓄能电站。抽水蓄能电站的土建结构包括上水库、下水库、安装抽水蓄能机组的厂房和连接上下水库间的压力管道。当有合适的天然水域可供利用时，修建上、下水库的工程可显著减小。抽水蓄能电站的机组，早期是发电机组和抽水机组分开的四机式机组，继而发展为水泵、水轮机、发电-电动机组成的三机式机组，进而发展为水泵水轮机和水轮发电-电动机组成的二机式可逆机组，极大地减小了土建和设备投资，得以迅速推广。抽水蓄能电站的修建要视可供蓄能的低谷多余电量和水量的多少而定。建站地点力求水头高、发电库容大、渗漏小、压力输水管道短、距离负荷中心近等。世界上第一座抽水蓄能电站是瑞士于 1879 年建成的勒顿抽水蓄能电站。世界上装机容量最大的抽水蓄能电站是装机 210 万千瓦，于 1985 年投产的美国巴斯康蒂抽水蓄能电站。中国台湾省明潭抽水蓄能电站装机 100 万千瓦，是亚洲最大的抽水蓄能电站。广州抽水蓄能电站，是世界最大的抽水蓄能电站，总装机容量 240 万千瓦，装备 8 台 30 万千瓦、具有水泵和发电双向调节能力的机组，在同类型电站中也是世界上规模最大的。该电站分两期建设，各装机 120 万千瓦，其中一期工程 4 台 30 万千瓦机组于 1994 年 3 月全部建成发电；二期工程 1998 年 12 月第一台机组并网运行，2000 年全部投产。除机电设备进口外，电站的设计、施工都是我国自行完成的，它标志着我国大型抽水蓄能电站的设计施工水平已跨入国际先进行列。

8.2.3.2　水电建筑物

水电站通常由以下几类建筑物组成：

① 挡水建筑物：一般为坝或闸，用以截断河流，集中落差，形成水库。

② 泄水建筑物：用来下泄多余的洪水或放水以降低水库水位，通常用坝拦蓄水流、抬高水位形成水库，并修建溢流坝、溢洪道、泄水孔、泄洪洞等泄水建筑物。

③ 引水建筑物：又称进水口或取水口，是将水引入引水道的进口。

④ 电站引水建筑物：用来把水库的水引入水轮机。根据水电站地形、地址、水文气象等条件和水电站类型的不同，可以采用明渠、隧洞、管道。有时引水道还包括沉沙池、渡槽、涵洞、倒虹吸管和桥梁等交叉建筑物及将水流自水轮机泄向下游的尾水建筑物。

⑤ 平水建筑物：当水电站负荷变化时，用来平衡引水建筑物中的压力和流速的变化，如有压引水道中的调压室及无压引水道中的压力前池等。

⑥ 发电、变电和配电建筑物：包括安装水轮发电机组及控制设备的厂房，安装变压器的变压器场和安装高压开关的开关站，它们集中在一起，常称维厂房枢纽。

水电站厂房分为主厂房和副厂房，主厂房包括安装水轮发电机组或抽水蓄能机组和各种辅助设备的主机室，以及组装、检修设备的装配场。副厂房包括水电站的运行、控制、试验、管理和操作人员工作、生活的用房。引水建筑物将水流导入水轮机，经水轮机和尾水道至下游。当有压引水道或有压尾水道较长时，为减小水击压力常修建调压室。而在无压引水道末端与发电压力水管进口的连接处常修建前池。为了将电厂生产的电能输入电网还要修建升压开关站。此外，尚需兴建辅助性生产建筑设施及管理和生活用建筑。

8.3　港口工程

8.3.1　港口的组成与分类

港口是具有水陆联运设备和条件，供船舶安全进出和停泊的运输枢纽，是水陆交通的集结点和枢纽，工农业产品和外贸进出口物资的集散地，船舶停泊、装卸货物、上下旅客、补充给养的场所。

中国沿海港口建设重点围绕煤炭、集装箱、进口铁矿石、粮食、陆岛滚装、深水出海航道等运输系统进行，特别加强了集装箱运输系统的建设。政府集中力量在大连、天津、青岛、上海、宁波、厦门和深圳等港建设了一批深水集装箱码头，为中国集装箱枢纽港的形成奠定了基础；煤炭运输系统建设进一步加强，新建成一批煤炭装卸船码头。同时，改建、扩建了一批进口原油、铁矿石码头。到 2004 年年底，沿海港口共有中级以上泊位 2 500 多个，其中万吨级泊位 650 多个；全年完成集装箱吞吐量 6 150 万标准箱，跃居世界第一位。一些大港口年总吞吐量超过亿吨，上海港、深圳港、青岛港、天津港、广州港、厦门港、宁波港、大连港八个港口已进入集装箱港口世界 50 强。

1. 港口组成

港口由水域和陆域所组成。

水域通常包括进港航道、锚泊地和港池。

① 进港航道要保证船舶安全方便地进出港口，必须有足够的深度和宽度，适当的位置、方向和弯道曲率半径，避免强烈的横风、横流和严重淤积，尽量降低航道的开辟和维护费用。当港口位于深水岸段，低潮或低水位时天然水深已足够船舶航行需要时，无须人工开挖航道，但要标志出船舶出入港口的最安全方便路线。如果不能满足上述条件并要求船舶随时都能进出港口，则须开挖人工航道。人工航道分单向航道和双向航道。大型船舶的航道宽度为 80～300 m，小型船舶的为 50～60 m。

② 锚泊地指有天然掩护或人工掩护条件、能抵御强风浪的水域，船泊可在此锚泊、等待靠泊码头或离开港口。如果港口缺乏深水码头泊位，也可在此进行船转船的水上装卸作业。内河驳船船队还可在此进行编、解队和换拖（轮）作业。

③ 港池指直接和港口陆域毗连，供船舶靠离码头、临时停泊和调头的水域。港池按构造形式分，有开敞式港池、封闭式港池和挖入式港池。港池尺度应根据船舶尺度、船舶靠离码头方式、水流和风向的影响及调头水域布置等确定。开敞式港池内不设闸门或船闸，水面随水位变化而升降。封闭式港池池内设有闸门或船闸，用以控制水位，适用于潮差较大的地区。挖入式港池在岸地上开挖而成，多用于岸线长度不足，地形条件适宜的地方。

陆域指港口供货物装卸、堆存、转运和旅客集散之用的陆地面积。陆域上有进港陆上通道（铁路、道路、运输管道等）、码头前方装卸作业区和港口后方区。前方装卸作业区供分配货物，布置码头前沿铁路、道路、装卸机械设备和快速周转货物的仓库或堆场（前方库场）及候船大厅等之用。港口后方区供布置港内铁路、道路、较长时间堆存货物的仓库或堆场（后方库场）、港口附属设施（车库、停车场、机具修理车间、工具房、变电站、消防站等）以及行政、服务房屋等之用。为减少港口陆域面积，港内可不设后方库场。

2. 港口分类

港口可按多种方法分类，按所在位置的不同可以分为海岸港、河口港和河港；按用途不同可分为商港、军港、渔港、工业港、避风港；按成因不同可分为人工港和自然港；按港口水域在寒冷季节是否冻结可分为冻港和不冻港；按潮汐关系、潮差大小、是否修建船闸控制船只进港可分为闭口港和开口港；按对进口的外国货物是否办理报关手续分为报关港和自由港。

（1）河口港

河口港位于河流入海口或受潮汐影响的河口段内，可兼为海船和河船服务。一般有大城市作依托，水陆交通便利，内河水道往往深入内地广阔的经济腹地，承担大量的货流量，故世界上许多大港都建在河口附近，如鹿特丹港、伦敦港、纽约港、圣彼得堡港、上海港等。河口港的特点是，码头设施沿河岸布置，离海不远而又不需建防波堤，如岸线长度不够，可增设挖入式港池。

（2）海港

海港位于海岸、海湾或泻湖内，也有离开海岸建在深水海面上的。位于开敞海面岸边或天然掩护不足的海湾内的港口，通常须修建相当规模的防波堤，如大连港、青岛港、连云港、基隆港、热那亚港等。供巨型油轮或矿石船靠泊的单点或多点系泊码头和岛式码头属于无掩护的外海海港，如利比亚的卜拉加港、黎巴嫩的西顿港等。泻湖被天然沙嘴完全或部分隔开，开挖运河或拓宽、浚深航道后，可在泻湖岸边建港，如广西北海港。也有完全靠天然掩护的大型海港，如东京港、香港港、澳大利亚的悉尼港等。

（3）河港

位于天然河流或人工运河上的港口，包括湖泊港和水库港。湖泊港和水库港水面宽阔，有时风浪较大，因此同海港有许多相似处，如往往需修建防波堤等。俄罗斯的日古列夫斯克、齐姆良斯克等大型水库上的港口和中国洪泽湖上的小型港口均属此类。

8.3.2 港口水工建筑物

一般包括防波堤、码头、修船和造船水工建筑物。进出港船舶的导航设施（航标、灯塔等）和港区护岸也属于港口水工建筑物的范围。港口水工建筑物的设计，除应满足一般的强度、刚度、稳定性（包括抗地震的稳定性）和沉陷方面的要求外，还应特别注意波浪、水流、泥沙、冰凌等动力因素对港口水工建筑物的作用及环境水（主要是海水）对建筑物的腐蚀作用，并采取相应的防冲、防淤、防渗、抗磨、防腐等措施。

1. 防波堤

防波堤位于港口水域外围，用以抵御风浪、保证港内有平稳水面的水工建筑物。突出水面伸向水域与岸相连的称突堤。立于水中与岸不相连的称岛堤。堤头外或两堤头间的水面称为港口口门。口门数和口门宽度应满足船舶在港内停泊、进行装卸作业时水面稳静及进出港航行安全、方便的要求。有时，防波堤也兼用于防止泥沙和浮冰侵入港内。防波堤内侧常兼作码头。

防波堤的堤线平面布置形式有单突堤式、双突堤式、岛堤式和混合式，如图 8-18 所示。为使水流归顺，减少泥沙侵入港内，堤轴线常布置成环抱状。防波堤按其断面形状及对波浪的影响可分为：斜坡式、直立式、混合式、透空式、浮式，以及配有喷气消波设备和喷水消波设备的等多种类型，如图 8-19 所示。一般多采用前三种类型：

① 斜坡式防波堤。常用的形式有堆石防波堤和堆石棱体上加混凝土护面块体的防波堤。斜坡式防波堤对地基承载力的要求较低，可就地取材；施工较为简易，不需要大型起重设备，损坏后易于修复。波浪在坡面上破碎，反射较轻微，消波性能较好。一般适用于软土地基。缺点是材料用量大，护面块石或人工块体因重量较小，在波浪作用下易滚落走失，须经常修补。

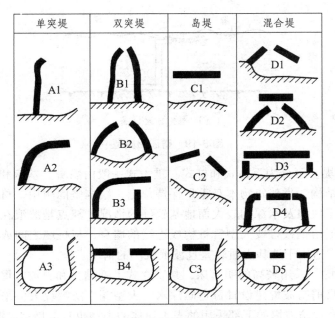

单突堤	双突堤	岛堤	混合堤
A1	B1	C1	D1
A2	B2	C2	D2
	B3		D3
			D4
A3	B4	C3	D5

图 8-18 防波堤的平面布置形式

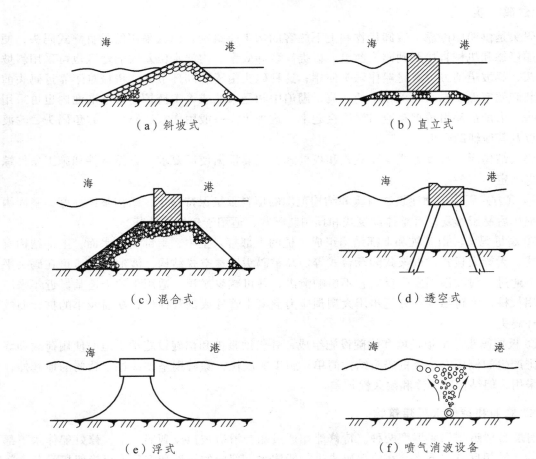

（a）斜坡式　　　　　　　　　　（b）直立式

（c）混合式　　　　　　　　　　（d）透空式

（e）浮式　　　　　　　　　（f）喷气消波设备

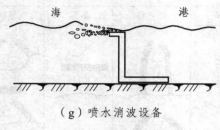

（g）喷水消波设备

图 8-19　防波堤类型

② 直立式防波堤。可分为重力式和桩式。重力式一般由墙身、基床和胸墙组成，墙身大多采用方块式沉箱结构，靠建筑物本身重量保持稳定，结构坚固耐用，材料用量少，其内侧可兼作码头，适用于波浪及水深均较大而地基较好的情况。缺点是波浪在墙身前反射，消波效果较差。桩式一般由钢板桩或大型管桩构成连续的墙身，板桩墙之间或墙后填充块石，其强度和耐久性较差，适用于地基土质较差且波浪较小的情况。

③ 混合式防波堤。采用较高的明基床，是直立式上部结构和斜坡式堤基的综合体，适用于水较深的情况。目前防波堤建设日益走向深水，大型深水防波堤大多采用沉箱结构。在斜坡式防波堤上和混合式防波堤的下部采用的人工块体的类型也日益增多，消波性能愈来愈好。

2. 码　头

码头是供船舶停靠、装卸货物和上下旅客的水工建筑物。广泛采用的是直立式码头，便于船舶停靠和机械直接开到码头前沿，以提高装卸效率。内河水位差大的地区也可采用斜坡式码头，斜坡道前方设有趸船作码头使用；这种码头由于装卸环节多，机械难于靠近码头前沿，装卸效率低。在水位差较小的河流、湖泊中和受天然或人工掩护的海港港池内也可采用浮码头，借助活动引桥把趸船与岸连接起来，这种码头一般用作客运码头、卸鱼码头、轮渡码头以及其他辅助码头。

码头结构形式有重力式、高桩式和板桩式，主要根据使用要求、自然条件和施工条件综合考虑确定。

① 重力式码头。靠建筑物自重和结构范围的填料重量保持稳定，结构整体性好，坚固耐用，损坏后易于修复，有整体砌筑式和预制装配式，适用于较好的地基。

② 高桩码头。由基桩和上部结构组成，桩的下部打入土中，上部高出水面，上部结构有梁板式、无梁大板式、框架式和承台式等。高桩码头属透空式结构，波浪和水流可在码头平面以下通过，对波浪不发生反射，不影响泄洪，并可减少淤积，适用于软土地基。近年来广泛采用长桩、大跨结构，并逐步用大型预应力混凝土管柱或钢管柱代替断面较小的桩，而成为管柱码头。

③ 板桩码头。由板桩墙和锚碇设施组成，并借助板桩和锚碇设施承受地面使用荷载和墙后填土产生的侧压力。板桩码头结构简单，施工速度快，除特别坚硬或过于软弱的地基外，均可采用，但结构整体性和耐久性较差。

3. 修船和造船水工建筑物

有船台滑道型和船坞型两种。待修船舶通过船台滑道被拉曳到船台上，修好船体水下部分以后，沿相反方向下水，在修船码头进行船体水上部分的修理和安装或更换船机设备。新建船舶在船台滑道上组装并油漆船体水下部分后下水，在舰装码头安装船机设备和油漆船体水上部分。

船坞分为干船坞和浮船坞。

① 干船坞。为一低于地面、三面封闭一面设有坞门的水工建筑物。待修船舶进坞后，关闭坞门，把水抽干，修好船体水下部分后灌水，使船起浮，打开坞门，使船出坞。新建船舶在坞内组装船体结构，油漆船体水下部分和安装部分船机设备后出坞，然后进行下一步工作。

② 浮船坞。由侧墙和坞底组成。修船时先向坞舱灌水使坞下沉，拖入待修船舶后，排出坞舱水，使船舶坐落坞底进行修理。在浮船坞新建船舶的建造情况和干船坞相似。浮船坞可系泊在船厂附近水面上，也可用拖轮拖至他处使用。船台滑道和船坞均要求有坚固的基础以承受船体传下的巨大压力。在软弱地基上修建时，一般采用桩基础。在透水性土上修建大型船坞时，一般采用减压排水式结构，用打板桩或采取人工排水设施降低地下水位，减少空坞时地下水对坞底板产生的巨大浮托力和坞墙的侧压力。

8.3.3　港口规划与施工

1. 港口技术特征

港口技术特征主要有港口水深、码头泊位数、码头线长度、港口陆域高程等。

（1）港口水深

港口水深是港口的重要标志之一，表明港口条件和可供船舶使用的基本界限。增大水深可接纳吃水更大的船舶，但将增加挖泥量，增加港口水工建筑物的造价和维护费用。在保证船舶行驶和停泊安全的前提下，港口各处水深可根据使用要求分别确定，不必完全一致。对有潮港，当进港航道挖泥量过大时，可考虑船舶乘潮进出港。现代港口供大型干货海轮停靠的码头水深 10～15 m，大型油轮码头 10～20 m。

（2）码头泊位数

码头泊位数根据货种分别确定。除供装卸货物和上下旅客所需泊位外，在港内还要有辅助船舶和修船码头泊位。

（3）码头线长度

码头线长度根据可能同时停靠码头的船长和船舶间的安全间距确定。

（4）港口陆域高程

港口陆域高程根据设计高水位加超高值确定，要求在高水位时不淹没港区。为降低工程造价，确定港区陆域高程时，应尽量考虑港区挖、填方量的平衡。港区扩建或改建时，码头前沿高程应和原港区后方陆域高程相适应，以利于道路和铁路车辆运行。同一作业区的各个码头通常采用同一高程。

2. 港口规划

港口建设牵涉面广，关系到邻近的铁路、公路和城市建设，关系到国家的工业布局和工农业生产的发展。必须按照统筹安排、合理布局、远近结合、分期建设的原则制定全国，特别是沿海港口的建设规划。贯彻深水深用、浅水浅用的原则，合理开发利用或保护好国家的港口资源。制定规划前要做好港口腹地的社会经济调查，弄清建港的自然条件，选择好港址，确定合理的工程规模和总体规划。

港口规划应和所在城市发展规划密切配合和协调。环境问题在总体规划中必须放在重要位置考虑，适当配置临海、临江公园和临海疗养设施，严格防止对周围环境的污染。

（1）港址选择

港址选择是港口规划工作的重要步骤，港口经济腹地范围、交通、工农业生产和矿藏情况及货种、货流和货运量情况是确定港址的重要依据；要广泛调查研究，分析论证。自然条件是决定港址的技术基础，故对有条件建港的地区应进行港口工程测量、滨海水文、气象、地质、地貌等方面的深入调查研究，辅以必要的科学实验，然后对港址进行比较选择，务求做到技术上可能，经济上合理。

（2）港口总平面布置

港口总平面布置是港口工程设计的首要工作。其任务是将港口各个作业区和港口水域及陆域的各个组成部分和工程设施进行合理的平面布置，使各装卸作业和运输作业系统、生产建筑和辅助建筑系统等相互配合和协调，以提高港口的综合通过能力，降低运输成本。

3. 港口施工

港口工程施工有许多地方与其他土木工程相同，但有自己的特点。港口工程往往在水深、浪大的海上或水位变幅大的河流上施工，水上工程量大，质量要求高，施工周期短，一些海港还受台风或其他风暴的袭击。因此要求尽可能采取装配化程度高、施工速度快的工程施工方案，尽量缩短水上作业时间，并采取切实可行的措施保证建筑物在施工期间的稳定性，防止滑坡或其他形式的破坏。由于施工方法不当或对风暴的生成机理和破坏性认识不足，措施不力，造成施工期间建筑物的破坏事例时有发生，应引为借鉴。

思考与练习题

8-1 简述建筑内部给排水系统的分类及组成。

8-2 你了解的水利工程有哪些？

8-3 水电站可分为哪几类？

8-4 水电建筑物有哪几种？

8-5 简述港口工程的分类与组成。

8-6 常见港口建筑物有哪几种？各自的作用是什么？

8-7 距今为止世界最大的港口是什么港？有什么特点？

9 土木工程设计及施工组织

知识目标

1. 了解建筑设计发展史；
2. 掌握建筑设计概念；
3. 熟悉结构设计原则与步骤；
4. 熟悉施工程序；
5. 掌握建筑施工内容；
6. 掌握建筑施工准备；
7. 掌握建筑施工特点。

能力目标

1. 能区分建筑设计和结构设计；
2. 掌握建筑一般施工方法，研究新技术、新方法。

学前导读

　　土木工程设计中的建筑物的设计包括建筑设计、结构设计、给排水设计、暖气通风设计和电气设计。每一部分的建筑设计都应围绕设计的 4 个基本要求——功能要求、美观要求、经济要求和环保要求进行。土木工程施工就是以科学的施工组织设计为先导，以先进、可靠的施工技术为后盾，保证工程项目高质量、安全、经济地完成。

9.1 土木工程设计

9.1.1 建筑设计

　　广义的建筑设计是指设计一个建筑物或建筑群所要做的全部工作。由于科学技术的发展，在建筑上利用各种科学技术的成果越来越广泛深入，设计工作常涉及建筑学、结构学以及给水、排水、供暖、空气调节、电气、煤气、消防、防火、自动化控制管理、建筑声学、建筑光学、建筑热工学、工程估算、园林绿化等方面的知识，需要各种科学技术人员的密切协作。

　　但通常所说的建筑设计，是指"建筑学"范围内的工作。它所要解决的问题，包括建筑物内部各种使用功能和使用空间的合理安排（见图 9-1），建筑物与周围环境、与各种外部条件的协调配合，内部和外表的艺术效果（见图 9-2），各个细部的构造方式（见图 9-3），建筑与结构、建筑与各种设备等相关技术的综合协调，以及如何以更少的材料、更少的劳动力、更少的投资、更少的时间来实现上述各种要求。其最终目的是使建筑物做到适用、经济、坚固、美观。

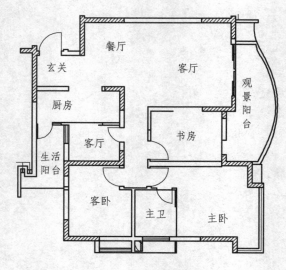

图 9-1　建筑平面布置

图 9-2　房屋建筑设计

图9-3　楼梯建筑设计图

1. 建筑设计的发展史

在古代，建筑技术和社会分工比较单纯，建筑设计和建筑施工并没有很明确的界限，施工的组织者和指挥者往往也就是设计者。在欧洲，由于以石料作为建筑物的主要材料，这两种工作通常由石匠的首脑承担；在中国，由于建筑以木结构为主，这两种工作通常由木匠的首脑承担。他们根据建筑物的主人的要求，按照师徒相传的成规，加上自己一定的创造性，营造建筑并积累了建筑文化。

在近代，建筑设计和建筑施工分离开来，各自成为专门学科。这在西方是从文艺复兴时期开始萌芽，到产业革命时期才逐渐成熟的；在中国则是清代后期在外来的影响下逐步形成的。

随着社会的发展和科学技术的进步，建筑所包含的内容、所要解决的问题越来越复杂，涉及的相关学科越来越多，材料上、技术上的变化越来越迅速，单纯依靠师徒相传、经验积累的方式，已不能适应这种客观现实；加上建筑物往往要在很短时期内竣工使用，难以由匠师一身二任，客观上需要更为细致的社会分工。这就促使建筑设计逐渐形成专业，成为一门独立的分支学科。

2. 建筑设计的工作核心

建筑师在进行建筑设计时面临的矛盾有：内容和形式之间的矛盾；需要和可能之间的矛盾；投资者、使用者、施工制作、城市规划等方面和设计之间，以及它们彼此之间由于对建筑物考虑角度不同而产生的矛盾；建筑物单体和群体之间、内部和外部之间的矛盾；各个技术工种之间在技术要求上的矛盾；建筑的适用、经济、坚固、美观这几个基本要素本身之间的矛盾；建筑物内部各种不同使用功能之间的矛盾；建筑物局部和整体、这一局部和那一局部之间的矛盾等。这些矛盾构成非常错综复杂的局面，而且每个工程中各种矛盾的构成又各有其特殊性。

所以说，建筑设计工作的核心，就是要寻找解决上述各种矛盾的最佳方案。通过长期的实践，建筑设计者创造、积累了一整套科学的方法和手段，可以用图纸、建筑模型或其他手段将设计意图确切地表达出来，才能充分暴露隐藏的矛盾，从而发现问题，同有关专业技术人员交换意见，使矛盾得到解决。此外，为了寻求最佳的设计方案，还需要提出多种方案进行比较。方案比较，是建筑设计中常用的方法。从整体到每一个细节，对待每一个问题，设计者一般都要设想好几个解决方案，进行一连串的反复推敲和比较。即或问题得到初步解决，也还要不断设想有无更好的解决方式，使设计方案臻于完善。

总之，建筑设计是一种需要有预见性的工作，要预见到拟建建筑物存在和可能发生的各种问题。这种预见，往往是随着设计过程的进展而逐步清晰、逐步深化的。

为了使建筑设计顺利进行，少走弯路，少出差错，取得良好的成果，在众多矛盾和问题中，先考虑什么，后考虑什么，大体上要有个顺序。根据长期实践得出的经验，设计工作的着重点常是从宏观到微观、从整体到局部、从大处到细节、从功能体型到具体构造、步步深入的。

为此，设计工作的全过程分为几个工作阶段：搜集资料、初步方案、初步设计、技术设计施工图和详图等，循序进行，这就是基本的设计程序。它因工程的难易而有增减。

设计者在动手设计之前，首先要了解并掌握各种有关的外部条件和客观情况：自然条件，包括地形、气候、地质、自然环境等；城市规划对建筑物的要求，包括用地范围的建筑红线、建筑物高度和密度的控制等；城市的人文环境，包括交通、供水、排水、供电、供燃气、通信等各种条件和情况；使用者对拟建建筑物的要求，特别是对建筑物所应具备的各项使用内容的要求；工程经济估算和所能提供的资金、材料施工技术和装备等；以及可能影响工程的其他客观因素。这个阶段，通常称为搜集资料阶段。

在搜集资料阶段，设计者也常协助建设者做一些应由咨询单位做的工作，诸如确定计划任务书，进行一些可行性研究，提出地形测量和工程勘察的要求，以及落实某些建设条件等。

9.1.2 结构设计原则

1. 设计目标

土木工程结构设计（见图9-4）的目标是使结构必须满足下列三方面的功能要求：

图9-4　轻钢结构房屋

（1）安全性

结构能承受正常施工和正常使用时可能出现的各种作用；在设计规定的偶然事件（如地震等）发生时和发生后，仍能保持必需的整体稳定性，即结构只发生局部损坏而不致发生连续倒塌。

（2）适用性

结构在正常使用荷载作用下具有良好的工作性能，如不发生影响正常使用的过大变形，或出现令使用者不安的过宽裂缝等。

（3）耐久性

结构在正常使用和正常维护条件下具有足够的耐久性，如钢筋不过度腐蚀、混凝土不发生过分化学腐蚀或冻融破坏等。

为了保证结构实现上述目标，必须保证结构在各种广义外荷载作用下的承受能力大于各种外荷载的作用效应。

2. 荷载及荷载效应

（1）荷载的类型

① 随时间的变异分类：

永久荷载：在设计基准期内作用值不随时间变化，或其变化与平均值相比可以略去不计的荷载，如结构自重、土压力、水位不变的压力等。

可变荷载：在设计基准期内作用值随时间变化，或其变化与平均值相比不可略去不计的荷载，如结构施工中的人员和物件的重力、车辆重力、设备重力、风荷载、雪荷载、冰荷载、水位变化的水压力、温度变化等。

偶然荷载：在设计基准期内不一定出现，而一旦出现其量值很大且持续时间很短的荷载，如地震、爆炸、撞击、火灾、台风等。

② 按随空间位置的变异分类：

固定荷载：在结构空间位置上具有固定的分布，但其量值可能具有随机性的荷载，例如结构的自重、固定的设备等。

自由荷载：在结构空间位置上的一定范围内可以任意分布，出现的位置及量值可能具有随机性的荷载，如房屋楼面上的人群和家具荷载、厂房中的吊车荷载、桥梁上的车辆荷载等。自由荷载在空间上可以任意分布，设计时必须考虑它在结构上引起的最不利效应的分布位置和大小。

③ 按结构的反应特点分类：

静态荷载：对结构或结构构件不产生动力效应，或其产生的动力效应与静态效应相比可以略去不计的荷载，如结构自重、雪荷载、土压力、建筑的楼面活荷载等。

动态荷载：对结构或结构构件产生不可略去的动力效应的荷载，如地震荷载、风荷载、大型设备的振动、爆炸和冲击荷载等。结构在动态荷载下的分析，一般按结构动力学方法进行分析。对有些动态荷载，可转换成等效静态荷载，然后按照静力学方法进行结构分析。

④ 按直接、间接作用分类：

施加在结构上的集中力或分布力，或引起结构外加变形或约束变形的原因，都称为结构上的作用，简称作用。作用分直接作用和间接作用两类。

直接作用：结构自重，楼面上的人群、设备等的重力，屋盖上的风雪等都是直接作用在结构上的力。

间接作用：而由于温度变化、结构材料的收缩或徐变、地基沉陷、地震等都会引起结构产生外加变形或约束变形，但它们不是直接以力的形式出现的。注意，荷载只是指施加在结构上的集中力或分布力，而不能把间接作用也称为荷载。

（2）荷载效应

由荷载引起的结构或构件的内力、变形等称为荷载效应，常用"S"表示，例如，构件截面上的弯矩、剪力、轴向力、扭矩以及某一截面处的挠度、裂缝宽度等。

3. 结构抗力 R

结构或结构构件承受内力和变形的能力，称为结构抗力，例如构件的承受能力、刚度等，常用"R"表示。

结构抗力的大小取决于材料强度、构件几何特征、计算模式等因素，由于受这些因素的不定的影响，结构抗力也是一个随机变量。

4. 结构的极限状态

结构的极限状态是一种临界状态，当结构超过这一状态时，将丧失其预定的功能。因此在设计时必须保证结构的工作状态不能越过极限状态。结构有两类极限状态：正常使用极限状态和承载能力极限状态。

结构构件的工作状态可以用荷载效应 S 与结构抗力 R 的关系式来表示。当其工作状态达到极限时，可用极限平衡式表示，即：$S=R$，也可写成：$Z=R-S=0$。因而，若用 Z 值大小来描述结构的工作状态，就可以得到如下结论：

当 $Z>0$ 时，结构处于可靠状态；

当 $Z=0$ 时，结构处于极限状态；

当 $Z<0$ 时，结构处于失效状态；

结构设计中，避免出现 $Z<0$ 的状态。

9.1.3 结构设计的一般步骤

结构设计包括三个部分：概念设计、计算分析及构造设计。概念设计体现了结构工程师的设计理念，计算分析则是通过有限元软件分析结构从而从数值上定量地印证设计理念，而构造设计则是通过适当合理的构造设计来实现设计理念。现在的建筑结构越来越复杂，掌握良好的设计方法和按照正确的设计步骤进行设计，将会使设计效率大大提高，达到事半功倍的效果。对于一个大型的建筑项目，建筑结构设计主要可分为四个阶段：方案设计阶段、结构分析阶段、构件设计阶段和施工图设计阶段。

1. 方案设计

方案设计又称为初步设计。结构方案设计包括结构选型、结构布置和主要构件的截面尺寸估算。

2. 结构分析

结构分析是要计算结构在各种作用下的效应，是结构设计的重要内容。结构分析的正确与否直接关系到所设计的结构能否满足安全性、适用性和耐久性等结构功能要求。

结构分析的核心问题是计算模型的确定，包括计算简图和要求采用的计算理论。

3. 构件设计

构件设计包括截面设计和节点设计两个部分。对于混凝土结构，截面设计有时也称为配筋计算，节点设计也称为连接设计。对于钢结构，节点设计比截面设计更为重要。

构件设计有两项工作内容：计算和构造。在结构设计中一部分内容是根据计算确定的，而另一部分内容则是根据构造确定的。构造是计算的重要补充，两者是同等重要的，在不同设计规范中对构造都有明确的规定。

我国工程结构设计经历了容许应力法、破坏阶段法、极限状态设计法和概率极限状态法四个阶段，其中极限状态设计法明确地将结构的极限状态分成承载能力极限状态和正常使用极限状态。前者要求结构可能的最小承载力不可小于可能的最大外荷载产生的内力，后者则是对构件的变形和裂缝的形成或开裂程度的限制。在安全程度上则是由单一安全因数向多因数形式发展，考虑了荷载的变异、材料性能的变异和工作条件的不同。

4. 施工图设计

设计的最后一个阶段是绘制施工图。图是工程师的语言，工程师的设计意图是通过图纸来表达的。如同人的语言表达，图面的表达应该做到正确、规范、简明和美观。正确是指无误地反映计算成果；规范才能确保别人准确理解你的设计意图。

9.2 土木工程施工组织

土木工程施工包括工业与民用建筑工程、环境工程、岩土工程、交通工程、桥梁工程、管道工程等工程的施工，本节主要介绍建筑工程的施工过程。

建筑工程施工是指通过有效的组织方法和技术途径，按照施工设计图纸和说明书的要求，建成供使用的建筑物的过程，它是建筑结构施工、建筑装饰施工和建筑设备安装的总称。

9.2.1 建筑施工管理

建筑施工管理工作以施工组织设计为核心，将全部施工活动在时间和空间上科学地组织起来，合理使用人力、物力、财力，使建筑工程质量好、工期短、工效高、成本低，满足使用功能的要求。

施工组织设计是施工单位编制的，用以指导整个施工活动从施工准备到竣工验收的组织、技术、经济的综合性技术文件，是编制建设计划、组织施工力量、规划物资资源、制定施工技术方案的依据。它又分施工组织总设计、单位工程施工组织设计和分部分项工程施工组织设计三类。

为了方便施工管理和质量验收，建设工程一般划分为建设项目、单项工程、单位工程、分部分项工程和分项工程。

建设项目是按照一个总体设计进行建设的各工程的总和，如兴建一个工厂、一个住宅小区等。

所谓单项工程，是指有独立设计文件，建成后可以独立发挥设计文件所确定效益的工程。一个建设项目有的有几个单项工程，有的只有一个单项工程，如住宅小区可以包括多个住宅单体和配套设施，其中的某一幢住宅，即是一个单项工程。

所谓单位工程，是指建筑物具有独立施工条件和能形成独立使用功能的部分。一个单项工程有的有几个单位工程，有的只有一个单位工程，如一幢住宅楼，可以分成建筑工程、室外安装工程等单位工程。

分部工程是按建筑物的主要部位或专业性质对单位工程的细分，如建筑工程可以分为地基基础工程、主体结构工程、安装工程、给排水及采暖工程、建筑电气工程等。

分项工程则是按主要工种、施工工艺、设备类别等对分部工程的再划分，如地基基础工程或主体结构工程可以再分为钢筋工程、混凝土工程、模板工程等分项工程。

9.2.2　施工组织设计的基本原则

施工组织设计是用来指导施工项目全过程各项活动的技术、经济和组织的综合性文件，是施工技术与施工项目管理有机结合的产物，它是工程开工后施工活动能有序、高效、科学合理地进行的保证。

① 配套投产。建设项目的生产工艺流程、投产先后顺序，都要服从施工组织总设计的规划和安排。安排各单位工程开竣工期限，满足配套投产。

② 确定重点，保证进度。

③ 建设总进度一定要留有适当的余地。

④ 重视施工准备，有预见地把各项准备工作做在工程开工的前头。

⑤ 选择有效的施工方法，优先采用新技术、新工艺，确保工程质量和生产安全。

⑥ 充分利用暂设工程，节省暂设工程的开支。

⑦ 施工总平面图的总体布置和施工组织总设计规划应协调一致、互为补充。

9.2.3　施工组织设计的基本内容

施工组织设计的内容要结合工程对象的实际特点、施工条件和技术水平进行综合考虑，一般包括以下基本内容：

（1）工程概况

① 本项目的性质、规模、建设地点、结构特点、建设期限、分批交付使用的条件、合同条件；

② 本地区地形、地质、水文和气象情况；

③ 施工力量，劳动力、机具、材料、构件等资源供应情况；

④ 施工环境及施工条件等。

（2）施工部署及施工方案

① 根据工程情况，结合人力、材料、机械设备、资金、施工方法等条件，全面部署施工

任务，合理安排施工顺序，确定主要工程的施工方案；

②对拟建工程可能采用的几个施工方案进行定性、定量的分析，通过技术经济评价，选择最佳方案。

（3）施工进度计划

①施工进度计划反映了最佳施工方案在时间上的安排，采用计划的形式，使工期、成本、资源等方面，通过计算和调整达到优化配置，符合项目目标的要求；

②使工序有序地进行，使工期、成本、资源等通过优化调整达到既定目标，在此基础上编制相应的人力和时间安排计划、资源需求计划和施工准备计划。

（4）施工平面图

施工平面图是施工方案及施工进度计划在空间上的全面安排。它把投入的各种资源、材料、构件、机械、道路、水电供应网络、生产、生活活动场地及各种临时工程设施合理地布置在施工现场，使整个现场能有组织地进行文明施工。

（5）主要技术经济指标

技术经济指标用以衡量组织施工的水平，它能对施工组织设计文件的技术经济效益进行全面评价。

9-1 总结建筑设计和结构设计的不同之处。

9-2 工程施工内容包括哪些？

9-3 何谓单项工程？举例说明。

9-4 何谓单位工程？举例说明。

9-5 施工组织设计的基本内容包括哪些？

参考文献

[1] 颜高峰. 建筑工程概论[M]. 北京：人民交通出版社，2008.

[2] 商如斌. 建筑工程概论[M]. 天津：天津大学出版社，2010.

[3] 李万渠. 建筑工程概论[M]. 郑州：黄河水利出版社，2010.

[4] 全国一级建造师职业资格考试用书编写委员会. 建筑工程管理与实务[M]. 北京：中国建筑工业出版社，2011.

[5] 唐小莉. 建筑构造[M]. 重庆：重庆大学出版社，2010.

[6] 王振武，刘晓敏. 建筑构造[M]. 北京：科学出版社，2004.

[7] 闫培明. 建筑构造[M]. 北京：中国电力出版社，2008.

[8] 中国建筑科学研究院. GB 50003—2011　砌体结构设计规范[S]. 北京：中国建筑工业出版社，2011.

[9] 中国建筑科学研究院. GB 50010—2010　混凝土结构设计规范[S]. 北京：中国建筑工业出版社，2011.

[10] 中国建筑科学研究院. GB 50204—2010　混凝土结构工程施工及验收规范[S]. 北京：中国建筑工业出版社，2011.

[11] 袁雪峰，王志军. 房屋建筑学[M]. 北京：科学出版社，2001.

[12] 杨金铎，房志勇. 房屋建筑构造[M]. 北京：中国建材工业出版社，2000.

[13] 陕西省建筑科学研究院. JGJ/T 98—2010　砌筑砂浆配合比设计规程[S]. 北京：中国建筑工业出版社，2010.

[14] 中国建筑科学研究院. GB 50007—2011　建筑地基基础设计规范[S]. 北京：中国建筑工业出版社，2011.

[15] 中国建筑标准设计研究院. GB/T 50001—2010　房屋建筑制图统一标准[S]. 北京：中国计划出版社，2011.

[16] 中国建筑标准设计研究院. GB/T 50103—2010　总图制图标准[S]. 北京：中国计划出版社，2011.

[17] 中国建筑标准设计研究院. GB/T 50104—2010　建筑制图标准[S]. 北京：中国计划出版社，2011.

[18] 中国建筑标准设计研究院. GB/T 50105—2010　建筑结构制图标准[S]. 北京：中国计划出版社，2011.

[19] 中国建筑标准设计研究院. 11G101-1　混凝土结构施工图平面整体表示方法制图规则和构造详图（现浇混凝土框架、剪力墙、梁、板）[S]. 北京：中国计划出版社，2011.

[20] 中国建筑标准设计研究院. 11G101-2　混凝土结构施工图平面整体表示方法制图规则和

构造详图（现浇混凝土板式楼梯）[S]. 北京：中国计划出版社，2011.

[21] 中国建筑标准设计研究院. 11G101-3　混凝土结构施工图平面整体表示方法制图规则和构造详图（独立基础、条形基础、筏形基础及桩基承台）[S]. 北京：中国计划出版社，2011.

[22] 管晓琴. 建筑制图[M]. 北京：机械工业出版社，2013.

[23] 毛小敏，薛宝恒，傅艳华. 房屋构造与识图[M]. 北京：中国建材工业出版社，2013.

[24] 朱缨. 建筑识图与构造[M]. 北京：化学工业出版社，2010.

[25] 中国建筑科学研究院. JGJ 120—2012　建筑基坑支护技术规程[S]. 北京：中国建筑工业出版社，2012.

[26] 中国建筑科学研究院. JGJ 79—2012　建筑地基处理技术规范[S]. 北京：中国建筑工业出版社，2012.

[27] 白丽红. 地基与基础[M]. 北京：化学工业出版社，2010.

[28] 朱永祥. 地基基础工程施工[M]. 北京：高等教育出版社，2005.

[29] 王秀兰，王玮，韩家宝. 地基与基础[M]. 北京：人民交通出版社，2011.

[30] 鲁辉，詹亚民. 建筑工程施工质量检验与验收[M]. 北京：人民交通出版社，2007.

[31] 王延该. 建筑施工工艺[M]. 北京：机械工业出版社，2011.

[32] 傅敏. 现代建筑施工技术[M]. 北京：机械工程出版社，2009.

[33] 李书全. 土木工程施工[M]. 上海：同济大学出版社，2013.

[34] 徐占发. 建筑施工[M]. 北京：机械工业出版社，2009.

[35] 孙梨. 建筑工程概论[M]. 武汉：武汉理工大学出版社，2004.

[36] 重庆建筑大学，同济大学，哈尔滨建筑大学. 建筑施工[M]. 北京：中国建筑工业出版社，1997.

[37] 赵志缙，应惠清. 建筑施工[M]. 上海：同济大学出版社，2004.

[38] 宇仁岐. 建筑施工技术[M]. 北京：高等教育出版社，2002.

[39] 陈守兰. 建筑施工技术[M]. 北京：科学出版社，2003.

[40] 阎西康，张厚先，赵春燕. 建筑工程施工[M]. 北京：人民交通出版社，2006.

[41] 应惠清. 土木工程施工[M]. 北京：高等教育出版社，2004.

[42] 李书全. 土木工程施工[M]. 上海：同济大学出版社，2004.

[43] 叶志明. 土木工程概论[M]. 北京：高等教育出版社，2009.

[44] 阎兴华，等. 土木工程概论[M]. 北京：人民交通出版社，2005.

[45] 王作文，等. 土木建筑工程概论[M]. 北京：化学工业出版社，2012.

[46] 王波，张宪江，高苏. 土木工程概论[M]. 北京：化学工业出版社，2010.